Découvrez l'histoire par les archives de presse

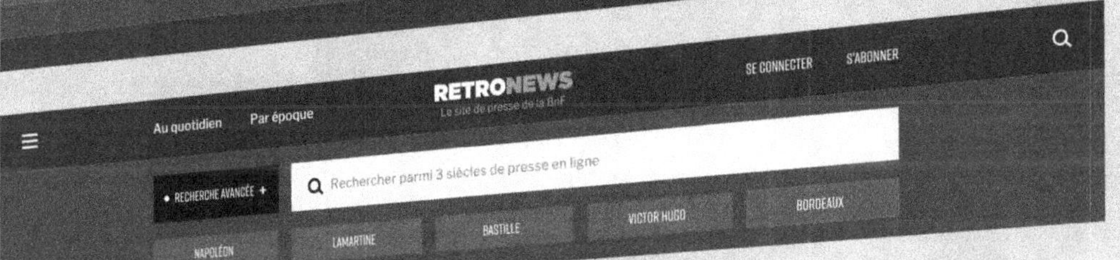

RETRONEWS

Le site de presse de la BnF

www.retronews.fr

REVUES SCIENTIFIQUES

PUBLIÉES PAR

LE JOURNAL

« LA RÉPUBLIQUE FRANÇAISE »

Sous la direction de

M. PAUL BERT

MEMBRE DE L'ACADÉMIE DES SCIENCES

PROFESSEUR A LA FACULTÉ DES SCIENCES

MEMBRE DE LA CHAMBRE DES DÉPUTÉS

QUATRIÈME ANNÉE

AVEC FIGURES DANS LE TEXTE

PARIS

G. MASSON, ÉDITEUR

120, Boulevard Saint-Germain et rue de l'Éperon

EN FACE DE L'ÉCOLE DE MÉDECINE

1882

REVUES SCIENTIFIQUES

PUBLIÉES PAR

LE JOURNAL

« LA RÉPUBLIQUE FRANÇAISE »

4771-2. — CORBEIL. Typ. et stér., CRÉTÉ.

REVUES SCIENTIFIQUES

DU JOURNAL

„ LA RÉPUBLIQUE FRANÇAISE ”

I

PHYSIOLOGIE PATHOLOGIQUE

**De la microcéphalie et de quelques idiots récemment
observés.**

On comprend sous le nom d'idiots une très grande variété
d'individus ayant pour caractère commun une profonde
dégradation, une réduction partielle ou une suppression à
peu près totale de l'intelligence. Cette réduction ou suppression d'intelligence provient quelquefois de vices de conformation du cerveau, dont les circonvolutions sont tantôt
hypertrophiées et tassées l'une sur l'autre de manière à
produire même des empreintes sur la surface interne du
crâne, tantôt partiellement atrophiées et remplacées par des
tissus cellulaires, tantôt enfin grossières ou simples, c'est-
à-dire peu flexueuses ou défectueuses en quelques points.
Mais le plus souvent, ou presque toujours, elle provient
d'un arrêt de développement du cerveau. Nous disons « du

cerveau », car des cas d'exencéphalie ont montré que ç'é-
tait lui qui était frappé de cet arrêt de développement et que
le crâne ne l'était qu'après lui et secondairement. Tantôt
il subit, sans autre complication, une réduction symétrique
qui peut en faire comme un cerveau humain en miniature.
Tantôt il est rapetissé, induré, en conservant encore toutes
ses parties, mais en n'occupant que la moitié du crâne dont
le vide est rempli par le liquide cérébro-spinal ; tantôt,
enfin, quelques-unes de ses parties, et même un hémisphère entier, disparaissent et sont remplacées par de la
sérosité.

A côté de la microcéphalie proprement dite, il faut
donc distinguer la micro-hydrocéphalie et l'anencéphalie
ou quasi-anencéphalie (micro-hydrocéphalie par atrophie du
cerveau).

La microcéphalie offre elle-même des degrés. Tous les
crânes non déformés d'Européens adultes dont la capacité
est inférieure à 1,150 cent. cubes et dont la circonférence
horizontale ne dépasse pas 480 millim. si c'est un homme,
et 475 si c'est une femme, appartiennent à des *demi-
microcéphales*. Le crâne des microcéphales a une capacité
de 300 à 600 cent. cubes et une circonférence de 320 à
370 millim.

Trois chimpanzés femelles mesurés avaient pour capacité
crânienne de 387 à 425 cent. cubes ; sept chimpanzés
mâles, de 382 à 482 ; un orang femelle, 418 ; trois orangs
mâles, de 433 à 478 ; trois gorilles femelles, de 395 à 580 ;
seize gorilles mâles, de 475 à 623.

Les femmes de races les plus inférieures ont une capacité
crânienne de 1,050 à 1,590 c. c. ; les Parisiennes, de
1,100 à 1,600 ; les hommes des races les plus inférieures,
à de 1,150 à 1,500 ; les Parisiens modernes, de 1,300
1,900.

Entre le maximum des anthropoïdes et le minimum des hommes, la différence est de 427 cent. c. C'est dans les limites de cette différence, entre les anthropoïdes et l'homme que sont placés les demi-microcéphales, et au-dessous, dans la limite de la capacité crânienne des anthropoïdes eux-mêmes, que sont placés les micro-céphales.

Le poids moyen du cerveau des idiots, mesurés en grand nombre par Crochley Clapham, est de 1,188 grammes chez l'homme, et de 1,057 grammes chez la femme pour un âge moyen de vingt et un ans, le poids moyen normal étant de 1,410 grammes pour les hommes et de 1,262 pour les femmes de race blanche. D'autres observateurs ont trouvé des moyennes inférieures : Tiedemann, 640 grammes pour l'âge de trente-cinq ans environ ; Delasiauve, 4 à 500 gram-mes pour l'époque de la puberté.

Pour le cerveau du gorille adulte, on a obtenu des poids de 360 grammes (Broca) ; de 425,19 (Orven) ; de 540 gram-mes (Broca) et de 567 grammes (Huxley).

L'arrêt de développement qui frappe les cerveaux des mi-crocéphales a lieu ordinairement dès le début de la vie embryonnaire. Et ils ne portent aucune lésion apparente, du moins en général. Aussi Carl Vogt a-t-il éliminé de la microcéphalie proprement dite tous les cas où existent des lésions pathologiques. Et il l'a regardée elle-même comme ayant sa cause dans l'atavisme, comme étant une forme réversive de l'organe cérébral.

Mais alors on a fait remarquer que cette forme n'avait jamais pu exister normalement, puisqu'elle s'accompagnait d'un ensemble de conditions pathologiques.

Les microcéphales, en effet, s'ils atteignent la puberté et en présentent tous les attributs, ne se produisent cepen-dant pas. Les deux microcéphales Maximo et Bartola, exhibés par deux fois à Paris sous le faux nom d'Aztèques, à cause de leur provenance supposée, avaient été mariés à Londres, sans résultat.

Le nanisme absolu commençant aux tailles de un mètre, ils ne sont pas nains, Maximo, âgé de trente-deux ans, ayant 1^m,35, et Bartola, âgée de vingt-neuf ans, ayant 1^m,32.

Malgré certaines affirmations légèrement émises, on peut dire que les microcéphales ne restent pas en général à l'état de nains.

On en connaît des cas, comme celui du microcéphale bolivien décrit par Zoja en 1875, qui avait 1 mètre. Mais on en connaît aussi qui ont atteint une taille assez élevée, 1^m,52, 1^m,64 et même 1^m,70.

Le nanisme n'est donc pas un caractère des microcéphales.

Mais ils présentent un ensemble de caractères extérieurs qui permettraient de les distinguer, indépendamment de la petitesse de leur crâne. Bien qu'on en ait observé qui étaient aussi vigoureux que grands, ils sont en général élancés, ils ont les membres inférieurs longs et grêles, les mains étroites et minces, le cou long.

Bien peu de microcéphales sont doués d'un langage intelligible, articulé et abstrait.

Le langage de Maximo et de Bartola se réduit à une quinzaine de mots qu'ils lancent par saccades.

Broca a observé un microcéphale adulte très grand et très vigoureux, qui ne put jamais rien articuler. Le microcéphale bolivien de Zoja, dont il a été question plus haut, ne parlait que par signes, bien qu'âgé de dix-sept ans. On cite une microcéphale, Léopoldine Wenz (1873), âgée de quarante et un ans, qui ne faisait entendre que des cris inarticulés, et une autre que les syllabes : *ouh* et *mouh*.

Au congrès d'hygiène qui s'est réuni, au mois de septembre dernier, à Turin, on a présenté un microcéphale adulte d'un caractère très curieux. D'une vivacité de singe, il était très méchant ; mais il ne parlait pas. Criant pour avoir ce qu'il désirait, il égratignait et mordait quand on ne le satisfaisait pas. Il mangeait assez volontiers de la viande, et préférait surtout le poulet.

La description qu'a présentée M. le docteur Guérin de son moral éveille d'invincibles rapprochements avec les singes du naturel le plus mauvais [1].

La vivacité n'est pas une caractéristique absolue des microcéphales. On en connaît plusieurs qui ne pouvaient qu'à peine marcher.

M. le docteur Parrot a fait connaître, au mois de janvier dernier, une microcéphale de quatorze ans. On lui donnerait sept ou huit ans ; elle est très vive et méchante. Mais elle aussi ne pousse que des cris inarticulés. Sa physionomie est d'ailleurs très bonne et n'annonce pas son profond état d'idiotisme. Mais son crâne est creusé de deux sillons, l'un antéro-postérieur, l'autre transverse, qui se croisent au bregma. Il présente, par suite, cinq bosses : une de chaque côté du frontal, une sur chacun des pariétaux, une à l'occipital. D'après plusieurs crânes semblables qu'il a pu recueillir, M. Parrot explique cette singulière conformation par l'oblitération très prématurée de la fontanelle et des autres sutures. Et il a pu se convaincre que cette oblitération est une conséquence de la syphilis congénitale.

La cause pathologique est là évidente, et le mécanisme particulier mis à nu. Mais s'agit-il dans ce cas de la microcéphalie proprement dite ?

1. Comme celle, d'ailleurs, du microcéphale bolivien de Zoja, qui ne parlait que par signes, grimpait aux arbres, sautait de l'un à l'autre, marchait le corps très penché en avant ou à quatre pattes, et avait 270 centimètres cubes de capacité crânienne.

Au congrès d'anthropologie qui s'est réuni en septembre dernier à Lisbonne, M. le docteur Oliveira Feijao a présenté une microcéphale de trente-quatre ans. Sa face est normalement développée comme le reste de son corps, hormis le crâne. Mais son prognathisme est accentué, la mâchoire inférieure est plus petite, et son arcade alvéolaire est en retrait par rapport à la supérieure de 2 cent.

Le nez, long et saillant, proémine beaucoup. Elle n'est pas absolument dépourvue de toute intelligence ; seulement, elle ne parle pas, ne sachant articuler que deux ou trois mots qu'elle entend souvent prononcer autour d'elle. Elle a un cri aigu. Elle se met facilement en colère, mais obéit toutefois volontiers à une des employées de son hôpital. Ses sens sont un peu émoussés, sauf peut-être celui de la vue. Cependant, particularité bizarre, elle est incapable de distinguer une marche, un escalier du sol plat. Laissée à elle-même, elle se jette par terre chaque fois qu'elle rencontre une saillie.

A l'occasion de cette présentation, M. Virchow a combattu la théorie de M. Vogt sur l'origine atavique de la microcéphalie. Pour lui la microcéphalie est purement un phénomène pathologique. Il a fait surtout valoir, pour le démontrer, des différences morphologiques des os du crâne. Chez les anthropoïdes, généralement sinon nécessairement dans la région correspondante à la fosse de Sylvius, il existe un prolongement de l'écaille temporale qui, rejoignant le frontal, sépare le pariétal de la grande aile du sphénoïde. Cette disposition [1] ne se rencontre que 2 fois sur 100 dans les races humaines supérieures, où, au contraire, l'aile du sphénoïde se réunit au pariétal par une suture en séparant assez largement le frontal du temporal. Elle se

---

1. M. Virchow lui donne le nom de *processus frontalis*.

rencontre chez les races inférieures, australiennes et africaines, de 20 à 25 fois sur 100.

Or, M. Virchow ne l'a jamais observé sur des crânes microcéphales.

M. Broca a fait récemment une observation analogue. M. Lunier avait offert au musée de son laboratoire le crâne d'un idiot de dix-sept ans. Cet idiot ne comprenait rien et ne pouvait prononcer qu'une syllabe. Sa taille était de $1^m,44$; son poids, après la mort, de 20 kil. 5. Son cerveau devait peser seulement un peu plus de 520 grammes. Or, Broca n'a pas constaté sur son crâne les vrais caractères simiens. Son équilibre était le même que dans nos races. Son plan occipital prolongé (déterminé par les deux bords du trou occipital) venait aboutir au bord inférieur de l'orbite, ce qui donnait un angle de Daubenton de 0 degré, comme chez les races d'Europe. Comme chez la plupart des crânes microcéphales, ses sutures n'étaient pas oblitérées, l'arrêt de développement, comme nous l'avons dit, ne frappant que le cerveau.

Que la réduction du cerveau et du crâne porte sur la partie antérieure, le front étant aplati et fuyant comme chez les singes, cela ne prouve absolument rien. L'arrêt de développement congénital commence évidemment par atteindre les parties les plus récemment acquises par l'espèce.

Mais on ne saurait nier cependant la nature atavique ou réversive des caractères que présentent les microcéphales indépendamment de toute lésion pathologique apparente. Nous ne citerons que deux sujets, comme exemple.

Une négresse microcéphale observée par Baillarger, présentait les anomalies cérébrales suivantes : Cervelet non recouvert par le cerveau, comme chez le fœtus de trois à quatre mois et chez les carnassiers. Pas d'incisure longitudinale de la première circonvolution frontale, comme chez les anthropoïdes ; état fœtal de la troisième circonvolution frontale (cinq à six mois) ; les incisures sous-orbitaires (huit à neuf mois) ; état fœtal de la fosse de Sylvius (cinq à six mois à gauche, trois à quatre mois à droite), et de la scissure de Sylvius. Pas d'incisures pariétales, comme chez le gibbon et les pithéciens. Plis de passage non superficiels, sauf à droite de la deuxième calotte occipitale des pithéciens. Longueur du premier sillon temporal comme chez les singes, etc.

A la séance de la Société d'anthropologie, du 28 octobre 1880, M. Chudzinski a présenté le squelette d'un jeune microcéphale de quatre ans préparé par lui. Ce squelette est extrêmement petit et est atteint dans toutes ses parties du rachitisme le plus prononcé. Mais ce rachitisme n'est nullement une conséquence de la microcéphalie. Comme l'a fait remarquer M. le docteur Parrot, il est d'origine syphilitique.

Les viscères, et en particulier le foie de cet enfant, offraient des dispositions intermédiaires à celles de l'homme, des anthropoïdes et des carnassiers.

La plupart des anomalies observées chez les microcéphales avec une apparence de caractères réversifs, sont avant tout, on a pu le voir par le premier exemple rapporté, des formes de l'état fœtal à ses différentes phases. On pourrait donc, sans contestation possible, les présenter comme nous avons présenté ici même les anomalies du coccyx à propos des hommes à queue (V. *République française* du 20 septembre 1880). La microcéphalie serait une des formes embryonnaires persistantes du cerveau, soit complètement arrêté dans son développement à un moment donné, soit irrégulièrement développé avec quelques autres parties du corps. Rien de plus.

Des adhérences inflammatoires, l'anémie de l'embryon, la pression exercée par l'amnios sur certaines de ses parties, etc., rendent suffisamment compte, et de cet arrêt, et de ces irrégularités de développement. Mais est-il besoin de rappeler que la vie embryonnaire est la répétition abrégée de la vie de l'espèce elle-même à laquelle appartient l'animal, et que par suite l'arrêt de développement ramène des phénomènes ataviques?

II

HYGIÈNE PUBLIQUE

Des êtres microscopiques de l'air, du sol et des eaux de Paris.

L'Annuaire de l'observatoire de Montsouris pour l'année 1880 renferme, comme les précédents, diverses notices résumant les travaux effectués dans le cours de la dernière année par le directeur de l'établissement et par ses collaborateurs. Ces notices portent :

1° Sur la climatologie appliquée à l'agriculture et sur les résultats des irrigations et des cultures à l'eau d'égouts ;

2° Sur les résultats des analyses chimiques des produits accidentels d'origine organique renfermés dans l'air et les eaux de Paris ;

3° Sur l'étude des organismes microscopiques de l'air, du sol et des eaux de Paris.

C'est sur ce dernier point seulement que nous voulons aujourd'hui appeler l'attention de nos lecteurs. Il touche à des questions d'hygiène publique qui nous intéressent vivement depuis que les admirables travaux de M. Pasteur les ont imposées aux méditations des administrateurs comme à celles des savants.

Les poussières vivantes de l'air doivent être partagées en deux classes bien distinctes : les *spores de cryptogames* et les *bactériens*.

Les *cryptogames* sont des végétaux quelquefois d'un ordre élevé, mais renfermant aussi une foule de plantes microscopiques et toute la série des moisissures. Leurs fructifications aériennes consistent en spores ou grains très ténus que les vents les plus faibles enlèvent et portent au loin. L'air en apparence le plus pur est toujours chargé de ces spores dont le nombre augmente avec les conditions favorables au développement des plantes qui les produisent: la chaleur et l'humidité.

Dans le parc de Montsouris, ce nombre est, en moyenne annuelle, de 15,000 à 16,000 par mètre cube ; il tombe à 6,000 environ dans la saison d'hiver, pour monter à 30,000 ou 40,000 durant l'été. Dans chaque saison, il augmente avec les pluies et diminue pendant la sécheresse.

Les moisissures vivent aux dépens de la substance des êtres organisés sur lesquels elles s'implantent ; elles la transforment en la brûlant d'une manière plus ou moins complète ; elles n'en créent pas de nouvelle, comme le font les végétaux ordinaires. Elles ont donc besoin d'air, mais n'ont pas besoin de lumière. Elles jouent un grand rôle dans la préparation et la conservation d'une partie de nos aliments. Un très petit nombre d'entre elles semblent vénéneuses à la manière des champignons ; mais ce n'est pas dans cette classe que se trouvent nos plus dangereux ennemis.

Les *bactériens* sont également d'origine végétale, pour la plupart du moins, autant qu'il est permis de séparer les deux règnes à cette limite de visibilité et de simplicité. Mais ils se distinguent des précédents en ce qu'ils ne donnent jamais naissance à des organes de fructification aérienne. Quand ils se résolvent en germes distincts, c'est dans le milieu même où ils se sont développés ; et ce milieu est toujours l'eau, soit l'eau en nature, soit l'eau qui imprègne le sol ou qui baigne nos tissus. Ces germes sont d'ailleurs d'une telle petitesse, que les plus puissants microscopes permettent de déceler leur présence, mais non d'étudier leurs formes et leur structure.

On les retrouve dans l'air, mais en proportion relativement faible, et les lois de leur apparition dans l'atmosphère sont tout opposées à celles qui président à la diffusion des spores de cryptogames.

Leur nombre moyen annuel est d'une centaine environ par mètre cube d'air pris dans le parc de Montsouris, au lieu des 15,000 à 16,000 spores de cryptogames qu'on y rencontre. Par contre, c'est par milliers qu'on les dénombre dans un seul centimètre cube de terre ordinaire, d'eau de Seine ou d'eau vanne.

La chaleur tend bien à les multiplier dans l'air du parc de Montsouris ; mais cette influence est dominée par la sécheresse. En octobre et novembre 1879, leur nombre moyen a été trouvé de 250 et 210 ; en décembre suivant, il n'était plus que de 48. De 15, en février 1880, il est remonté à 195 en mai, pour redescendre à 39 en juin. Dans les mois humides, même chauds, l'air du parc est pauvre en bactériens ; dans les moins secs, même froids, cet air devient relativement riche. On serait, peut-être, tenté d'attribuer ce fait à la position excentrique du parc de Montsouris situé dans l'extrême sud de Paris ; mais les mêmes oscillations se retrouvent dans l'air pris au centre de Paris, à la mairie du quatrième arrondissement, dans la rue de Rivoli.

Une série d'expériences décisives ont été entreprises par M. P. Miquel, l'habile micrographe de l'observatoire de Montsouris, pour étudier l'origine des bactériens de l'atmosphère qui, ne se reproduisant pas dans l'air, doivent y être apportés tout formés.

Des liqueurs infectes, peuplées de myriades de bactériens, ont été à diverses reprises évaporées jusqu'à siccité, à une température voisine de 30 degrés. En faisant condenser la vapeur, on a obtenu jusqu'à 200 grammes d'eau ne renfermant pas un seul microgerme, alors qu'un centième de goutte de la liqueur primitive portait rapidement l'infection dans des liqueurs pures.

Dans une autre série d'expériences, M. P. Miquel a fait passer jusqu'à 5 mètres cubes d'air du parc de Montsouris au travers d'une masse de terre mélangée de matières animales en pleine putréfaction. Tant que la terre a gardé des traces d'humidité à sa surface, l'air à sa sortie était fortement odorant, mais il était dépouillé de tout genre de bactérien. Non seulement cet air n'en avait pas pris à la terre où ils pullulaient, mais il lui avait encore cédé tous les siens. Au contraire, dès que, par les progrès de l'évaporation, la surface de sortie de la terre devenait pulvérulente, des germes de bactériens étaient emportés avec les grains de poussière soulevés par l'air en mouvement.

L'évaporation calme de l'eau, les émanations lentes de la terre la plus putride sont impuissantes à donner des bactériens à l'air. Mais si le vent fouettant la surface des eaux en détache des globules liquides qu'il entraîne ; si la surface desséchée du sol livre des poussières à l'air, ces poussières liquides ou solides emportent avec elles tous les microbes qui y sont contenus ou attachés. Le nettoyage à sec et l'époussetage livrent ainsi d'énormes quantités de bactériens à l'atmosphère des habitations encombrées et mal aérées. A défaut de nettoyage, le frottement des pieds sur le plancher, ou des objets sur les murs, produisent un effet semblable.

Les bactériens, que l'on peut diviser en micrococcus, bacilles, bactériums ou bactéries proprement dites et vibrions, n'offrent pas tous un même degré de résistance à la dessiccation dans l'air. On comprend dès lors que les microgermes de l'atmosphère diffèrent par leurs proportions relatives des microgermes du sol humide et des eaux.

L'eau est le royaume des bactéries adultes, tandis que l'air ne contient guère que leurs germes, l'individu y périssant plus ou moins rapidement. Les bactériums, trouvés en très grande abondance dans les rivières et les fleuves, sont très rares dans l'air de Montsouris. Les bacilles très fréquents dans les eaux de toute provenance, le sont aussi beaucoup moins dans l'air.

Les vibrions de la putréfaction se rencontrent, dans l'atmosphère de Montsouris, dans la proportion seulement de 4 pour 1,000. Ils sont encore plus rares dans la rue de Rivoli et même dans l'air des égouts. Par contre, les micrococcus sont relativement très abondants dans l'atmosphère de Paris, alors qu'ils sont rares dans les eaux ; leur milieu paraît être surtout l'être vivant.

En noyant dans quelques centimètres cubes d'eau stérilisée les poussières de plusieurs mètres cubes d'air, et comparant immédiatement cette eau avec celle d'une rivière, l'analyse microscopique dénote des dissemblances qui rendent tout rapprochement impossible. Ces dissemblances persistent encore après quinze à vingt jours d'incubation.

Les bactériens de l'air, malgré leur extrême petitesse, tendent, comme les poussières minérales, à s'en séparer progressivement par le repos. C'est dans les salles inhabitées de l'observatoire de Montsouris, la bibliothèque, le laboratoire de photographie, que leur nombre a été trouvé le plus faible, de deux à quatre fois moindre que dans l'air du parc... Dans le laboratoire de M. P. Miquel, où les microgermes sont l'objet de manipulations continuelles, leur nombre est moindre qu'on pourrait le supposer ; il est, cependant, deux ou trois fois plus grand que dans l'air extérieur.

Si du parc de Montsouris nous passons à la rue de Rivoli, à la hauteur de la mairie du quatrième arrondissement, le nombre des microbes contenus dans un mètre cube d'air varie de 450 à 1,520, suivant l'état de l'atmosphère, alors qu'il varie dans les mêmes conditions de 89 à 318 dans l'air de Montsouris.

Ce nombre est plus uniforme dans l'air de l'égout de la rue de Rivoli à la hauteur du boulevard Sébastopol; il y oscille entre 700 et 800 par mètre cube. Il est bon de rappeler que les eaux qui circulent dans cet égout renferment 20,000 microgermes par centimètre cube. Dans l'air de cet égout, les micrococcus sont un peu moins et les bactériums un peu plus abondants qu'à l'air libre, ce qui tient à son calme et à son humidité plus grandes que celle de l'air extérieur.

Si, enfin, de la rue de Rivoli nous passons aux salles de médecine ou de chirurgie de l'Hôtel-Dieu, nous voyons le nombre des microgermes passer de 800, air des égouts, à 5,500, air de l'Hôtel-Dieu.

La proportion relative des diverses familles de microbes contribue à nous renseigner sur leur origine. Dans l'air du parc de Montsouris, comme dans l'air du cimetière Montparnasse, les micrococcus se rencontrent dans la proportion de 68 pour 100. Cette proportion tombe à 53 pour 100 dans les salles inhabitées de l'Observatoire; elle monte à 80 pour 100 dans le laboratoire de micrographie, où les essais de fermentation putride sont en permanence ; elle est de 84 pour 100 dans les salles de l'Hôtel-Dieu, de 95 environ dans la rue de Rivoli, et descend à 60 pour 100 dans l'air des égouts.

L'Hôtel-Dieu n'est pas un fait exceptionnel dans Paris, l'encombrement et l'insalubrité sont bien plus grands encore dans un grand nombre des logements de la ville. C'est là surtout qu'il faut chercher l'origine de la plupart des microbes de l'air de Paris. Les égouts n'y ont qu'une part insignifiante ; souvent ils contiennent plus de microbes que l'air extérieur ; plus souvent encore ils en contiennent moins. Les émanations qui s'en dégagent accidentellement peuvent offenser l'odorat ; elles peuvent être infectes ; elles ne sont pas plus infectieuses que l'air extérieur auquel elles se mêlent. Leur odeur n'en est pas moins condamnable quand elle se produit.

On a cherché divers procédés pour détruire ces émanations odorantes. On a proposé divers absorbants ou antiputrides. Pour se rendre compte de l'efficacité de ces derniers, il importe de connaître les agents que l'on veut combattre.

L'acide sulfhydrique est l'infectant le plus connu ; c'est aussi le plus facile à détruire et le plus fugitif. Les sels de fer ou de zinc s'en emparent et le fixent ; mais, de son côté, l'oxygène de l'air humide le brûle rapidement. Aussi est-il relativement rare dans les égouts dans lesquels les eaux vannes ont une libre circulation : il s'y produit en quantité peu considérable, et il est brûlé par l'oxygène de l'air ou des eaux à mesure qu'il se produit. Il ne se montre en quantité sensible que là où les eaux stationnent un peu profondément en raison d'obstacles accidentels ou permanents.

Mais l'acide sulfhydrique n'est que l'un des produits de la fermentation putride. Cette fermentation donne en même temps naissance à des ammoniaques sulfurées dont l'odeur est fétide, que l'air ne brûle plus comme l'acide sulfhydrique, et que les désinfectants ne font plus disparaître. Ces produits infects, que l'on peut retirer des matières animales en putréfaction sous forme de liquides mobiles et fortement odorants, se produisent abondamment dans les fosses fixes ou mobiles. Ce sont eux que les usines employées au traitement des vidanges et qui forment une ceinture autour de Paris, livrent aux vents qui les déversent ensuite, ici ou là, sur la ville. Le gaz sulfhydrique serait brûlé avant d'arriver jusqu'à nous.

Le seul moyen véritablement efficace de se débarrasser de ces composés infects, est de les empêcher de naître par un écoulement rapide des matières à l'égout et de l'égout sur le champ d'épuration, avant que la fermentation ait eu le temps de s'en emparer.

Quelque grand qu'on suppose le nombre de microgermes de l'air, il n'est presque rien en comparaison de ce qu'on trouve dans les fosses et même dans les eaux courantes. Aussi, au lieu de prendre pour unité de volume le mètre cube, descendrons-nous ici au centimètre cube qui est un million de fois plus petit que le premier.

L'eau de condensation de la vapeur contenue dans l'air est la plus pure ; on n'y trouve en moyenne que 4 microgermes par 10 centimètres cubes. La pluie recueillie dans des vases propres vient ensuite avec un nombre moyen de 364 microbes par centimètre ; puis viennent les eaux de sources comme celles de la Vanne, qui, après leur long parcours des sources à Paris, en contiennent 62 par centimètre cube. Avec l'eau de Seine prise en amont de Paris, nous atteignons le chiffre de 1,200 à 1,600 ; en aval de Paris, ce chiffre s'elève à 3,200. Enfin les eaux d'égouts de la rue de Rivoli renferment en moyenne 20,000 microbes par centimètre cube. Avec la matière des fosses on atteint à des centaines de mille.

Tous ces microbes pullulent dans la Seine tant qu'ils y trouvent des matières nutritives ; mais la lutte pour l'existence en élimine un grand nombre. Leur fonction d'ailleurs varie avec leur nature. Les uns, auxquels l'air est nécessaire et que, pour cette raison, M. Pasteur appelle *aérobies*, brûlent rapidement et sans dégagement d'odeurs appréciables les matières organiques renfermées dans les eaux courantes et suffisamment aérées ; leur action n'a pour limite que celle de l'oxygène dissous et sans cesse renouvelé, ou celle de la matière nutritive elle-même ; les autres, qui peuvent vivre sans l'intervention de l'air, les *anaérobies* de M. Pasteur, s'emparent des vases qui se déposent au fond des eaux et les détruisent avec lenteur. Ce sont ces derniers, surtout, dont l'action incomplète donne naissance à l'acide sulfhydrique, aux ammoniaques sulfurées et aux cyanures fétides. Les désinfectants ou les antiseptiques peuvent enrayer cette fermentation ; ils peuvent hâter en même temps la formation des dépôts boueux et donner à l'eau une sorte de limpidité trompeuse ; mais les expériences faites dans les laboratoires de Montsouris montrent que les bactériens qui ont péri sous leur action laissent, pour la plupart, leurs germes vivants et que, une fois mêlés à des eaux abondantes et dépouillées de tout autre germe, ils reprennent le cours de leur développement.

Le sol, qu'il soit nu ou couvert de plantes, ne fait intervenir aucun fait inconnu dans l'épuration des eaux d'égouts ; il se borne à favoriser le développement des microbes aérobies et à contrarier l'action des anaérobies ou microbes de la putridité. MM. Frankland, en Angleterre, Schlœsing et Durand Claye, en France, avaient démontré, bien avant l'observation de Montsouris, qu'un sol poreux, perméable à l'air et à l'eau, et périodiquement arrosé avec des eaux chargées de matières organiques, brûle avec une extrême rapidité ces matières, qu'il transforme finalement en acide carbonique et en acide nitrique, et que cette action est à la fois indéfinie et complète. Mais il appartient au directeur de l'observatoire de Montsouris d'avoir démontré que les plantes de grande culture, tout en utilisant les nitrates formés et en prenant sur les terrains irrigués un développement considérable, ont en outre la propriété de retirer du sol, pour la rendre à l'atmosphère sous forme de vapeur, une très forte proportion de l'eau employée aux irrigations. Cette proportion peut s'élever à 40,000 ou 45,000 mètres cubes par hectare et par an. De là découlent deux faits suivants :

L'eau répandue sur une terre nue doit s'infiltrer progressivement dans le sol, et ce qui échappe à l'évaporation superficielle de la terre descend peu à peu dans la nappe souterraine. Ce travail de filtration exige un certain temps, et l'air ne pénètre dans le sol pour alimenter le travail de nitrification qu'à mesure que l'eau s'en sépare. La plante, par ses racines qui aspirent l'eau du sol, par ses feuilles qui la rendent à l'air dans un état de pureté complète, active ce dégorgement et hâte la nitrification.

D'un autre côté, si, à la suite d'irrigations trop copieuses, une partie des matières organiques ou des microgermes qui se transforment échappe à l'action du sol, ces matières ou ces microgermes viennent s'ajouter à la nappe souterraine qu'ils altèrent. Sur un sol cultivé, non seulement la nutrification des matières organiques est activée, mais, de plus, la proportion d'eau qui gagne la nappe souterraine est considérablement diminuée. Ajoutons enfin que la culture, outre les produits importants qu'elle fournit, est, par elle-même, un obstacle à l'abus des irrigations.

Les essais faits pendant deux années, 1879 et 1880, sur huit ares de terre contenus dans huit bassins étanches mis à la disposition de M. Marié-Davy par l'administration de la ville de Paris, dans son petit domaine d'Asnières, ont montré que toutes les plantes de grande culture, même les céréales, peuvent prospérer sur les terres les plus arides arrosées à l'eau d'égouts ; que le volume des eaux qui s'écoule des bassins par les drains individuels dont ils sont munis est extrêmement faible ; enfin, que ces eaux sont organiquement d'une grande pureté.

L'irrigation faite régulièrement depuis huit années sur la plaine de Gennevilliers à la dose de 45,000 à 50,000 mètres cubes d'eau d'égouts par hectare et par an, ne laisse donc pénétrer dans la nappe souterraine qu'un volume d'eau relativement très faible et organiquement très pur. La surélévation de la nappe souterraine qui s'est produite à l'origine ne prouve rien quant à ce volume. L'accroissement de son débit a dû égaler le volume d'eau qu'elle a reçu, et la pente nécessitée par cet accroissement de débit dépend de la vitesse que la nappe peut acquérir dans la couche de gravier qu'elle occupe. Les drains posés en 1878, et dont le débit a été mesuré, ont fait descendre la nappe au-dessous de son niveau primitif ; d'où il résulte qu'ils extraient, même actuellement, plus d'eau que les irrigations n'en donnent à la nappe. D'un autre côté, en faisant l'analyse de l'eau du drain d'Asnières qui draine la partie irriguée depuis le plus grand nombre d'années, on y trouve, il est vrai, des nitrates qui ont échappé à la végétation ; mais le nombre des microgermes n'y est que de 12 à 20 par centimètre cube, c'est-à-dire trois fois moindre que dans l'eau de la Vanne à son entrée dans Paris, alors que les eaux d'irrigation en renferment au moins 20,000 et que celles de la Seine, là où se déversent les eaux du drain, en contiennent 3,000.

Que devient cet amoncellement de germes dans le sol de Gennevilliers ? Leur nombre est toujours en rapport avec le total des matières nutritives qu'ils rencontrent autour d'eux, et les plus actifs étouffent les autres. Ce n'est pas d'hier que l'engrais humain est versé sur les champs cultivés. C'est une pratique immémoriale en Chine et au Japon ; c'est une pratique séculaire en Écosse, en Italie, en Espagne ; et, jusqu'à présent, rien n'a révélé le danger que cette pratique pourrait présenter pour l'hygiène. Au contraire, des exemples déjà nombreux ont montré combien certaines épidémies ont été aggravées, sinon propagées, soit par le mélange d'eaux non épurées avec celles qui servent à l'alimentation, soit par l'introduction dans l'eau des puits ou des sources de germes nocifs provenant des déjections ou simplement des linges ou effets qu'on lave à leur proximité après le service des malades. Autant les infiltrations d'eaux contaminées dans un sol battu et non aéré sont à craindre, autant elles se montrent inoffensives dans un sol cultivé, aéré par les racines des plantes et par les labours périodiques.

Si les eaux sont la voie ordinaire de la transmission de certaines maladies épidémiques, elles ne sont pas la seule. Les poussières d'un sol infecté, celles qui se détachent de la peau de certains malades, celles qui s'attachent à leurs effets, à leurs meubles, aux parois de leurs habitations, celles qui sont transportées par l'air à des distances variables, peuvent également transmettre diverses maladies infectieuses. Les germes de microbes contenus dans l'air de Paris sont loin d'être tous nocifs pour l'homme ; mais, nocifs ou non, ils obéissent aux mêmes lois générales de diffusion dans l'atmosphère. Soit que ces germes aériens nous impressionnent directement, soit, — ce qui est plus probable, — que les variations de leurs nombres ne soient que la manifestation consécutive des variations qu'ils subissent dans les habitations infectées, toujours est-il que les maxima et minima successifs de la courbe des nombres de microbes trouvés dans l'air du parc de Montsouris ou de la rue de Rivoli présentent des coïncidences remarquables avec les maxima et les minima des décès parisiens par maladies infectieuses, les derniers survenant une huitaine de jours après les premiers. C'est là une question encore trop

obscure pour qu'on puisse sortir des simples conjectures ;
mais, dans un aussi grave sujet, la conjecture est déjà un mo-
tif d'agir. S'il faut veiller à la propreté et à la salubrité de
nos rues et de nos égouts, il est bien plus urgent encore de
veiller à la propreté et à la salubrité des habitations et des
personnes. Après l'isolement des malades atteints de maladies contagieuses et la purification de tout ce qui a été en
contact avec eux, le premier besoin d'une grande ville au
point de vue de son hygiène est que l'air et l'eau aient largement accès dans toutes les demeures et que les eaux rendues impures soient évacuées rapidement sur des champs
d'épuration qui les rendent à l'atmosphère, aux rivières et
aux nappes souterraines dépouillées de tous leurs germes.

III

ETHNOGRAPHIE

**Des plus récents travaux sur l'Asie, et notamment
sur l'Asie centrale.**

Il est à peine besoin de rappeler quel intérêt passionné inspirent à juste titre aux historiens de l'humanité, doués de quelque philosophie, et même à tous les esprits hautement cultivés, les questions relatives à ces régions centrales de l'Asie dont quelques-unes sont encore si mystérieuses.

On a tout fait venir de là, races, peuples, s'échelonnant et s'escaladant pour se répandre sur le monde, langues, civilisations, etc.

On en a en particulier fait venir les langues mères et les races blanches de l'Europe.

C'est la théorie, on a dit aussi la *légende* aryenne. Elle est surtout basée sur l'ensemble des faits de la linguistique indo-européenne.

Une réaction importante s'est faite contre elle depuis quelques années. Cette réaction a pris sa source dans les découvertes préhistoriques qui nous ont montré le type aryen et des éléments de civilisation implantés en Europe depuis un temps extrêmement reculé.

Mais nous ne voulons pas en examiner ici la valeur ni suivre les discussions qu'elle a soulevées. Et nous serons pour le moment à peu près quittes envers elle en rappelant quelques-uns des travaux qu'elle a suscités, notamment ceux insérés dans les bulletins de la Société d'anthropologie de Paris (1879), le mémoire de madame Clémence Royer sur l'*origine des Aryas et leurs migrations*, dans les annexes des comptes rendus du congrès des sciences anthropologiques de 1878, etc.

Rien peut-être ne prouve péremptoirement que les races blondes ou brunes aryennes se soient formées dans l'Asie centrale. Le fait que l'aryen primitif s'est mieux conservé dans les langues aryennes de l'Asie n'a en lui-même rien de probant.

Mais des considérations d'une portée infiniment plus grande nous montrent l'Asie intérieure comme le centre probable d'extension de l'homme, bien plus, peut-être, comme le berceau de l'humanité.

C'est aux types linguistiques accumulés autour du massif central de l'Asie, comme l'a fait observer M. de Quatrefages, que se rattachent tous les langages humains. Au centre et au sud-est de sa zone interne, les langues monosyllabiques sont représentées par le chinois, le cochinchinois, le siamois, le thibétain. Comme langues agglutinatives, nous trouvons du nord-est au nord-ouest le groupe des ougro-japonaises, au sud celui des dravidiennes et des malaises, à l'ouest les langues turques. Enfin, le sanscrit avec ses dérivés, et les langues iraniennes représentent, au sud et au sud-ouest, les langues à flexion.

De même, les trois types fondamentaux de toutes les races humaines sont représentés dans les populations groupées autour de son massif central.

Les races nègres en sont les plus éloignées, mais elles ont pourtant des stations marines où on les trouve pures ou métisses, depuis les îles Kioussiou jusqu'aux Andaman. Sur le continent, elles ont mêlé leur sang à presque toutes les castes et classes inférieures des deux presqu'îles gangétiques. Elles se retrouvent encore pures dans toutes deux, remontent jusqu'au Nepaul et s'étendent à l'ouest jusqu'au golfe Persique.

« La race jaune pure ou mélangée d'éléments blancs paraît occuper seule l'aire centrale. Elle en peuple le pourtour au nord, à l'est, au sud-est et à l'ouest. Au sud, elle se mélange davantage; mais elle n'en forme pas moins un élément important de la population.

« La race blanche, par ses représentants allophyles, semble avoir disputé l'aire centrale elle-même à la race jaune. Dans le passé nous trouvons les Yu-Tchi, les Ousoun au nord du Hoang-Ho; de nos jours, dans le petit Thibet, dans le Thibet oriental, on a signalé des îlots de populations blanches. Les Miao-tsé occupent les régions montagneuses de la Chine. Les Sia-Posh résistent à toutes les attaques dans les gorges du Bolor. Sur les confins, nous rencontrons, à l'est, les Aïnos et les Japonais des hautes castes, les Tinguianes des Philippines; au sud les Hindous. Au sud-ouest et à l'ouest, l'élément blanc, pur ou mélangé, domine entièrement. Aucune autre région sur le globe ne présente une semblable réunion de types humains extrêmes distribués autour d'un centre commun. »

Sous le nom d'Asie centrale on comprend communément une région plus ou moins étendue dont les contours sont assez mal déterminés.

M. de Richtofen, dans son grand et bel ouvrage sur la Chine (*China*, 1 vol. gr. in-8° avec cartes, Berlin, 1877), a poussé plus loin que ses prédécesseurs, parmi lesquels il faut compter Humbolt, l'étude de la configuration du sol des régions centrales du continent asiatique et de son influence sur les populations de ces régions. Bien que nos connaissances à cet égard soient encore trop insuffisantes, il est évidemment très supposable que ce massif énorme du centre de l'Asie forma le premier boursouflement, le premier relief au-dessus des eaux de l'Océan sans rives des premières époques. Il fut peut-être un des premiers théâtres où s'épanouit la vie terrestre. Malgré les variations de niveau, les changements de contour du continent actuel qui a dû s'accroître et décroître alternativement bien des fois, il est resté pendant un temps incommensurable au-dessus du niveau des grandes mers. Il n'a pas joui de ces renouvellements, de ces rajeunissements par les dépôts fertiles des fleuves dont furent favorisées les régions périphériques. Les agents atmosphériques réduisant ses saillies, concassant ses roches dénudées, ont en partie égalisé sa surface. Mais les éléments dissociés de son sol séparé des pentes côtières par de grandes distances et des reliefs infranchissables, sont restés là sur place, inutiles et sans emploi naturel, se réduisant et se stérilisant chaque jour davantage.

Les cours d'eau ne peuvent pas fournir à l'évaporation trop grande qui se fait à sa surface, et, bientôt épuisés sur son sol saturé de sel, ils se perdent dans ses sables. Il forme donc un vaste steppe, souvent un désert où les oasis rares sont l'œuvre tout artificielle de l'homme. Le plateau du Pamir lui-même a été jugé, de nos jours, à peu près inhabitable.

Entre lui, entre cette zone centrale et la zone périphérique, aux contrées si fécondes et aux populations si stables, il existe une zone intermédiaire. Elle est constituée par la dépression aralo-caspienne, le bassin du Syr et de l'Amou. Le sol y est aujourd'hui un vaste steppe saumâtre qui ressemble beaucoup aux steppes de la zone intérieure. La mer s'en est retirée depuis relativement si peu de temps, qu'elle est restée en partie inaccessible à la culture et à la civilisation. Elle n'a jamais été, pour les populations qui l'ont habitée, qu'un lieu de passage ou qu'une patrie d'occasion.

Scythes, Massagètes, Saces, Sogdiens, Parthes, etc., s'y sont côtoyés et succédé; de même, après eux, les Huns, les Ouïgours, les Arabes, les Tatars, les Turcs.

Elle forme le Turkestan, naguère encore appelé indépendant, mais qui est maintenant soumis à la Russie.

La Kachgarie, ou Turkestan oriental, située de l'autre côté du Pamir, à l'est, fait essentiellement partie de la zone intérieure, de la véritable Asie centrale, fermée à l'est par le désert de Gobi. La Dzoungarie, au nord, peut lui être rattachée.

Au sud du Pamir se trouvent les vallées à peine connues du haut Oxus; et au delà, l'Afghanistan, puis le Thibet, qui participent déjà de la zone périphérique.

D'ailleurs, sur les versants mêmes du Pamir, à l'est et au sud comme à l'ouest, le sol accidenté, creusé par les cours d'eau, est loin de présenter l'uniformité et la stérilité des steppes. Les vallées protégées contre les vents et fertilisées par des eaux assez abondantes y sont même nombreuses.

La Kachgarie nous est extrêmement peu connue. Mais M. de Richtoffen n'en pense pas moins que le cours supérieur du Tarym, qui l'arrose, a vu fleurir sur ses rives une civilisation extrêmement précoce. C'est dans ses vallées supérieures, plus riches encore et plus fécondes qu'elles ne le sont aujourd'hui, que se seraient organisés les Chinois primitifs en une puissante nation agricole possédant des institutions astronomiques qui ont traversé les siècles en se répandant jusque dans l'Asie occidentale et ont survécu en Chine, et même aux Indes, à toutes les révolutions [1].

1. V. Richtoffen, Schlegel, etc.

Les documents anthropologiques manquent encore pour la confirmation définitive de cette présomption, d'ailleurs parfaitement valable en elle-même.

Le type chinois primitif passe pour être représenté par des crânes dolichocéphales ou très allongés, étroits, élevés, aux orbites hautes [1], comme le crâne d'un mendiant de Pékin, qui se trouve au Muséum, et celui d'un Hakka de Canton, qui se trouve à la Société d'anthropologie.

Quant à présent, nous ne connaissons pas de type absolument semblable dans la Kachgarie.

C'est une opinion assez accréditée que cette région a été primitivement habitée par des peuples de race éranienne. La vallée supérieure du Tarym ou Yarkend confine d'ailleurs à celles du haut Oxus (Amou-Daria) au sud du Pamir, vallées qui passent pour le berceau de la race aryenne.

Tous les peuples qui sont venus successivement se répandre sur l'Asie occidentale et l'Europe orientale, Sakas, Yuétchis, Ouïgours, etc., sont passés par la Kachgarie. Ils sont venus se briser contre la barrière infranchissable du Pamir, puis, rebroussant un peu chemin vers le nord-ouest, ils ont quitté l'Asie centrale par la seule issue possible à l'ouest, le défilé du Thian-Chan (monts Célestes) oriental, qui descend sur la Dzoungarie. Dans leurs migrations, ils se sont pourchassés les uns les autres, laissant après eux des éléments plus ou moins importants. La population actuelle de la Kachgarie serait le résultat de leurs mélanges greffés sur un fond éranien. Les Chinois, après la répression du soulèvement de cette contrée, il y a un siècle et demi, en ont transporté une partie dans la Dzoungarie où elle forme un groupe à part, les Tarantchis.

M. de Ujfalvy, dans son récent voyage à Kouldja, a me-

1. Bullet. Soc. d'anthrop. (Paris, 1879, p. 576). Sur cinq crânes d'Hakkas et les origines chinoises, par Zaborowski.

suré douze Tarantchis. Ils sont sous-brachycéphales (index 83, 85). Sous le rapport de la taille, ils s'écarteraient des Turco-Mongols pour se rapprocher des Éraniens galtchas. Ils ne renfermeraient aucun élément blond, et devraient être rangés parmi les Turco-Tatars à souche éranienne.

Dans la population du haut Oxus, les voyageurs anglais ont signalé la présence certaine d'éléments aux cheveux et aux yeux clairs. Mais on n'a pas encore sur elle de documents assez précis. Elle passe pour à peu près exclusivement aryenne.

Les Siry-Kols qui sont sur le Tarym même, non loin des versants de la Kachgarie, et qui ont récemment été enlevés de leurs dictricts montagneux par Yakoub-bey et déportés dans les plaines de Kachgar, auraient eu un vocabulaire tenant à la fois du sanscrit et du persan.

Mais au sud-sud-ouest, le vocabulaire de l'un des peuples situés entre le haut Indus et l'Oxus fait soupçonner à M. de Girard de Rialle que « dans ces replis de montagnes deux races sont en présence, dont l'une est aryenne et l'autre encore inconnue [1] ».

Tous les peuples qui ont passé par le Turkestan oriental ou Kachgarie ont séjourné dans la Dzoungarie. Ils s'y sont pour ainsi dire succédé dans le même ordre et y ont, en bien des cas, laissé des représentants.

Or, on y trouve un groupe dont les caractères sont très particuliers : le groupe des Dounganes. On ne sait rien sur l'époque de leur arrivée, qui doit être assez ancienne. Leurs aïeux se seraient mélangés avec les Kalmouques, les Mongols, les Chinois, les Tarantchis, les Kachgariens, mais sans que leur type primitif se soit modifié en un sens bien déterminé.

---

1. Instruction pour l'Asie centrale (Bullet. Soc. d'anthr. 1874, p. 452).

Ils sont mésaticéphales (78,99), et dolichocéphales (69, 71). Ils ont les yeux bruns, les cheveux noirs ou châtains, mais le plus souvent noirs.

Ils ne paraissent être ni de race mongolique ni de race altaïque. Et on s'est risqué à les présenter comme un débris des ancêtres chinois de la vallée du Tarym[1].

Mais nous ne savons encore rien de positif à cet égard, et peut-être pourrait-on voir aussi bien en eux un débris de quelque peuple du type finnois.

A ce type ont été plus particulièrement rapportés les peuples blonds de l'existence desquels, au nord de l'Asie centrale, on retrouve des indices dans l'histoire et dans quelques populations.

L'historien chinois Matuanlin (xiie siècle) mentionne, à l'ouest des Hoang-noo, dont les incursions incessantes occasionnèrent la construction de la grande muraille, un autre grand peuple aux yeux verts et aux cheveux rouges, les Ou-Sioum (Voir plus haut). Il en mentionne un autre au delà de l'Altaï, sur l'Yénisséi, les Ting-Ling, et un troisième vers l'Obi, les Khien-Kouen.

On les a vainement cherchés de nos jours. Et si l'on voulait leur trouver des parents ou des descendants, on ne pourrait s'empêcher de songer aux constructeurs dolichocéphales des Kourganes de la Russie qui entrent pour une forte part dans la composition des populations finnoises, aux Ostiaks actuels, aux Tchouvaches, etc.

De l'autre côté du Pamir, chez les Tadjicks du Turkestan occidental, il se trouve une assez forte proportion de blonds. Cette proportion serait de 12,90 pour 100 chez les Tadjiks du Ferganah, et de 27,58 pour 100 chez ceux de Samarkand. Elle serait infiniment moindre, de 8,62 pour 100

1. Topinard. — L'Anthropologie, 3e édition.

seulement, chez les Eraniens des montagnes, les Galtchas. Or, ceux-ci sont sans conteste les Eraniens les plus purs, et nous avons déjà dit ici que les crânes galtchas qu'a rapportés M. de Ujfalvy ont exactement les caractères de notre crâne celte, du crâne savoyard.

. Ces blonds devaient vraisemblablement être grands et dolichocéphales, car les Galtchas qui se sont le moins mélangés avec eux sont aussi les plus petits et les plus brachycéphales. Mais il est très probable qu'ils n'ont pas de rapports avec les précédents, et malgré leur nombre ils ne se présentent pas nettement comme indigènes des pays où l'on a constaté leurs traces.

Plus au sud, et sans parler du haut Oxus encore presque inconnu[1], dans l'Afghanistan on en a rencontré en bien plus grand nombre. Les Siahs-Poshs passaient déjà pour avoir beaucoup de sang blond.

Un anthropologiste anglais, M. Keane, vient de publier une ethnographie de l'Afghanistan[2] où nous voyons que les Beloutchis, les Kohistanis, etc., sont dans le même cas.

Nous regrettons que l'espace nous manque pour nous étendre sur ces nouvelles études.

Peut-on soutenir que malgré leur présence dans des centres montagneux, les blonds, d'après ce que nous en savons, ne sont pas originaires d'Asie? Et si on les y trouve maintenant si intimement confondus avec des populations éraniennes brunes, qui sont-ils et d'où viennent-ils?

On agitera longtemps encore sans doute cette question

1. Un voyageur grec, M. Potagos, qui vient de franchir entièrement le Pamir, la première fois depuis Marco Polo (1280) et Goès (1604), a constaté au sud-ouest du Pamir, dans les principautés du haut Oxus, la prédominance et la beauté de l'élément blond.

2. In journal *Nature* de Londres, janv. 1880.

si palpitante d'intérêt pour nos origines européennes [1].

Mais ce n'est certes pas la seule que nous pose l'immense et mystérieuse Asie centrale.

1. M. H. Martin, malgré la couleur brune des Tadjicks et Galtchas qu'il croyait blonds, persiste à croire que les importateurs des langues aryennes en Europe étaient blonds et que c'est leur émigration de l'Asie qui y a en quelque sorte laissé le champ plus libre aux aryens bruns (Bullet. Soc. d'anthr., 1870, p. 185).

IV

AGRICULTURE

Travaux de l'Institut national agronomique.

L'Institut national agronomique est aujourd'hui dans la
cinquième année de son existence, ou plutôt de sa résur-
rection. On peut commencer à prévoir l'influence que ce
grand centre de science agronomique exercera sur les progrès de l'agriculture française.

Jamais le besoin de la diffusion des sciences agricoles ne
s'est autant fait sentir qu'aujourd'hui. Le gouvernement de
la République a voulu que l'enseignement de ces sciences se
fît partout; mais l'organisation de cet enseignement se
heurte à une grosse difficulté : l'absence d'un personnel
assez nombreux et suffisamment préparé pour remplir toutes
les chaires départementales d'agriculture. Former ces professeurs est un des principaux points du programme de l'Institut agronomique, concurremment avec les écoles nationales d'agriculture, car l'émulation est le premier élément
du succès. Ce but sera promptement atteint ; de ces pépinières sortira, en peu d'années, une pléiade de jeunes gens
bien préparés à remplir les nouvelles carrières qui s'ouvrent
devant eux.

En même temps, l'Institut agronomique, remplissant le
deuxième point de son programme, formera des administrateurs instruits pour les divers services publics ou privés

dans lesquels les intérêts agricoles sont engagés, aussi bien que des agriculteurs possédant les connaissances nécessaires pour tirer du sol le meilleur parti possible dans toutes les circonstances.

Enfin les travaux personnels du corps enseignant doivent élucider les diverses branches des applications des sciences à la production animale et végétale. C'est sur ce dernier point que nous devons particulièrement insister aujourd'hui, en nous servant principalement pour guide des trois volumes des *Annales de l'Institut national agronomique* qui ont déjà paru.

I

Les laboratoires de l'Institut agronomique ont été installés dans les bâtiments de la ferme de la Faisanderie, à Joinville-le-Pont. Quelques-uns de ces laboratoires sont depuis plusieurs années complètement organisés, et des études importantes y ont été entreprises. En première ligne, il faut placer les recherches analytiques sur les vins provenant de l'Exposition universelle de 1878, poursuivies par M. Joseph Boussingault.

M. le ministre de l'agriculture eut la pensée de faire connaître, par un travail d'ensemble, les principes essentiels contenus dans plus de 1,500 échantillons de vins de toute origine et de toute nature, qui avaient figuré à l'Exposition. Le programme qu'il avait tracé demandait pour chaque échantillon la détermination de la densité, de la teneur en alcool, de la quantité de matières fixes, du degré d'acidité, de la quantité de sucre pouvant rester dans le vin. Ce travail est aujourd'hui à moitié achevé, et nous n'aurions pas encore à en parler s'il n'avait été le point de départ de l'é-

tablissement d'une nouvelle méthode d'essai qui a permis à
M. Joseph Boussingault d'accélérer son travail et de le
rendre plus complet en ajoutant la glycérine et l'acide succinique aux principes immédiats qu'on lui avait demandé de
rechercher.

Mais pour faire avec précision le dosage de la glycérine
dans l'extrait d'un vin qui renferme des principes sucrés, il
faut détruire complètement ces principes sucrés par la fermentation. Or, celle-ci demande un temps assez long, quelquefois plusieurs jours. Le travail sur un si grand nombre
d'échantillons eût demandé un grand nombre d'années.
Dans cette circonstance, M. Joseph Boussingault s'est sou-
venu d'une ancienne observation dite à M. Chevreul, et qui
remonte à 1828. M. Chevreul a fait remarquer alors que,
lorsque la fermentation alcoolique du sucre a commencé,
elle se poursuit dans un milieu différent du milieu primitif,
puisque le sucre déjà décomposé y est remplacé par de
l'alcool; la nature même de l'opération tend dès lors à la
limiter, et il arrive qu'elle est ralentie au point de durer parfois pendant des mois et même des années. Ajoutons, en
passant, que c'est une action de ce genre à laquelle les vignerons de l'Andalousie ont recours dans la fabrication des
vins de Malaga et des vins analogues.

C'est sur cette donnée que M. Joseph Boussingault s'est
appuyé pour provoquer une fermentation plus rapide en
éliminant l'alcool au fur et à mesure qu'il est formé dans la
masse en fermentation. Voici comment il opère : Le vase à
fermentation, établi dans un bain-marie chauffé de 30 à 40
degrés, est mis en communication avec une machine pneumatique. On active la fermentation par une addition de
levûre; dès qu'elle est commencée, l'air est raréfié, et l'ébullition du liquide est provoquée. Les vapeurs alcooliques aspirées par la machine pneumatique sont condensées dans

un récipient plongé dans la place. Grâce à ce procédé, au bout de cinq à six heures il n'y a plus de trace de matières sucrées dans la masse, et on peut procéder en toute sécurité au dosage de la glycérine.

Cette nouvelle méthode, désignée dès maintenant sous le nom de « fermentation alcoolique rapide », peut avoir des conséquences pratiques importantes. Par exemple, elle peut être d'une grande utilité pour permettre de reconnaître si un vin a été additionné d'alcool ou d'un mélange d'eau et d'alcool, soit avant, soit après la fermentation du moût. En effet, cet alcool étant ajouté tout formé n'apporte pas avec lui les composés secondaires (glycérine et acide succinique) de la fermentation du sucre. La détermination de ces deux éléments permettra de reconnaître la proportion d'alcool provenant de la fermentation de la vendange et celle qui est due à une addition de ce principe qui a pu être faite à un moment quelconque de la vinification.

Il faut ajouter que le travail de M. Joseph Boussingault, lorsqu'il sera achevé, sera la première étude comparée que l'on possède d'une quantité aussi considérable de vins aussi variés, et que la viticulture pourra y puiser de nombreux renseignements.

II

Parmi les travaux se rapportant à la production végétale, il faut d'abord citer les recherches de M. Regnard, professeur de physiologie générale, relativement à l'influence des radiations rouges sur la végétation.

Ces recherches sont le complément de celles de M. Paul Bert, relatives à l'influence sur les plantes de l'obscurité et de la lumière blanche ou diversement colorée. M. Bert, cherchant la cause de la faiblesse de la végétation sous les grands couverts des forêts, avait constaté d'abord que les plantes soumises à l'action de la lumière verte périssent ; puis, que les feuilles absorbent une grande partie des rayons rouges du spectre, tout en en laissant passer une partie. D'un autre côté, une plante exposée à la lumière rouge complète végète très bien. C'est donc de la lumière rouge incomplète que reçoivent les plantes sous les couverts des forêts, et cette lumière incomplète ne peut pas en provoquer le développement.

Les études de M. Regnard ont eu pour résultat de montrer quelle est la bande rouge nécessaire au développement des plantes. C'est la région du spectre comprise entre les raies B et C. Pour le démontrer, il a d'abord cherché une substance qui arrêtât tous les rayons lumineux, sauf cette partie du rouge ; c'est la solution d'iode dans le sulfure de carbone. Dès lors, l'expérience est facile à répéter.

Celle de M. Regnard a porté sur le cresson alénois cultivé dans des ballons doubles, dont l'un était entouré d'une solution d'iode assez concentrée, un autre d'une solution alcoolique de chlorophylle, le troisième d'une couche d'eau. Dans le premier et le troisième, les plantes se sont très bien développées, tandis que dans le deuxième elles ont péri.

C'est ainsi qu'est expliquée l'action nuisible de la lumière qui a traversé des substances vertes arrêtant les rayons rouges. C'est le cas qui se présente sous le couvert des forêts où pénètrent cependant l'air, la lumière, la chaleur et l'humidité.

III

Les *Annales de l'Institut agronomique* renferment deux mémoires de M. Prillieux, professeur de botanique. Le premier est relatif aux tavelures et crevasses des poires ; le second, aux altérations produites dans le bois du pommier par les piqûres du puceron lanigère.

Dans le premier travail, M. Prillieux établit que les tavelures des poires et les crevasses qui en sont la suite sont dues à un petit champignon, le *fusicladium pyrinum*, qui envahit par places les tissus superficiels de la peau de ces fruits. Les spores de ce champignon germent avec la plus grande facilité sous l'influence de l'humidité. A l'abri du contact de l'eau, elles ne peuvent se développer, et le champignon qui ne s'étend que par son mycélium ne peut exercer sur les fruits qu'une très faible action. Il en résulte naturellement que le meilleur moyen pour empêcher que les tavelures ne causent de grands dommages, est d'abriter autant que possible les arbres contre les pluies du printemps. L'expérience a d'ailleurs montré que les arbres les mieux abrités sont ceux qui souffrent le moins des tavelures, et que les arbres d'espalier exposés au couchant en sont le plus souvent atteints, les vent d'ouest étant, dans notre climat, principalement des vents de pluie. Le mycélium du parasite est d'ailleurs très vivace ; il se maintient sur les scions des arbres aussi bien que sur les fruits, et il propage ainsi la maladie d'une année à l'autre. De même, dans quelques pépinières, le champignon est persistant sur certaines variétés ; il faut, dans la pratique, éviter avec le plus grand soin de tirer de jeunes arbres de ces pépinières.

Tout le monde connaît les ravages exercés sur les pommiers par le puceron lanigère, ou du moins on en connaît les effets ; des nodosités, des chancres se développent sur les branches ; les arbres atteints deviennent stériles et dépérissent très rapidement. M. Prillieux s'est attaché à déterminer la nature des lésions produites dans le tissu ligneux par le puceron lanigère. Le suçoir de l'insecte, formé de trois stylets, est enfoncé, lorsqu'il attaque un jeune ra-

meau sain, jusqu'au-dessous des fibres libériennes ; il atteint
la couche cambiale, y plonge au milieu des jeunes tissus en
voie de formation. Au bout de quelque temps, la zone ligneuse a complètement changé d'aspect et d'organisation.
Au lieu d'un tissu opaque et solide comme est le bois
ordinaire, on ne trouve plus qu'une masse transparente
et molle.

Quant à l'écorce, elle n'est pas notablement altérée. Dans
la dégénération de la couche ligneuse, les éléments anatomiques parvenus à leur forme définitive ne subissent pas de
changements, ce sont les tissus en voie de formation qui
sont détournés de leur développement normal. Les fibres et
les cellules ligneuses sont transformées en cellules courtes,
puis elles sont hypertrophiées et se multiplient en entraînant
dans leur expansion les vaisseaux qui se désagrègent et se
résolvent en cellules vasculaires. Le tissu tuméfié continue
à s'accroître pendant toute la durée de la végétation ;
lorsque celle-ci s'arrête, la tumeur se dessèche et se dé-
sorganise, et il se forme à la place qu'elle occupait une cavité profonde qui pénètre jusqu'au cœur de la branche. Les
insectes s'y abritent pour passer l'hiver. Au printemps, un
bourrelet se forme naturellement autour de la cavité. Le
tissu jeune et gonflé de sève dont il est formé, attaqué à
son tour par les pucerons, se transforme en une nouvelle
tumeur dont le développement et la fin seront les mêmes
que pour la précédente. C'est ainsi que se produisent les
renflements crevassés et bosselés que présentent les pommiers atteints par le puceron lanigère qui déforment les
branches et arrêtent leur végétation.

Les rigueurs exceptionnelles du dernier hiver ont détruit
en Sologne un très grand nombre de pins maritimes. L'exploitation et la vente de ces bois ont été très difficiles ; aux difficultés naturelles de la situation est venue se joindre la

croyance que les pins gelés ont perdu une grande quantité
de leur résine. M. Prillieux a voulu contrôler cette assertion
par des expériences directes. Celles-ci ont porté sur
13 échantillons de pins maritimes de divers âges provenant
de Sologne, appartenant les uns à des arbres tués par la
gelée et les autres à des arbres indemnes. La moyenne de
la teneur en résine pour 100 de bois naturel a été de 1.9
pins non gelés, et de 2.2 pour les pins gelés, et respec-
tivement dans le bois sec de 2.3 et 3.4. Il a donc pu en
conclure que le bois gelé contient au moins autant de
résine que le bois sain. C'est à l'altération des parois cellulaires qu'est due la non-apparition de la résine à la
surface des entailles pratiquées sur le bois de pin gelé.

IV

Parmi les travaux ayant pour objet la vie animale, il
convient de citer en première ligne les recherches sur l'a-
limentation et sur la production du travail, entreprises par
M. Muntz, chef des travaux chimiques à l'institut agronomique. Ces recherches, qui se poursuivent encore actuellement, ont principalement pour but d'étudier, au point de
vue économique, la substitution des fourrages les uns aux
autres dans la ration alimentaire, puis, au point de vue
technique, la relation entre les éléments des fourrages
utilisés par l'organisme et le travail exprimé en kilogrammètres.

C'est sur les chevaux de l'un des dépôts de la Compagnie
des omnibus que ces recherches ont été faites. M. Muntz
avait ainsi à sa disposition une cavalerie composée de plusieurs centaines de bêtes, rationnées avec précision, soumises à un travail régulier ; les conditions étaient donc les

plus propices pour faire disparaître, dans l'ensemble des résultats, les conditions d'individualités qui exercent tant d'influence dans les observations limitées à quelques sujets. Commencées en novembre 1878, ces expériences ont été ininterrompues jusqu'au mois de mars 1880, date à laquelle s'arrêtent les résultats publiés par M. Muntz.

Pour étudier d'une manière précise la valeur d'une ration alimentaire, il est nécessaire de la soumettre à l'analyse chimique, afin d'en déterminer les principes immédiats. Ces principes varient souvent dans des proportions considérables pour les graines ou des fourrages qui, à première vue, paraissent à peu près identiques. C'est pourquoi M. Muntz s'est d'abord appliqué aux procédés d'analyse des fourrages consommés par les chevaux mis à l'étude. Il a ainsi déterminé la composition, en principes immédiats, d'une ration jugée suffisante pour l'entretien de l'animal et la production du travail. Cette ration avait été jugée suffisante, parce que les animaux qui la recevaient conservaient leur poids sans augmentation ni diminution. C'est la règle admise, en effet, surtout depuis les travaux de M. Sanson, pour juger de la valeur des rations.

Cette ration, fixée par M. Lavalard, directeur de la cavalerie des omnibus, était la suivante : avoine, 4 kilog. 800 ; maïs, 3 kilog. ; féverolles, 1 kilog. ; foin, 4 kilog. 700 ; paille, 5 kilog. ; son, 500 grammes. Les pesées faites sur 372 chevaux dont le poids moyen, dans l'intervalle de cinq mois, a varié de 547 kilog. 500 à 548 kilog. 700, c'est-à-dire de 1 kilogramme environ, ont montré la valeur de cette ration.

M. Muntz s'est d'abord demandé si, en variant la proportion des denrées entrant dans la ration, on ne pourrait pas obtenir une économie sérieuse, sans porter préjudice à l'état des chevaux et à la production du travail.

Cette deuxième expérience a porté sur 408 chevaux, pour lesquels, dans la ration de chaque jour, on a remplacé 2 kilog. d'avoine et 1 kilog. 500 de foin par 1 kilog. 500 de maïs, 500 gr. de féverolles et 1 kilog. de paille. Cette nouvelle ration a donné de très bons résultats; elle avait l'avantage de coûter 9 centimes de moins. L'importance de cette réduction se comprend facilement lorsque l'on sait qu'une économie de 1 centime dans le prix moyen de la ration se traduit annuellement, pour une cavalerie comme celle des Omnibus, par une diminution de dépense de près de 50,000 fr.

D'autres expériences analogues ont montré que l'on pouvait, notamment avec du tourteau de maïs, faire des substitutions dans les rations, de manière à obtenir une plus grande économie encore. Toutefois, M. Muntz ajoute que toutes les fois que la proportion d'avoine a été notablement diminuée, l'ardeur des animaux s'est amoindrie. Il convient donc, à ses yeux, de regarder l'avoine comme un aliment stimulant, agissant non seulement par les éléments nutritifs qu'il contient, mais encore par une sorte de principe excitant, mal défini jusqu'ici. Il y a donc lieu de conserver toujours dans la ration de travail une certaine quanité de cette denrée. En fait l'avoine est loin d'être indispensable à l'ardeur des chevaux dans quelques pays chauds : en Afrique, elle est remplacée par l'orge. Ajoutons d'ailleurs que, pour les chevaux des omnibus de Londres, l'avoine a été complètement remplacée par le maïs.

La conclusion pratique à tirer de ces longues expériences est que l'on peut, en s'appuyant sur l'analyse immédiate des fourrages, donner sous des formes très variées les mêmes quantités d'éléments utiles aux chevaux de travail.

Après ces constatations, M. Muntz a cherché à établir les relations entre les substances alimentaires et la force

qu'elles produisent. Des travaux importants ont été déjà
exécutés dans cet ordre d'idées. M. Sanson a le premier
établi que l'équivalent mécanique de l'utilité de protéine alimentaire sèche (matières azotées) ou du kilogramme est de
1,600,000 kilogrammètres. Dans cette formule, la relation
nutritive est sous-entendue de la manière suivante : à 1 kilogr. de protéine correspondent 5 kilogr. de matières gras-
ses et hydrocarbonées, plus le ligneux qui les accompagne
pour que la ration atteigne son volume normal, c'est-à-dire
2 1/2 à 3 p. 100 du poids vif de l'animal. Dans les rations
indiquées plus haut, la relation nutritive est 1 : 6. Il sera intéressant de rapprocher de ces principes les résultats des
faits observés par M. Muntz. Depuis plusieurs années, la
Compagnie se livre, sur le travail des chevaux des omnibus,
à des mesures dynamométriques poursuivies encore ; leur
ensemble présentera une très grande valeur.

Mais avant de tirer parti de ces constatations, M. Muntz a
voulu établir expérimentalement quelle est, dans les rations
sur lesquelles il a opéré, la part consacrée à l'entretien de
l'animal. C'est ce que l'on appelle la ration d'entretien,
celle que doit absorber un cheval pour se maintenir dans
un état déterminé sans effectuer aucun travail. Cette ration
d'entretien ne pouvait être fixée que par des essais directs, en
ayant soin d'agir sur un certain nombre de chevaux pour faire
disparaître les influences individuelles. Les essais ont duré,
pour chaque série de chevaux, de un à deux mois ; on leur
a donné successivement le tiers, puis la moitié de la ration
de travail ; dans le premier cas, il y a eu diminution de poids ;
dans le deuxième, accroissement notable. Finalement,
M. Muntz est arrivé à ce résultat, que, pour les chevaux du
poids moyen de 550 kilogr. sur lesquels il a opéré, la ration
d'entretien est constituée par les cinq douzièmes de la ration
de travail ; les sept douzièmes qui restent sont employés à la

production du travail extérieur consistant dans le transport du corps de l'animal et la traction des voitures.

Quant au travail effectué, il a été mesuré au point de vue de la distance parcourue, qui a varié de 16 kilomètres 400 à 17 kilomètres par jour. Des dynamomètres ont été établis, dans les diverses conditions du service, sur les voitures des omnibus. Les essais dynamométriques sont continués pour arriver à des résultats moyens. D'un autre côté, M. Muntz fait des études comparatives sur des chevaux de petite taille et de poids relativement faible; il pourra arriver ainsi à établir le rapport entre le poids et la ration dans la série des dimensions que représentent les équidés.

V

PATHOLOGIE

Des causes et du traitement de la fièvre typhoïde.

Dans plusieurs *Revues* [1] antérieures nous avons montré le rôle des *microbes* des organismes microscopiques dans les épidémies et dans certaines maladies. Aujourd'hui nous étudions plus spécialement les rapports qui peuvent exister, d'après les découvertes modernes, entre ces microbes et une maladie fréquente, maladie infectieuse à laquelle nous payons annuellement un large tribut : la fièvre typhoïde. Cette affection nommée encore *dothiénentérie*, plus connue à l'étranger et principalement en Allemagne sous le nom de *typhus abdominal*, comme le Minotaure des temps mythologiques, choisit ses victimes les plus ordinaires parmi la jeunesse.

Hâtons-nous d'ajouter que dans un âge plus avancé on n'est pas, toutefois, complètement à l'abri de ses coups, et dans un travail inaugural que vient de publier tout récemment M. le docteur Josias, on voit même que pour être rare chez les vieillards la maladie en question n'en est que plus grave.

Il était impossible que l'on ne cherchât pas à expliquer les épidémies de fièvre typhoïde, et l'on fut ainsi conduit à

1. V. *Revues scientifiques*, 3ᵉ année, p. 68 et 250.

admettre l'existence d'un poison spécial : *contagieux* pour ceux qui soutenaient la nature essentiellement contagieuse de la maladie, ou *miasmatique*, comme le voulaient les auteurs pour qui le poison pouvait naître de la putréfaction de certaines matières sans qu'il y eût dans ces matières un germe déposé par un premier malade. Ajoutons que d'autres savants, adoptant une théorie mixte, admettaient l'un et l'autre mode de propagation.

Les médecins qui tiennent pour la contagion pensent qu'elle se fait tantôt directement, c'est-à-dire par le contact ou le voisinage du typhique, tantôt indirectement, par les germes contenus dans les déjections des malades. Un auteur anglais qui a écrit un traité sur la fièvre typhoide, Murchison, se basant sur de nombreux faits où il est impossible de trouver aucun rapport entre un cas donné et un cas antérieur, pense que cette maladie peut naître spontanément dans des matières animales en voie de dégénérescence putride. Le nom de *fièvre pythogénique* fut dès lors proposé pour indiquer l'origine de la maladie (du grec *puthô*, pourrir).

La transmission directe de la maladie n'est rien moins que démontrée ; il ne paraît pas qu'il soit facile de contracter la fièvre typhoïde comme d'autres maladies dans une simple visite faite à un typhique. Le nombre des cas de fièvre typhoïde développé dans les salles d'hôpital où sont soignés des typhiques, est extrêmement restreint. En temps d'épidémie on ne voit pas que les médecins, les étudiants et les infirmiers soient attteints plus que les autres. Comment avait-on été conduit à admettre la contagion directe ? Des exemples fréquents ont été observés d'épidémie de fièvre typhoïde, survenant dans une ville primitivement saine, après l'arrivée d'un individu atteint de dothiénenterie. Nous verrons dans un instant que ces exemples peuvent tout aussi bien, sinon mieux, servir la théorie de la contagion indirecte produite par les déjections du sujet contaminé.

La propagation du poison se fait principalement, sinon exclusivement, par les selles des malades. Comment ce poison pénètre-t-il ensuite dans l'économie ? On peut croire qu'il y pénètre surtout par absorption intestinale ; les matières qui le contiennent sont jetées dans des fosses, et de là, par infiltration, il gagne les sources, les puits d'où l'on tire l'eau qui sert à la boisson. Dans les villes, certaines fosses sont évacuées dans les cours d'eau où s'alimentent plus ou moins loin de là certains canaux amenant l'eau aux fontaines publiques ou privées. Nous verrons des exemples de ce mode de propagation.

Lorsque les matières des typhiques sont déposées en plein air, ne peut-on pas admettre qu'après dessiccation le poison soit transporté avec les poussières soulevées par les vents et absorbé par la voie pulmonaire ? D'autre part, en dehors des infiltrations, on pourrait être en droit de penser que la contagion peut s'effectuer par les exhalaisons qui s'échappent des fosses d'aisance et des égouts. Dans ce dernier cas, les particules microscopiques du *contagium* seraient soulevées par les bulles gazeuses qui éclatent à la surface des cloaques et transportées dans l'atmosphère ambiante. Les expériences tentées sur les animaux pour rechercher la possibilité de l'absorption du poison typhique par le poumon sont restées négatives. Ces expériences consistent à placer des lapins sur un grillage situé à une certaine distance du sol d'une cour où l'on répand les déjections d'un typhique.

Les faits qui prouvent la transmission par l'eau sont nombreux. L'eau peut être souillée de différentes matières ; nous avons vu plus haut que tantôt les infiltrations devaient être incriminées, et tantôt les déversements directs. Ailleurs, c'est le lavage des linges ayant servi aux malades, qui empoisonne les eaux. La vulgarisation de ces notions présente un intérêt pratique qui n'échappera à personne.

On a cité des exemples fort curieux et probants de la contamination par l'eau. En Allemagne on a noté le cas d'une épidémie qui sévit sur certain nombre d'individus. Le premier cas de fièvre typhoïde s'était montré dans une maison dont les fosses infectaient une fontaine pleine de matières putrides, où les habitants puisaient de l'eau (Küchenmeister).

On a observé des cas analogues chez des personnes ayant simultanément bu à une même source. Un auteur anglais (Budd) a vu l'infection se propager successivement sur des points étagés suivant la direction du courant d'une rivière. Le premier cas était apparu dans un moulin empruntant sa force motrice à ce cours d'eau auquel il livrait en échange les déjections de ses habitants.

Pendant la grande épidémie de Lyon, on a remarqué que dans les quartiers bas de la ville où on s'alimentait avec l'eau du Rhône, la maladie sévit particulièrement, tandis que les quartiers élevés où les habitants buvaient surtout de l'eau filtrée, demeurèrent indemnes.

Il y a plus. Dans certaines épidémies sévissant plus particulièrement dans des quartiers donnés, on a constaté que les personnes atteintes par le fléau étaient justement celles qui consommaient le lait d'une même ferme. Cela n'implique pas que le lait par lui-même soit le réceptacle primitif du poison ; mais les vases qui le renfermaient avaient, dans quelques cas, été lavés avec une eau polluée. D'autres fois, comme on l'a déjà deviné, le fermier s'était servi d'une eau semblable pour distribuer à ses pots de lait un baptême généreux.

Nous pourrions multiplier les citations analogues ; ce ne sont pas les exemples qui manquent.

Enfin il existe des observations de cas où la fièvre typhoïde s'est montrée chez des individus qui s'étaient mis en contact avec des effets ayant appartenu à des typhiques, avec des linges leur ayant servi.

Quant à la question de savoir comment naît le poison typhique, où il prend naissance, nous n'en avons cure, du moment que nous connaissons les conditions favorables à son développement. Nous avons vu plus haut quelle est sur ce point l'opinion de Murchison, suivant qui les germes de la maladie peuvent naitre spontanément dans les matières organiques en décomposition. Cette théorie s'appuie surtout sur les faits où l'on a vu la fièvre éclater dans un point resté jusqu'alors indemne, sans que l'on pût invoquer la contagion ou une contamination quelconque.

Depuis la découverte des éléments figurés, spéciaux à la fièvre typhoïde, il est permis de douter de cette hypothèse, à moins d'admettre la génération spontanée. D'ailleurs, on sait que le poison typhique conserve longtemps ses propriétés nocives, et qu'après plusieurs années il peut se réveiller et frapper mortellement, ainsi qu'en font foi certaines observations faites par des médecins allemands (Quincke et Salchli, von Gietl) et par des médecins anglais (Budd). Ce dernier cite le cas de plusieurs personnes qui contractèrent, au bout de trois semaines la fièvre typhoïde dans une chaumière abandonnée depuis deux ans par ses hôtes atteints eux-mêmes de cette affection.

Citons pour mémoire quelques causes prédisposantes de la dothiénentérie telles que l'encombrement, l'âge (enfants et adultes), et les faibles altitudes. Nous ne nous arrêterons pas aux discussions touchant les variations de la nappe d'eau souterraine, qui ont fourni des données contradictoires. L'automne est surtout la saison des fièvres typhoïdes. Les riches ne sont pas plus épargnés que les pauvres.

Abordons maintenant un des côtés intéressants de la question, c'est-à-dire l'étude de la nature du poison et la pathologie expérimentale.

Les moyens perfectionnés d'investigation dont on dispose aujourd'hui ont permis de constater et d'affirmer l'existence d'un « champignon » spécial à la fièvre typhoïde, champignon microscopique s'entend.

En 1874, Klein décrivit une espèce de *micrococcus* qu'il avait découvert en examinant au microscope les ulcérations intestinales ainsi que plusieurs viscères appartenant à des individus morts de la fièvre typhoïde.

Plusieurs savants donnèrent la description d'éléments qu'ils jugeaient également spéciaux mais qui différaient de ceux décrits par Klein (*Rhizopus nigricans, penicilium crustaceum*). Les divergences ne sont peut-être qu'apparentes, car on sait que les micrococcus diffèrent selon leur âge, et que la plante (car il s'agit d'un véritable végétal) à l'état jeune ne ressemble plus à ce qu'elle est une fois parvenue à l'état adulte.

Un savant de Breslau (Cohn), a découvert dans l'eau d'un puits situé dans un quartier de cette ville, où la fièvre typhoïde causait des ravages, un fongus, le *Crenothrix polyspora*, qui offre la plus grande ressemblance avec le micrococcus dont parle Klein.

Ces petits organismes se montrent sous l'aspect de fongus munis de filaments de mycelium sur le trajet desquels se voient des renflements contenant des spores, c'est-à-dire des germes ou graines. Dans les selles des typhiques, ces fongus se groupent en grosses masses sphéroïdales formées par de nombreux micrococcus agglutinés. Leur couleur est vert jaunâtre et ils réfractent fortement la lumière. Ils offrent des dimensions qui varient de la granulation fine à peine visible aux plus forts grossissements à quatorze millièmes de millimètre. Placés dans un incubateur à température constante de 39 centigr., ils se développent prodigieusement; ils se multiplient par division transverse.

Si, dans le milieu où ils se sont développés on place un autre microorganisme, le *bacterium termo*, ce dernier vit à leurs dépens et les détruit à l'air libre. Ceci a fait dire qu'il y avait de bons et de mauvais microbes, comme dans certaines religions on admet les bons et les mauvais génies, les anges et les diables.

Klein a tenté de produire la fièvre typhoïde chez des singes, en mélangeant des détritus remplis de ces microbes à leur nourriture ; ses expériences n'ont pas abouti.

Letzerich a été plus heureux en injectant sous la peau de lapins pris pour sujets d'expériences une certaine quantité de matières liquides tirées des selles de malades typhiques. Les symptômes de la fièvre typhoïde se montrèrent chez ces lapins, et, à l'ouverture de leur cadavre, on découvrit les ulcérations intestinales propres à cette maladie.

La découverte de Cohn et les expériences de Letzerich donnèrent à un savant italien, le professeur Guido Tizzoni, de Catane (Sicile), l'idée de reprendre la question au point de vue expérimental et de rechercher les mucédinées spéciales à la fièvre typhoïde dans les eaux potables de Catane. Il profita d'une épidémie et choisit pour ses recherches l'eau d'un quartier où les cas de dothiénentérie étaient nombreux. La fontaine où il prit cette eau était alimentée par des canaux en mauvais état parcourant la campagne à découvert dans maints endroits, les poussières de toute sorte pouvant ainsi facilement se mélanger à l'eau des canaux et la polluer. Après avoir pris toutes les précautions nécessaires pour éviter les causes d'erreur, il filtra lentement une grande quantité d'eau et recueillit les résidus qui se trouvaient arrêtés par le papier du filtre. Dans ces résidus, parmi de nombreux animaux et végétaux microscopiques d'ordre assez élevé, il distingua les micrococcus décrits par plusieurs savants comme spéciaux à la fièvre typhoïde. Ces zooglia étaient représentées par des anneaux de cellules ovoïdes, des rameaux bifurqués de cellules unies bout à bout ou des anneaux de même nature ; le tout doué de mouvements très actifs.

Semblables essais de filtration furent tentés sur l'air atmosphérique que l'on faisait circuler, au moyen d'un aspirateur à eau, dans des boules de Liebig contenant de l'eau distillée. Disons en passant que les injections qui furent pratiquées avec le résidu obtenu au moyen de cette filtration restèrent négatives.

La matière déposée sur le philtre (dans les expériences faites sur l'eau) fut mélangée à de l'eau distillée et injectée sous la peau de plusieurs chiens. M. Tizzoni, pour plus de sécurité, ne voulut pas employer les lapins en raison de la facilité avec laquelle ces animaux contractent les infections en général. On sait que les chiens sont assez réfractaires à l'infection typhique ; quelques vétérinaires nient même complètement l'existence de cette affection chez le chien. Mais si les sucs intestinaux de cet animal sont assez puissants pour détruire les germes qu'il avale, il en est tout autrement lorsque le poison pénètre par la voie sous-cutanée. Quoi qu'il en soit, à la suite de ces injections on observa tous les symptômes cliniques et toutes les lésions que l'on a coutume de rencontrer chez l'homme qui meurt de la fièvre typhoïde. Les organes lymphatiques de ces animaux étaient remplis par des micrococcus identiques à ceux que l'on avait injectés.

Après avoir rendu malade un chien, si l'on prend de son sang et qu'on l'injecte dans la veine d'un animal sain, on produit une infection extrêmement violente et dont la marche est beaucoup plus accélérée. Le poison étant, de cette manière, introduit directement dans le sang, les lésions évoluent avec rapidité et, à l'examen des viscères de l'animal, on trouve les lésions ordinaires de la fièvre typhoïde.

Tels sont les résultats des recherches les plus récentes sur ce sujet; mais, pour être juste, il faut ajouter que des expériences de ce genre avaient été jadis entreprises. Le poison typhique n'avait pas été recherché dans l'eau ; mais on avait injecté sous la peau de certains animaux de laboratoire des matières fécales de typhiques et autres produits de même provenance. Un savant français, M. J. Guérin, avait conclu que ces matières contiennent un principe toxique qui n'existe pas dans les excréments des autres malades.

D'autre part, Klebs et Tommasi Crudeli avaient déjà employé avec succès les mêmes procédés que M. Tizzoni pour reproduire la fièvre paludéenne ou malaria.

Dans l'étude des infiniment petits il y a, comme on le le voit, des particularités fort intéressantes : nous pourrions nous étendre longuement sur ce sujet, mais nous devons nous restreindre. Néanmoins, nous ne pouvons nous dispenser de faire allusion à l'origine de ces microbes et en particulier des microbes spéciaux à la fièvre typhoïde.

Les microorganismes typhoïques peuvent-ils, comme il faudrait l'admettre avec la théorie de Murchison, naître spontanément dans les matières organiques en voie de putréfaction? Un savant de Greiswald, M. R. Arndt, admet que « ces êtres inférieurs existent dans les éléments de nos tissus, soit qu'ils aient été absorbés avec l'air respiré, soit qu'ils naissent, se forment aux dépens du protoplasma dont les qualités proligères ne seraient détruites que par de hautes températures. » Mais où en est la preuve ?

Rapportons, en terminant cette partie du sujet, une propriété singulière que l'on vient de découvrir chez les champignons microscopiques. Les plus répandus parmi ceux-ci sont le *Pénicilium* et l'*Eurotium* (*aspergillus*). Introduites dans le courant circulatoire ces deux variétés se comportent différemment : le premier est un poison violent ; le dernier reste inoffensif. Cependant par un procédé de culture qui a pour but de changer les habitudes des champignons anodins, on arrive à en faire un organisme au moins aussi redoutable que son congénère.

De ces connaissances nouvelles, a-t-on tiré quelque déduction pratique pour instituer une thérapeutique également nouvelle ? Pas encore, que nous sachions ; la théorie, du reste, avait pris le devant, et déjà on avait employé les antiseptiques contre les organismes inférieurs que l'on soupçonnait être les auteurs du délit. M. Tizzoni émet, dans le travail que nous avons cité plus haut, l'idée que l'entéroclysme inventé par le professeur Cantani pourrait rendre de grands services en lavant l'intestin malade avec des liquides antiseptiques. Cet appareil, dont la pression, tout en restant légère, est continue, permet aux liquides de franchir la valvule iléocœcale et de pénétrer dans l'intestin grêle.

Si nous passons en revue les différentes méthodes de traitement aujourd'hui dirigées contre la fièvre typhoïde, nous voyons que le but que l'on se propose est surtout de combattre les symptômes.

Bien entendu, quand il s'agit d'une maladie infectieuse, épidémique, on doit songer tout d'abord à la prophylaxie et tout attendre de l'hygiène.

Ce que nous avons dit antérieurement nous dispense d'insister sur la nécessité d'entretenir les canaux, les égouts, les cabinets de toilette et autres dans la plus grande propreté. Étant connues les voies de propagation du poison, on doit éviter de construire les fosses à proximité des puits et, en tout cas, toute fissure pouvant être le point de départ d'une infiltration devra être soigneusement fermée dans les fosses et les puisards.

Il est à peine besoin de dire que toute eau destinée à servir de boissons sans subir au préalable une ébullition prolongée devra être filtrée.

Là ne doivent pas se borner les mesures prophylactiques; lorsqu'une épidémie se montre, pour éviter la diffusion du poison, les matières des typhiques devront être mises à part pour être désinfectées par les moyens ordinaires (chlore, acide phénique, etc.) avant d'être jetées dans les fosses d'aisance qui sans cette précaution deviendraient de véritables laboratoires où se multiplieraient les germes. Les linges ayant servi aux malades doivent subir une lessive avant d'être lavés dans les rivières. On cite, en effet, des exemples de propagation de la fièvre typhoïde de ville en ville par les cours d'eau.

Les moyens curatifs sont extrêmement variés et, en médecine, on sait que le nombre des procédés thérapeutiques est d'autant plus considérable, que la maladie est moins facilement justiciable des médications.

On a voulu considérer comme spécifiques le calomel et l'iodure de potassium, et puis la créosote, l'acide phénique, les hyposulfites, etc., bien que ces médicaments ne donnent jamais la certitude de la guérison. Il n'y a pas encore de spécifiques pour cette maladie. Les purgatifs, dont on use avec avantage au début, sont plutôt nuisibles dans une période plus avancée.

Inquiétés à bon droit de la hauteur persistante de la température, certains médecins se sont appliqués à combattre ce symptôme et ont employé dans ce but des procédés divers, les uns internes, d'autres externes.

Les médications internes consistent dans l'emploi du sulfate de quinine, de l'acide salycilique, de la digitale ; ajoutons encore la vératrine et l'aconit. Suivant une autre méthode, on administre aux malades de l'alcool sous des formes variées.

Ces indications sont bien connues, et chaque praticien adopte l'une ou l'autre, ou bien les associe diversement.

D'autres médecins, lassés par l'inconstance des résultats, se sont rattachés à la méthode expectante, et un maître a donné de cette thérapeutique la formule humoristique suivante : « Ne rien faire les trois premiers jours et continuer les jours suivants ». Mais l'expérience a démontré que l'on peut faire mieux en intervenant en temps convenable.

Depuis quelques années une nouvelle pratique dont l'initiative semble avoir été prise par Brand, de Stettin, s'est glissée dans le traitement de la fièvre typhoïde. Introduite en France, où elle a été surtout défendue par un médecin de Lyon, M. Glénard, cette pratique n'est pas moins simple que hardie ; elle consiste dans l'usage des bains froids donnés dans une baignoire et à la température de 10 à 20 degrés. Le malade, selon les prescriptions de Brand, doit être maintenu pendant dix minutes dans le bain, que l'on renouvelle de cinq à huit fois dans les vingt-quatre heures.

Malgré les reproches nombreux que l'on a adressés à la méthode de Brand, son utilité a néanmoins été reconnue, du moins implicitement, et on s'est ingénié à faire bénéficier les malades de ses avantages tout en les mettant à l'abri des inconvénients qu'elle peut avoir. On a, en effet, recouru aux bains chauds progressivement refroidis, aux demi-bains, aux bains tièdes, aux lotions froides ou tièdes avec de l'eau ou d'autres liquides, aux lavements froids, etc.

L'étude des effets de ces applications balnéaires nous entraînerait trop loin ; cependant nous devons mentionner un appareil extrèmement ingénieux inventé récemment par un savant français, M. le docteur Dumont-Pallier. Cet appareil est constitué par une sorte de couverture formée de tubes de caoutchouc repliés et enveloppés d'un double tissu, à travers lesquels on peut faire passer un courant continu d'eau à températures variables. Un thermomètre donne la température de l'eau qui pénètre dans le système de tubes, tandis qu'un autre thermomètre fait connaître le nombre de degrés empruntés par l'eau au malade dont la température est également explorée. L'invention de M. Dumont-Pallier présente cet avantage, que la température du corps s'abaisse assez rapidement et sans secousse brusque. De plus, le malade n'est pas en contact direct avec l'eau, et il n'est pas besoin de le sortir de son lit pour le porter dans une baignoire ; tous avantages manifestes. C'est un progrès réel.

Aujourd'hui nous connaissons d'une façon plus précise les agents générateurs de la fièvre typhoïde ; nous pouvons les observer, étudier leurs mœurs, leur côté faible ; l'ennemi en un mot est démasqué. Il n'est pas douteux que ces connaissances étiologiques nous permettent bientôt de découvrir le spécifique avec lequel on pourra atteindre ces microphytes jusqu'au sein des tissus et changer le pronostic de cette terrible affection.

VI

PHYSIOLOGIE PSYCHOLOGIQUE

La mémoire et ses maladies.

La mémoire n'est pas une faculté ou une fonction indépendante ayant un organe ou un siège distinct. S'il en était autrement, nous n'aurions sâns doute pas à traiter ici de sa nature ; et nous n'imaginons pas comment on pourrait aborder scientifiquement l'étude de ses maladies. Il faudrait la reléguer dans le domaine de la métaphysique, c'est-à-dire au nombre des postulata de la science.

Elle est, si l'on veut nous permettre cette définition, une propriété de tous les tissus nerveux en fonction consciente.

Et cette propriété, dans sa nature essentielle, c'est-à-dire indépendamment du fait de conscience, n'est pas exclusivement propre au système nerveux. Un esprit d'une grande netteté, l'éminent physiologiste anglais Maudsley, dit à ce propos : « C'est un simple fait d'observation que d'autres éléments organiques, outre les éléments nerveux, gardent les modifications subies à la suite des impressions reçues, de sorte que, en un certain sens, on peut dire qu'ils se les rappellent ; par exemple, le virus de la petite vérole fait sur tous les éléments du corps une impression qu'ils gardent pour toujours, quoique, au bout d'un temps plus ou moins long, cette impression s'affaiblisse. Le virus modifie d'une manière à nous inconnue la constitution de ces éléments, si bien que leur susceptibilité est pour toujours changée. »

Ce n'est pas tout. On a pu dire encore que cette propriété de conserver les impressions reçues et de représenter les modifications subies dans leur intensité première sous une excitation appropriée, n'est même pas exclusive à la matière organique. Et c'est l'analogie fondamentale que présentent certaines substances impressionnées par la lumière avec le système nerveux modifié par les diverses sensations qu'il collige ; c'est cette analogie qui a fait donner par M. Luys au phénomène fondamental de la mémoire le nom de phosphorescence organique.

Après de longues séances de musique, d'après deux observations du docteur Moos, de Heidelberg, la persistance des sons durait pendant quinze jours chez un sujet, et chez un autre professeur de musique, elle durait encore plusieurs heures après chaque leçon.

L'œil reste toujours quelque temps ébloui après la contemplation d'une lumière. Après un travail prolongé, les images vues au microscope sont vivantes au fond de l'œil, et il suffit quelquefois, après plusieurs heures d'études, de fermer les yeux pour les voir apparaître avec une grande netteté, etc., etc.

De même, les vibrations lumineuses peuvent être en quelque sorte emmagasinées sur une feuille de papier et persister à l'état latent pendant plus ou moins de temps, prêtes à paraître à l'appel d'une substance révélatrice. On connaît à cette égard la première expérience de Niepce de Saint-Victor. Ayant conservé dans l'obscurité des gravures exposées précédemment aux rayons solaires, il a pu, plusieurs mois après l'insolation, à l'aide de réactifs spéciaux, révéler les traces persistantes de l'action photographique du soleil sur leur surface.

La nature de la mémoire ainsi comprise, il est clair qu'elle joue dans le mécanisme de l'intelligence un rôle bien plus considérable qu'on ne l'imagine ordinairement. Psychologues et physiologistes sont unanimes sur tous ces points.

Toute image est un fait de mémoire; c'est la mémoire d'une ou plusieurs sensations. En sorte que tout ce qui impressionne notre intelligence, tout ce qui entre en quelque sorte dans notre esprit, dans notre constitution intellectuelle, est à un moment donné un fait de mémoire. Non pas toujours primitivement, car nous pouvons être impressionnés sans en avoir conscience. Mais, lorsque la même action se répète, ce qui est nécessaire pour son organisation, nous avons le sentiment de l'avoir déjà éprouvée.

Nous pouvons, pour nous faire mieux comprendre, employer une comparaison semblable à celle que nous avons invoquée plus haut.

De récentes expériences ont montré qu'il était possible d'obtenir une physionomie unique de plusieurs figures présentées successivement devant l'objectif d'un appareil photographique. En prenant des photographies de familles et en imprégnant successivement de leur image la plaque photographique pendant plus ou moins longtemps, selon l'âge et l'ancienneté des personnes qu'elles représentaient, on a pu dégager cet air de famille si facile à voir et si difficile à exprimer. On a constitué le type commun à plusieurs individus, une personnalité collective [1].

De même, de l'ensemble des sensations que nous percevons se constitue notre personnalité individuelle par le moyen de la « phosphorescence organique ». Les sensa-

____

1. Voir *Revues scientifiques* de la *République française*, 3ᵉ année, 1880, p. 30 (Paris, Masson).

tions les plus vives ou les plus prolongées s'impriment plus
fortement et modifient d'une façon plus profonde et plus
durable nos centres nerveux. Mais les plus faibles laissent
elles-mêmes en eux un résidu, une trace qui persiste et
peut venir en saillie.

Et tant qu'elles sont nouvelles, tant qu'il y a effort pour
accomplir les actes qui s'ensuivent, intervention réfléchie,
préhension active de notre part, elles n'agissent pas sur
nous mécaniquement et en silence. Il y a conscience. Autrement dit, le système nerveux est en fonction consciente,
et les sensations accumulent et combinent leur action par
la mémoire. Ce fonctionnement conscient appelle au cerveau
un afflux de sang plus considérable, amène une plus grande
quantité de mouvements moléculaires.

Mais, lorsque les sensations se répètent, elles produisent
de moins en moins de chaleur au cerveau. Cela résulte
d'expériences, et l'on sait que le sang qui se porté au cerveau est moindre quand on fait un travail mental avec lequel on est familiarisé. L'acte plusieurs fois exécuté devient,
on le devine, de plus en plus facile. Il se dégage moins de
force nerveuse, le sang arrive en moins grande quantité,
la chaleur résultant des combinaisons chimiques est plus
faible, et du même coup la conscience diminue ; elle disparaît même par intervalles complètement. A ce dernier
terme du travail d'assimilation, la mémoire fait place à
l'automatisme, à l'habitude, comme celle-ci fera place plus
tard à l'hérédité. Aussi Herbert Spencer a-t-il dit admirablement : « La mémoire concerne toute cette classe de
faits psychiques qui sont en train de devenir organiques.
Elle continue aussi longtemps que ces faits continuent à
s'organiser, et disparaît quand leur organisation est complète. »

Chez un même individu les organes des sens et les portions du cerveau qui y correspondent sont toujours plus ou moins inégalement développés. C'est un second point qu'il est aussi essentiel de considérer pour la détermination de la nature de la mémoire.

La phosphorence organique ne se présente pas à un degré uniforme dans toutes les parties de notre système nerveux. Et telles parties sont plus aptes que d'autres à recevoir les impressions sensorielles, à en conserver l'empreinte, à les reproduire et à répéter les actes qui s'ensuivent. En sorte que la prépondérance d'un système d'organes crée une supériorité pour un groupe de souvenirs.

Nous avons les preuves que la mémoire n'est pas le résultat d'un fonctionnement simultané de toutes les régions du sensorium ; qu'il n'y a pour ainsi dire pas de mémoire générale, mais un ensemble de mémoires locales qui s'associent [1]. Cet ensemble peut même se réduire à rien ou à une seule mémoire locale. On a pu l'observer particulièrement chez les idiots qui offrent tant d'inégalités dans le développement cérébral. Ainsi, l'un d'eux se rappelait tous les enterrements qui avaient eu lieu dans sa commune depuis trente-cinq ans. Il pouvait dire l'âge, la maladie des personnes enterrées, ainsi que le nom de ceux qui avaient conduit leur deuil. Et il était hors d'état de répondre à aucune autre question.

Les preuves de l'inégalité des mémoires sont du même genre que celles de l'inégalité des aptitudes ; elles consistent même dans l'existence seule d'aptitudes spéciales. Et elles sont presque banales.

Le cas des joueurs d'échecs qui jouent mentalement plusieurs parties est universellement connu.

---

1. Il s'agirait là, suivant une expression de M. Ribot, d'une « localisation disséminée », dont l'unité dépendrait d' « associations dynamiques ».

Celui des petits calculateurs prodiges qui voient ou en-
tendent leurs chiffres ne l'est pas moins

Dans le courant de l'année dernière on a exhibé à Paris
l'un de ces derniers, un jeune Piémontais de onze ans, sans
aucune instruction. Cet enfant, au front proéminent, aux
bosses frontales inégales, au crâne plagiocéphale et tellement volumineux par rapport à sa taille qu'il semblait af-
fecté d'hydrocéphalie, possédait à un degré tout à fait sur-
prenant la mémoire des chiffres, et il effectuait les calculs
mentaux les plus compliqués : multiplication de nombre de
six à huit chiffres, extractions de racines carrées et de racines cubiques, etc. Il ne connaissait pas d'ailleurs le premier mot des théories de l'arithmétique.

Un psychologue anglais, Lewes, cite un homme qui,
après avoir parcouru une rue longue d'un demi-mille, pouvait
énumérer toutes les boutiques dans leur position relative.

« J'ai connu, dit un autre auteur anglais, Abercrombie,
un acteur distingué qui, appelé à remplacer un de ses confrères malades, dut apprendre en peu d'heures un rôle long
et difficile. Il l'apprit très vite et le joua avec une parfaite
exactitude. Mais, immédiatement après la pièce, il l'oubliait, à tel point que, ayant eu à jouer le rôle plusieurs
jours de suite, il était obligé chaque fois de le préparer à
nouveau, n'ayant pas, disait-il, le temps de « l'étudier ».
Interrogé sur le procédé mental par lui suivi quand il joua
son rôle pour la première fois, il me répondit qu'il avait
complètement perdu de vue le public, qu'il lui semblait
n'avoir devant les yeux que les pages de son livre, et que,
si quoi que ce soit avait interrompu cette illusion, il se serait arrêté instantanément.

Certains peintres peuvent faire de mémoire un portrait
riche de détails. Mozart a noté le *Miserere* de la chapelle
Sixtine après l'avoir entendu deux fois.

Bien d'autres, moins connus, ont accompli un tour de force analogue.

Chez l'un, l'ouïe est d'une structure plus délicate et plus parfaite ; chez l'autre, c'est l'œil. Et parmi ceux qui ont une meilleure mémoire des choses vues, les uns, d'une sensibilité musculaire plus développée, retiennent mieux les formes et les autres, les couleurs, etc.

Comme le disait déjà Gratiolet (*Anatomie comparée*, II, p. 460), « à chaque sens correspond une mémoire qui lui est corrélative, et l'intelligence a, comme le corps, ses tempéraments, qui résultent de la prédominance de tel ou tel ordre de sensations dans les habitudes naturelles de l'esprit ».

Nous aurions voulu consacrer cet article surtout aux maladies et aux défectuosités de la mémoire, à propos d'un livre récent de M. Ribot où la philosophie a le mérite, qui n'est pas si commun, de se faire l'interprète de la science [1]; mais elles avaient besoin, pour être comprises, de ces explications préliminaires. Et maintenant, éclairées par elles, elles n'en seront qu'une sorte de démonstration par la pathologie. Nous pourrons être, du moment qu'elles se présentent ainsi, plus brefs sur leur compte.

Constatons d'abord que dans tous les cas de fatigue prolongée, de défaut de nutrition, la mémoire s'affaisse normalement. Non seulement l'esprit est rebelle aux impressions nouvelles, mais encore il est incapable d'évoquer celles qui sont déjà organisées. Chacun peut le vérifier sur lui-même, comme le fit Holland. « J'étais descendu, raconte

------

1. Les *Maladies de la mémoire* (Paris, G. Baillière, 1 vol.).

cet auteur (*Menthal pathology*), le même jour dans deux mines profondes de Harz. Étant dans la seconde mine, je me trouvai si épuisé par la fatigue et l'inanition, qu'il me fut complètement impossible de causer avec l'inspecteur allemand qui m'accompagnait. Tous les mots, toutes les phrases de la langue allemande étaient sortis de ma mémoire, et je ne pus les recouvrer qu'après avoir pris un peu de nourriture et de vin et m'être reposé quelque temps. » Un voyageur longtemps exposé au froid ne pouvait plus calculer de lui-même ni retenir pendant une minute le moindre calcul.

M. Paul Bert a raconté une observation analogue, faite sur lui-même ; arrivé à une forte dépression barométrique, il lui fut impossible de multiplier 27 par 4

Il est clair ensuite que la mémoire se composant uniquement de mémoires partielles (ou locales) est, dans ses maladies comme dans ses défectuosités, atteinte surtout partiellement et graduellement.

On connaît plusieurs cas de personnes qui, après avoir reçu un coup sur la tête ou avoir été atteintes de fièvre ont oublié des langues acquises par l'étude. — Un enfant, après s'être violemment heurté la tête, resta trois jours inconscient. En revenant à lui, il avait oublié tout ce qu'il savait de musique. Rien autre n'avait été perdu. — Un malade qui avait complètement oublié la valeur des notes musicales pouvait jouer un air après l'avoir entendu. — Un autre pouvait écrire des notes et composer, mais ne pouvait pas jouer en regardant les notes. — Un chirurgien jeté à bas de son cheval et blessé à la tête donna, dès qu'il fut revenu à lui, par un effet de la puissance de l'habitude, d'une sorte d'automatisme intellectuel, les instructions les plus minutieuses sur la manière de le traiter. Par contre, il ne se souvenait plus d'avoir une femme et des enfants, et cet

oubli persista pendant trois jours. — Après une attaque
d'apoplexie, un homme ne put se rappeler le nom d'aucun
de ses amis, mais les désignait correctement par leur âge.
— Un ambassadeur allemand à Madrid, obligé de décliner
son nom aux domestiques, au début d'une visite, le chercha
vainement et, ayant interpellé tout haut son compagnon en
ces termes : « Pour l'amour de Dieu, dites-moi qui je suis »,
dut se retirer devant l'hilarité générale. — Certains dé-
ments frappés d'amnésie partielle oublient seulement la
date du jour, celle de l'année où ils se trouvent ; ils ne
connaissent plus leur chemin ou ne se rappellent plus d'a-
voir pris leur repas sitôt qu'ils sont sortis de table, etc.

Lorsque la mémoire est atteinte dans son ensemble, elle
s'affaisse graduellement en perdant ses acquisitions les plus
récentes.

Carpenter a connu un savant remarquable qui, quoique
vigoureux encore, perdit peu à peu la mémoire après
soixante ans. Il oubliait surtout les faits récents et les mots
peu usités. Quoiqu'il continuât de fréquenter le Musée britannique, la Société royale et la Société géologique, il ne
pouvait plus les appeler par leurs noms ; il les désignait par
le terme « ce lieu public ». Il continuait à visiter ses amis,
les reconnaissait chez eux et dans les autres endroits
où il avait l'habitude de les rencontrer ; nulle part ailleurs.
La mémoire alla toujours en diminuant et il mourut d'une
attaque d'apoplexie.

Il n'y a pas dans des cas de ce genre brusque désorgani-
sation d'éléments nerveux déterminés comme dans les précédents, mais lente dissociation par suite de laquelle chaque
fait, chaque mot, chaque idée s'isole et perd peu à peu
le pouvoir de s'associer et de rappeler tout autre fait, tout
autre mot, toute autre idée.

C'est naturellement dans la perte de la mémoire ou l'amnésie des signes dans l'aphasie, que s'étudie le plus aisément le mécanisme de cette dissociation. M. Ribot s'y arrête donc assez longuement. Pour lui, l'amnésie des signes est surtout une maladie de la *mémoire motrice*, c'est-à-dire que chez l'aphasique l'idée ne suscite plus son signe, ou du moins son expression motrice. Chaque mot prononcé ou écrit, même une seule fois, laisse quelque chose dans l'esprit ; autrement il serait impossible d'apprendre à parler ou à écrire.

Ce quelque chose, M. Ribot l'appelle un résidu moteur. C'est une modification des éléments nerveux et une association dynamique entre ceux-ci qui les prédisposent à prononcer ou à écrire plus facilement le mot déjà prononcé ou écrit. Les résidus moteurs une fois organisés ne semblent plus former qu'une unité avec les idées correspondantes. Dans l'aphasie ces résidus et leurs idées se dissocient ; les uns ne suscitent plus les autres, et réciproquement.

Cette dissociation se fait graduellement des plus nouveaux aux plus anciens résidus, et c'est ainsi que le malade ou le vieillard retourne à l'enfance. Ainsi ce sont les noms propres qui sont oubliés les premiers, puis les noms de choses qui sont les plus concrets, puis tous les substantifs qui ne sont que des adjectifs pris dans un sens particulier ; enfin viennent les adjectifs [1] et les verbes qui expriment des qualités, des manières d'être, des actes. Cela suivant l'ordre inverse du développement même du langage et de l'esprit.

On nous dispensera de citer quelques-uns des nombreux exemples qui démontrent cette hiérarchie régressive. Nous n'aurions, si la place ne nous manquait, que l'embarras du choix.

Qu'il est maintenant facile, — et ce sera notre dernière

---

1. Beaucoup d'idiots n'ont de mémoire que pour les adjectifs.

remarque, — de comprendre comment l'esprit qui se ferme
aux impressions nouvelles est livré peu à peu aux habitudes
les plus routinières et à l'automatisme que n'éclairent ni ne
rehaussent la conscience et la raison !

VII

PHYSIQUE

Action des radiations intermittentes sur les corps. — Thermophonie et Photophonie. — Travaux récents de MM. Tyndall, Preece, E. Mercadier.

I

Dans une Revue antérieure [1], nous avons décrit le photophone de MM. G. Bell et Tainter, c'est-à-dire un appareil reproduisant la parole articulée en faisant tomber un rayon de lumière intermittent sur un récepteur convenable recouvert de sélénium, et nous avons indiqué seulement (car ce sujet n'était alors qu'ébauché) la production de sons par l'action de ces radiations intermittentes sur un corps quelconque.

Depuis, ce remarquable phénomène a été étudié plus complètement, principalement par MM. Tyndall et E. Mercadier : par le savant anglais dans un mémoire présenté à la Société royale de Londres le 3 janvier 1880, et par M. E. Mercadier dans une série de notes insérées dans les *Comptes rendus de l'Académie des sciences*, les 6 et 13 février 1880, 21 et 28 février, 21 et 28 mars 1881, et dans le

---

1. V. 3ᵉ année, *Revues scientifiques*, p. 280.

Journal de physique, de février 1881. M. Preece a publié aussi récemment dans le journal anglais l'*Électricien* des expériences sur le même sujet et qui sont en concordance avec celles des deux physiciens dont nous venons de parler.

Ces travaux ne sont pas encore terminés, mais ceux qui sont déjà publiés nous permettent d'indiquer nettement à nos lecteurs l'état de la question, les progrès qui ont été déjà faits dans ces délicates études et ce qui reste à faire pour les compléter.

Et d'abord les recherches déjà faites montrent que si l'on veut se rendre assez clairement compte de ce que MM. Bell et Tainter ont appelé *la photophonie*, il faut considérer la question à un point de vue tout à fait général, se rappeler que ce qu'on appelle ordinairement un faisceau *lumineux* est un ensemble complexe de radiations jouissant toutes, mais à des degrés très divers, de trois propriétés principales : 1° celle d'affecter l'organe de la vue ou d'être lumineuses, appartenant aux radiations visibles dans le spectre du faisceau depuis le violet jusqu'au rouge ; 2° celle d'être calorifiques ou d'affecter des appareils thermométriques, thermomètre ordinaire ou pile thermo-électrique, propriété concentrée principalement dans les radiations visibles du vert au rouge et invisibles dans l'infra-rouge ; 3° celle d'être chimiques, c'est-à-dire de produire des effets chimiques appartenant plus spécialement aux rayons visibles du bleu au violet et aux rayons invisibles de l'ultra-violet.

De plus, il y a dans le spectre continu d'une source de radiations trois régions où les rayons possèdent au plus haut point chacune de ces trois propriétés : la première est dans la partie jaune du spectre, la seconde dans l'infra-rouge, à une petite distance de la limite du rouge visible, la troisième dans l'ultra-violet : de telle sorte que l'on est en droit de dire que l'on a affaire à un phénomène thermique lorsque les rayons qui le produisent sont ceux qui font partie de la partie rouge ou infra-rouge du spectre : à un phénomène lumineux quand il est produit par les rayons visibles à l'exclusion des autres ; à un phénomène chimique ou actinique quand il résulte de l'action des rayons dits chimiques.

Cette distinction est tellement nécessaire pour ce qui va suivre, qu'il résulte précisément des recherches que nous analysons que les phénomènes confondus d'abord sous le nom de photophonie (c'est-à-dire production de sons par la lumière) doivent être divisés au moins en deux catégories comprenant : la première, des phénomènes principalement thermiques ; la seconde, des phénomènes principalement lumineux.

Il s'ensuit que si l'on veut désigner l'ensemble des faits par un mot tout à fait général, il n'y en a pas d'autre à employer que celui de *radiophonie*, proposé par M. E. Mercadier. Quant aux deux catégories déjà établies dans le groupe de faits actuellement connus, on peut les désigner par les mots de *thermophonie* et de *photophonie*.

Nous allons les étudier dans cet ordre.

II

Les phénomènes appartenant à la première catégorie sont les suivants :

Un faisceau de radiations provenant d'une source telle que le soleil ou la lumière électrique est rendu intermittent, par exemple par son passage à travers des ouvertures pratiquées sur les bords d'une roue tournant rapidement autour d'un axe (nous l'appellerons roue interruptrice). La radia-

tion intermittente tombe sur une lame mince d'un corps
quelconque. Si on place l'oreille contre la plaque, ou mieux
si on fait de la plaque le fond d'une boîte reliée par un tube
en caoutchouc à un petit cornet acoustique contre lequel
on applique l'oreille, on entend un son plus ou moins intense, mais dont le nombre de vibrations est égal à celui
des intermittences du rayon, ou à celui des ouvertures de la
roue qui passent devant un repère fixe dans une seconde.

Tel est le fait remarquable découvert par M. G. Bell et
le point de départ des études de MM. E. Mercadier et
Tyndall.

Résumons d'abord celle de M. E. Mercadier.

Si l'on prend une roue en verre recouverte d'une feuille
de papier noir dans laquelle on a découpé 4 séries d'ouvertures au nombre de 80, 60, 50 et 40, on évite le bruissement de l'air frottant contre les bords de trous traversant
un disque de part en part, et l'appareil devient plus sensible. En outre, au lieu de produire des sons *uniques* on
obtient des accords parfaits.

Une première série d'expériences a montré alors : premiè-
rement que la radiophonie n'est pas un effet produit par la
masse de la lame réceptrice vibrant transversalement dans
son ensemble comme une plaque vibrante ordinaire.

En effet, la plaque reproduit également bien et sans solution de continuité tous les sons et tous les accords parfaits
possibles formés par des sons de 60 à 2,000 vibrations doubles par seconde, et les sons conservent leur hauteur et
leur timbre quand on fait varier l'épaisseur et la largeur des
lames. De plus, des plaques de verre, de cuivre, de zinc…
fêlées, fendues, produisent à très peu près les mêmes effets
que lorsqu'elles sont intactes.

En second lieu, la nature des molécules du récepteur et
leur mode d'agrégation ne paraissent pas exercer sur la

production des sons un rôle prédominant; car, toutes choses égales d'ailleurs, il n'y a pas de différence sensible entre des lames de platine, de zinc, de cuivre, d'ébonite, de verre, de mica, de spath d'Islande, de gypse, de quartz taillé parallèlement ou perpendiculairement à l'axe...

Au contraire, l'état de la surface du récepteur influe beaucoup sur le phénomène. Toute opération qui en diminue le pouvoir réflecteur et en augmente le pouvoir absorbant influe sur le résultat, et on obtient des effets remarquables si on recouvre la surface de substances susceptibles de condenser les gaz et d'absorber la chaleur, comme le noir de platine, le bitume de Judée, et surtout le noir de fumée.

Ceci donnait déjà lieu de penser que les plaques réceptrices ne vibrant pas, c'était la couche d'air condensée à leur surface qui produisait les sons. En prenant comme plaque une lame mince de verre ou de mica enfumée, la surface noircie étant à l'intérieur de la boîte réceptrice, on obtient des sons relativement intenses, car la vibration est communiquée alors à la colonne d'air intérieure qui aboutit à l'oreille.

Pour confirmer cette manière de voir, M. E. Mercadier a changé la forme des récepteurs et les a formés de tubes de verre fermés ou non à un bout et communiquant de l'autre avec l'oreille par l'intermédiaire d'un tube en caoutchouc. En mettant dans le tube en verre de minces lames de mica noircies et faisant tomber sur elles les radiations intermittentes, on entend des sons tout à fait identiques à ceux que donnerait un tuyau sonore ordinaire percé d'une ouverture à un bout et ébranlé par un courant d'air. Et l'on démontre cette identité en se servant d'un long tube en verre fermé par un piston mobile d'un côté et communiquant de l'autre avec l'oreille. En donnant à la roue interruptrice une vitesse constante pour obtenir un son de hauteur constante, et en promenant le piston le long du tube, on produit successivement des renforcements et des diminutions d'intensité, des ventres et des nœuds comme dans les tuyaux sonores ordinaires.

La conclusion de ces expériences est donc que c'est l'air qui vibre, et non la surface solide avec laquelle il est en contact.

Restait à préciser la cause et le mécanisme de ces vibrations.

Pour cela, à l'aide des récepteurs très sensibles qu'on vient de décrire on peut d'abord étudier l'action des diverses sources radiantes en passant successivement des plus intenses aux moins intenses, et l'on constate que l'on peut produire des sons avec le soleil, les lumières électrique et oxhydrique, les flammes des lampes à pétrole et à gaz, une bougie, une lampe à alcool.

Dès lors il était possible de faire les expériences suivantes, qui paraissent résoudre la question.

D'abord on produit avec un prisme et par les moyens ordinaires le spectre d'une source telle que la lumière électrique. On le fait tomber sur un diaphragme portant une fente de 2 millimètres et une lentille cylindrique qui concentre le mince faisceau qu'elle reçoit sur les ouvertures de la roue interruptrice. On promène la fente le long du spectre ainsi que la roue et le récepteur, et on constate le résultat suivant : on n'entend aucun son dans la partie qui s'étend du violet au jaune du spectre; on commence alors à entendre des sons dont l'intensité va en croissant dans le rouge, présente un maximum dans l'infra-rouge, puis décroît tout en restant sensible jusqu'à une distance du rouge égale au moins au quart de la longueur du spectre visible.

Si l'on se reporte à ce qui a été rappelé plus haut, on voit

que les rayons qui agissent ici sont ceux qui sont doués au
plus haut point de la propriété thermique.

Une seconde expérience met ce fait hors de doute. On
place devant la roue interruptrice une plaque de cuivre
chauffée graduellement en interposant une fente pour éviter
des effets d'interférence. On se met dans l'obscurité et on
chauffe la plaque. Bien avant qu'elle ne devienne visible
on entend des sons qui résultent évidemment de l'action de radiations obscures et par suite purement calorifiques.

On doit donc conclure de là que les appareils dont nous
venons de parler ne sont pas des photophones, mais de véritables thermophones, et le phénomène lui-même peut
s'appeler *thermophonie*, expression proposée simultanément par plusieurs personnes et qui paraît d'ailleurs la seule
qu'on puisse employer dans ces conditions. Cette transformation remarquable d'énergie thermique en énergie sonore
s'effectue d'ailleurs d'après le mécanisme suivant : l'air est
alternativement échauffé et refroidi ; il se dilate, par suite,
et se contracte ; de là des vibrations périodiques communi-
quées à la masse entière et production de sons.

M. E. Mercadier avait commencé avec ses récepteurs
formés de tubes de verre l'étude des liquides et des vapeurs,
et avait constaté que les liquides ne donnent pas de sons,
tandis que les vapeurs en produisent comme l'air, mais plus
ou moins intenses. Mais, pendant ce temps, M. Tyndall effectuait des recherches complètes sur ce sujet et les publiait en
France dans la *Revue scientifique* (t. XXVII, p. 204) ; en
voici le résumé.

L'éminent physicien anglais prend comme récepteurs des
radiations intermittentes des flacons contenant les gaz ou
vapeurs soumis aux expériences et reliés à l'oreille par un
tube de caoutchouc muni d'un tube effilé en ivoire : pour

rendre les radiations intermittentes il s'est servi d'une roue en zinc dentée sur sa périphérie.

En étudiant ainsi les vapeurs au-dessus de leurs liquides générateurs il a constaté que les liquides ne produisaient aucun son, tandis que les vapeurs en produisaient. Puis, en prenant les vapeurs dans l'ordre où il les avait classées jadis dans ses belles recherches sur l'absorption de la chaleur rayonnante par les gaz et les vapeurs, il a trouvé ce fait remarquable, que ce sont les vapeurs qui ont le pouvoir absorbant le plus considérable qui produisent, toutes choses égales d'ailleurs, les sons les plus intenses : telles sont, par exemple, les vapeurs d'éther sulfurique et acétique, de cyanure d'éthyle et d'acide acétique.

L'étude des gaz a conduit au même résultat. L'air parfaitement sec donne des sons très faibles ; l'oxygène et l'hydrogène également : l'acide carbonique résonne mieux ; le protoxyde d'azote et le bicarbure d'hydrogène mieux encore. Or, c'est précisément l'ordre dans lequel ces gaz absorbent de plus en plus la chaleur rayonnante. L'air mêlé à la vapeur d'eau est d'autant plus sonore que la quantité de vapeur d'eau est plus grande.

Il ressortait bien de ces expériences que les sons produits résultaient de l'absorption de la chaleur par les vapeurs et par les gaz, et M. Tyndall confirma ce résultat, comme l'avait déjà fait M. E. Mercadier, en faisant résonner ces substances sous l'action de radiations obscures.

Ces recherches conduisent donc, comme les précédentes, à la même conclusion : que le phénomène des sons produits par une radiation intermittente sur un gaz ou une vapeur est un phénomène principalement thermique.

III

Passons maintenant à une autre catégorie de faits qui sont relatifs à l'action particulière des radiations sur le sélénium.

Dans la Revue du 4 octobre nous avons rappelé les études de MM. W. Smith et May, Sale, Draper, Adams et Werner Siemens sur l'action d'un rayon lumineux sur le sélénium. Ces études avaient été faites à l'aide de galvanomètres et de piles thermoélectriques. On avait constaté d'une manière générale qu'un faisceau de radiations agit sur un morceau de sélénium de telle façon, que si ce corps fait partie du circuit électrique d'une pile, l'intensité du courant varie suivant que le sélénium est dans l'obscurité ou exposé à la lumière.

L'explication du phénomène ne fut pas unanime. Les uns, comme M. Sale, l'attribuèrent à l'action des radiations calorifiques; les autres, comme M. Adams et lord Rosse, à l'action des radiations lumineuses; d'autres enfin, comme M. W. Siemens, aux deux actions suivant l'état moléculaire du sélénium soumis aux expériences.

La question n'était pas résolue quand MM. G. Bell. et Tainter, en imaginant d'employer des radiations intermittentes et non continues, permirent de substituer, comme moyens d'appréciation du phénomène, des sons et des téléphones aux déviations de galvanomètres. Ils construisirent des récepteurs qui ont été décrits notamment dans la *Revue scientifique* et le *Journal de physique* d'octobre 1880, et qui ont la forme de condenseurs à lames de laiton et de mica, recouverts sur la tranche d'une couche mince de sélénium déposé à une température voisine de son point de fusion et présentant une teinte ardoisée indiquant l'état où il est le plus sensible aux radiations. L'appareil est disposé de façon que le courant d'une pile entre simultanément par les lames métalliques d'ordre pair et passe à la fois à toutes celles d'ordre impair par l'intermédiaire du sélénium. On a ainsi le moyen d'offrir une assez grande surface à l'action des radiations sans augmenter beaucoup la résistance au courant.

MM. Bell et Tainter montrèrent qu'en plaçant sur le trajet des rayons intermittents une cuve remplie soit d'alun, soit d'une dissolution d'iode dans le sulfure de carbone, les sons produits par le récepteur sélénié n'étaient pas sensiblement altérés dans le premier cas, tandis qu'ils l'étaient beaucoup dans le second cas, où les rayons lumineux sont interceptés en très grande partie. Ils en conclurent qu'il s'agissait là d'un phénomène lumineux et non calorifique, et c'est pourquoi sans doute ils donnèrent à leur instrument le nom de photophone.

Cette conclusion s'accordait avec celle de M. Adams et de lord Rosse, obtenue par d'autres procédés. Mais ces expériences ne peuvent être considérées comme concluantes à cause de la complexité de l'effet produit sur une radiation par une cuve de verre contenant un liquide transparent ou coloré. En tout cas, la question n'a pas paru résolue et est restée soumise à discussion.

M. E. Mercadier vient de publier récemment dans les *Comptes rendus de l'Académie des sciences*, des 21 et 28 mars 1881, des recherches destinées à résoudre la difficulté.

Il a constaté d'abord que les effets sonores d'un récepteur ordinaire à sélénium s'obtenaient sans difficulté, comme on l'avait déjà fait, avec des sources aussi faibles qu'une bougie, à l'aide de dix éléments Leclanché et d'un téléphone Gower de 235 unités de résistance ; puis il est parvenu à les obtenir avec la lumière diffuse seule, et enfin avec des sources faibles dont le faisceau était limité par une fente étroite, ce qui réduisait à 3 ou 4 millimètres la surface nécessaire du récepteur.

Il est parvenu à construire alors des récepteurs beaucoup plus simples que ceux de M. Bell, de surface beaucoup plus petite et d'une construction si aisée que l'on peut les construire et les réparer en quelques instants s'ils viennent à se détériorer ou si l'on veut essayer successivement de les recouvrir de substances différentes. Il suffit à cet effet de prendre deux rubans métalliques, de laiton par exemple, de longueur variant de 50 cent. à 4 ou 5 mètres suivant la surface qu'on veut obtenir, d'un centimètre de largeur, d'un dixième de millimètre d'épaisseur : on les sépare par deux rubans en papier parcheminé de mêmes dimensions. On les enroule ensemble en spires très serrées, et on en forme un bloc qui est ensuite serré fortement entre deux tasseaux de bois portant deux bornes métalliques reliées l'une au ruban n° 1, l'autre au ruban n° 2.

On chauffe ensuite ce bloc sur une plaque de cuivre exposée à la flamme d'un bec Bunsen jusqu'à ce qu'un crayon de sélénium posé sur la surface commence à fondre : on enduit alors rapidement cette surface d'une mince couche de sélénium, et on laisse l'appareil se refroidir lentement. Il est alors prêt à fonctionner.

On peut d'ailleurs juxtaposer plusieurs de ces récepteurs de 5 à 6 millimètres de largeur, de façon à les réunir comme des éléments de pile et, à volonté, en série ou en quantité suivant les conditions du circuit où ils doivent fonctionner.

Ces appareils peuvent produire de bons résultats avec des résistances variables depuis 1,200 unités jusqu'à plusieurs centaines de mille, de telle sorte qu'en prenant les plus résistants on peut placer dans leur circuit un assez grand nombre de téléphones. Avec certains d'entre eux, on peut, en employant seulement la lumière oxhydrique, entendre des sons à plusieurs mètres de distance des téléphones munis d'un cornet acoustique.

En se servant de ces appareils et en reproduisant l'expérience du spectre décrite plus haut, c'est-à-dire en recevant sur le récepteur à travers la roue interruptrice les rayons successifs du spectre, M. E. Mercadier a pu constater le résultat suivant : les rayons du spectre commencent à agir à la limite du bleu et de l'indigo ; leur action augmente d'intensité en s'avançant du bleu au jaune ; puis elle diminue dans l'orangé et le rouge. Elle paraît nulle ou du moins insensible dans l'infra-rouge, le violet et l'ultra-violet et présente un maximum dans le jaune.

Ce résultat a été constaté dans la lumière solaire, la lumière électrique, et même dans la lumière oxhydrique.

De plus, il n'a pas été possible jusqu'ici d'obtenir des sons avec des radiations obscures.

On peut conclure de ces expériences que l'effet particulier d'une radiation sur le sélénium paraît être principalement dû aux rayons dits lumineux, ainsi que le pensaient notamment lord Rosse, M. Adams et M. Bell. Ce serait bien là, cette fois, un effet surtout photophonique et non thermophonique : et il y a bien lieu, comme nous le disions en commençant, de faire au moins provisoirement deux divisions dans cette sorte de section nouvelle du chapitre de la physique où l'on étudie les actions de la lumière sur les diverses substances et qui comprend notamment la phosphorescence, la fluorescence, la photographie..., etc. Nous connaissons donc actuellement de la termophonie et de la photophonie. A bientôt, peut-être, la découverte d'actions analogues produites par les rayons chimiques du spectre qui constitueront l'actinophonie.

VIII

THÉRAPEUTIQUE

La médecine dosimétrique.

L'antique médecine aimait les moyens violents. Saigner, purger, faire vomir, *clysterium donare*, étaient ses procédés favoris. A côté de ces pratiques, des tisanes innombrables, des médicaments volumineux, compliqués de composition et de préparation. Règne animal, règne végétal, règne minéral, étaient également employés. Musc, castoréum, corne de cerf, yeux d'écrevisses, têtes de vipères, représentaient le premier. Végétaux de toutes sortes et de tous pays représentaient le second ; espèces béchiques, espèces carminatives, que sais-je ? Quant aux minéraux, chaque substance nouvelle précipitée dans la cornue d'un chimiste était ingurgitée par le médecin à quelque malade justement dénommé patient.

Et sous quelles myriades de formes! Ici, infusion ; là, décoction ; ailleurs, vins, sirops, vinaigres, teintures ; extraits alcooliques, éthérés, aqueux; émollients, potions, juleps, opiats, électuaires, poudres, pâtes variées. Et dans chacun de ces véhicules, tantôt une seule substance, bien plus souvent deux, trois, quatre, dix, plus encore, mélangées parfois sans raison. L'antique thériaque en contenait plus de cinquante ; dans les vieilles officines, tous les fonds de bocaux y passaient.

Et pourquoi ces mélanges bizarres ? Le professeur Forget,

de Strasbourg, l'a dit avec esprit : « En associant une foule de substances, le praticien espère qu'une d'entre elles, au moins, atteindra le but. C'est ce que j'appelle familièrement une *décharge à mitraille*, dont quelques éclats pourront par hasard frapper l'ennemi, c'est-à-dire la maladie. » Mais s'ils frappent le malade ? C'est le cas de se rappeler le sage précepte d'Hippocrate : *Primo non nocere.*

Ces préparations magistrales présentaient de graves inconvénients. D'abord elles étaient souvent difficiles à faire accepter par le malade, répugnantes par leur volume, ou leur aspect, ou leur goût. Ce n'était que pour une petite exception qu'on pouvait *dorer la pilule*. On dédaignait alors très fort les susceptibilités du malade ; ou bien celui-ci était plus docile qu'aujourd'hui et moins sensible : Argan ne se plaint pas une seule fois du mauvais goût de ses médecines, mais seulement de leur prix. Car ces horribles substances coûtaient fort cher à préparer. Chaque apothicaire était tenu de les fabriquer lui-même, en chaque cas particulier, ce qui nécessitait dans sa boutique une collection complète et coûteuse et des garçons nombreux occupés au pilon ou aux sirops — sans parler de ceux qui couraient par la ville, la canule haute, poursuivant Pourceaugnac.

De plus, elles étaient fort infidèles, fort irrégulières. Suivant le pays d'origine d'un médicament végétal, par exemple, il y a dans l'intensité de ses vertus des inégalités extraordinaires. Et quelles différences suivant que les pieds sont jeunes ou vieux, vigoureux ou non, récoltés dans telle ou telle région, dans tel ou tel sol, sous tel ou tel climat ! Citons comme exemple le *Cannabis indica*, à peu près inerte dans nos contrées, et très actif aux Indes. La récolte des plantes médicinales sera donc variable suivant les conditions de saison, de climat, de culture, d'âge, d'aération, d'humidité ou de sécheresse.

Le mode de préparation fait encore varier l'énergie de la substance employée. La dessiccation, en produisant l'évaporation de l'eau, favorise l'action oxydante de l'air qui décompose en partie la plante. Les extraits et les teintures provenant de ces plantes ne méritent dès lors guère de confiance. L'alcool lui-même réagit sur les produits immédiats du végétal. Les infusions, les décoctions varieront évidemment en raison du temps pendant lequel le calorique a agi sur elles. Enfin il y a des extraits aqueux, alcooliques secs ou mous, que les médecins confondent souvent dans leurs prescriptions, et qui sont évidemment d'une activité variable.

Autre chose encore : tous les pharmaciens savent ce que vaut un médicament vieux ; les feuilles, les fleurs, les semences, les racines, perdent leur couleur, leur odeur, leur saveur, et subissent un mouvement de lente décomposition dès qu'elles ne sont plus soumises aux lois de la vie. Tout cela, sans parler de l'humidité et des moisissures, altère les matières premières et même les médicaments préparés. Le pharmacien aura donc le devoir onéreux de renouveler ses préparations végétales, ce qu'il néglige souvent de faire, et alors pour le médecin que de déceptions !

Ce n'est pas tout. La chimie et la physiologie modernes ont montré que certaines plantes contiennent des matières actives, nombreuses et différentes, antagonistes même quelquefois. L'exemple le plus frappant est fourni par l'opium, dont l'étude approfondie a dévoilé l'existence de six alcaloïdes principaux bien définis, et qui ont tous des propriétés différentes et tranchées. Ainsi, d'après Cl. Bernard, la narcéine, la morphine et la codéine sont soporifiques, tandis que la papavérine, la thébaïne et la narcotine sont des convulsivants.

Étonnez-vous, après cela, de voir le laudanum et l'extrait

aqueux d'opium produire dans la pratique des effets différents !

Ainsi les préparations en apparence simples sont souvent complexes, sans qu'on sache toujours les conditions de cette complexité. Que dire des médicaments composés dont nous parlions tout à l'heure, sinon rappeler les paroles de Montaigne : « De tout cet assemblage n'est-ce pas quelque resverie d'espérer que ces vertus s'aillent divisant et triant de cette confusion et meslange, pour courir à charges si diverses ? Je craindrois infiniment qu'elles produisent ou échangeassent leurs étiquettes et troublassent leurs quartiers ».

En opposition avec cette pharmacopée grossière, forçant l'infortuné malade à avaler bols, poudres, opiats, se dresse la pharmacopée homœopathique. Ici, simplicité admirable, propreté et délicatesse. Des flacons microscopiques, des gouttes insapides, l'infiniment petit qui, multiplié par la crédulité humaine, produit d'infiniment grands résultats... dans l'escarcelle du médecin. Il s'agit ici de millionièmes, de millardièmes par rapport à la dose où l'œil observateur reconnaît quelque effet manifeste. Et l'on se demande pourquoi ces liquides à doses mystiques, alors que le flacon seul ferait sans doute même effet. Mais n'insistons pas : ceci est affaire de foi, et nul doute que les homœopathes, s'ils arrivaient au pouvoir, ne créassent un délit d'outrage à la religion homœopathique à l'imitation des catholiques, avec lesquels ils ont plus d'une affinité.

On confond quelquefois avec eux, dans le monde, les partisans d'une école thérapeutique nouvelle qu'a fondée la *Médecine dosimétrique*. On fait ainsi le plus grand tort à ces honorables praticiens. La *dosimétrie* est chose sérieuse ; ses adeptes sont des hommes consciencieux et raisonnables ; ses effets sont palpables, et elle n'emprunte rien au mysticisme.

Ce qui a prêté à cette confusion fâcheuse, c'est le léger bagage du praticien dosimètre. Il n'est guère plus lourd que celui de l'homœopathe; mais tandis que vous pourriez avaler sans crainte toute la boutique d'un pharmacien homœopathe, je ne vous conseillerais pas d'absorber un seul tube de granules dosimétriques. La médication se présente en effet sous l'aspect agréable à l'œil de granules roses, blancs, bleus, gros comme un grain de millet, empilés dans un petit tube de verre. Mais chacun de ces granules, qu'eût singulièrement méprisés M. Purgon, contient une quantité nettement déterminée d'une substance extrêmement active. L'aconitine, l'atropine, la strychnine, l'hyosciamine, la nicotine, la vératrine, s'y trouvent à la dose d'un demi-milligramme; l'acide arsénieux, la caféine, la morphine, la codéine, la digitaline, l'émétine, etc., à celle d'un milligramme. Les géants de la famille contiennent un centigramme d'émétique, d'ergotine, de sulfate de quinine, de valérianate de zinc, etc. Ces dosages sont rendus exacts par une fabrication en grand, où les plus minutieuses précautions sont prises pour assurer l'homogénéité de la pâte et la division précise.

Ce sont là, comme on le voit, des doses faibles mais notables qui n'ont rien de commun avec les pseudo-médicaments de l'homœopathie.

Mais ce serait beaucoup forcer la note que de laisser à entendre, avec certains adeptes trop fougueux de la dosimétrie, que celle-ci a eu le mérite de l'invention, c'est-à-dire de l'introduction des alcaloïdes sagement dosés dans la thérapeutique. Depuis la découverte de la morphine par Derosne et Seguin, de la quinine par Pelletier et Caventou, les médecins se sont servis autant qu'ils le pouvaient de ces alcaloïdes puissants à la place des masses végétales desquelles on les avait extraites : on les a employés en pilules, en sirops, et plus récemment en granules qui avaient la plus grande analogie avec ceux de la dosimétrie.

Mais ce qui caractérise particulièrement celle-ci, c'est l'emploi exclusif des granules à alcaloïdes, auxquels sont adjoints seulement le sel de Sedlitz, le phosphate de chaux, le charbon végétal et le cubèbe, préparations elles-mêmes granulées.

Cependant, si la dosimétrie pouvait être représentée complètement par cette formule, elle ne serait qu'une méthode pharmaceutique et non une thérapeutique véritable, et ne mériterait pas le nom de méthode que lui donnent son fondateur et ses adeptes.

Qu'on nous permette de dire quelques mots du premier. M. le docteur Burggraeve, professeur émérite de l'Université de Gand et chirurgien principal de l'hôpital de la même ville, a pris depuis longtemps dans la science médicale une place considérable. Son beau livre *le Génie de la chirurgie contemporaine* a eu de nombreuses éditions. Il a particulièrement marqué en chirurgie par l'invention des bandages ouatés et par le rôle qu'il a joué dans les progrès de la chirurgie conservatrice. Intelligence vaste et ardente, à qui l'âge n'a rien enlevé de sa bouillante sève, il a toutes les qualités d'un chef d'école, celle d'abord de passionner ses élèves. Écoutons ce qu'en dit le spirituel et savant auteur du *Médecin des villes et des campagnes*, le regretté docteur Munaret :

Le docteur Burggraeve occupe une des premières places historiques dans la chirurgie contemporaine par ses travaux et ses innovations; depuis qu'il s'occupe, comme médecin, de dosimétrie raisonnée et systématique, je ne le désigne plus que par une dénomination familiale ; pour moi, c'est l'Hippocrate belge.

Un beau et robuste vieillard, haute stature, démarche droite et ferme ; son facies indique une prédominance des facultés réflectives; son œil, ombragé par un sourcil bien fourni va droit et loin

front d'un penseur *qui ne se contente pas de penser.* Pour me résumer
au point de vue physiognomonique, le docteur Burggraeve doit
joindre une grande force à une grande activité, ce qui m'a rappelé
ce que Vicq-d'Azyr a dit de Haller : La nature l'a traité avec le soin
qu'elle ne prend que pour quelques hommes rares dont le siècle
s'honore.

Ce n'est pas une simple modification dans l'art d'employer
les médicaments, si intéressante qu'elle soit par la facilité
et la précision de son emploi, qui a pu décider un homme
de cette valeur à entreprendre et à soutenir avec une
ardeur qui semble aller toujours grandissant la campagne
dosimétrique. Lui-même s'explique nettement sur ce point :

On aurait tort, dit-il, de penser que la dosimétrie est uniquement
une réforme pharmaceutique ; c'est la réforme de la médecine tout
entière, pour ne pas dire une révolution ; car, comme toute révolution, elle a sa raison d'être dans les abus existants. Il s'était introduit en médecine une science d'autopsie, ou anatomo-pathologique,
qui, à vrai dire, a bien son utilité, ne serait-ce que pour savoir de
quoi on meurt, mais qui n'avait pu en tirer la leçon : comment
on vit.

« La médecine, avait dit le docteur Amédée Latour, a dévié de
ses voies naturelles ; elle a perdu de vue son noble but, qui est de
soulager ou de guérir ; la thérapeutique est rejetée sur le dernier
plan. Sans thérapeutique, cependant, le médecin n'est plus qu'un
inutile naturaliste passant sa vie à reconnaître, à classer, à dessiner
les maladies de l'homme. C'est la thérapeutique qui élève et enno-
blit notre art ; par elle seule, cet art a un but, et nous assurons que,
par elle seule, cet art peut devenir une science. »

La dosimétrie est donc venue à point pour relever la profession
de cette grave accusation, d'être une inutile histoire naturelle, c'est-
à-dire un musée pathologique. On restait les bras croisés devant la
maladie, se reposant sur je ne sais quel numérisme où la mort devait avoir fatalement son contingent. C'est ce que le vénérable Hu-
feland avait exprimé, d'une manière naïve mais brutale en disant :
« Depuis longtemps j'ai acquis la conviction que, de tous les malades guéris, le plus grand nombre ont recouvré la santé sans l'assistance du médecin, et le plus petit nombre avec l'aide de celui-ci. »
(*Journal de médecine.*) C'est net mais peu consolant pour ceux qui

ont placé leur confiance dans la médecine et qui s'en voient abandonnés au moment suprême.

Ainsi, l'emploi actif, énergique de ces alcaloïdes si actifs
et si énergiques eux-mêmes, mais leur emploi prudent,
réglé, admirablement mesuré, grâce à la granulation frac-
tionnée, telle est à vrai dire la méthode dosimétrique. Son
enthousiaste auteur nous a fait l'honneur de nous écrire une
lettre où il la définit en ces termes chaleureux :

« La jugulation des maladies aiguës à leur début, voilà
son grand principe, au moyen duquel elle rend la médecine
vraiment grande en la soustrayant à ses propres impuis-
sances. Avant la dosimétrie on était devant la fièvre comme
devant un incendie quand l'eau vient à manquer. On avait
épuisé le sang des malades, c'est-à-dire les sources de la
vie : il n'y avait même plus moyen de faire la part du feu : la
maladie victorieuse exigeait sa conquête tout entière, sans
rançon. Épouvantable situation de la science, spectatrice
de la mort !

» Eh bien, c'est cette situation que la dosimétrie vient de
briser. Voyez ce typhisé : le miasme l'a envahi ; ce sont des
microbes, dit-on ; nous le voulons bien ; mais il est prostré,
sans force ; son cœur, n'étant plus équilibré, bat comme
une horloge affolée ; son corps brûle par une sorte de combustion spontanée, puisque le thermomètre marque jusqu'à
42 et 43 degrés : les tissus se raccornissent, les sécrétions
se suspendent, son sang se décompose ; il délire ; sa vue et
ses mains poursuivent dans l'air de vagues fantômes... Le
médecin, désespéré, est là, comptant les septennaires ;
mais, comme la sœur Anne, il ne voit rien, « que le ciel qui
« poudroie et la terre qui verdoie » hélas ! pour servir bientôt
de linceul à son malade, si vivement disputé par lui à la
mort ! Comprend-on situation plus terrible ?

» Eh bien, l'espoir lui est rendu ; il sait qu'il a dans les alcaloïdes des auxiliaires sur lesquels il peut compter : la strychnine, pour remonter le ton de la fibre ; l'aconitine, la vératrine, pour modérer la chaleur et le pouls ; la digitaline, la colchicine, pour rétablir les sécrétions ; la morphine, l'hyosciamine, pour calmer l'agitation et le spasme ; l'hydroferrocyanate de quinine, pour empêcher les accès fébriles ; puis la quassine, pour renouveler l'estomac ; le sedlitz Chanteaud, pour rafraîchir le sang.

» On voit qu'il y a là tout un arsenal où le médecin puise des armes aussi variées que les symptômes ; car les symptômes sont les seuls ennemis que le médecin puisse attaquer. »

Les médecins dosimètres attachent la plus grande importance aux indications du thermomètre. Toutes les maladies aiguës, disent-ils, présentent une manifestation commune, la fièvre, c'est-à-dire une accélération du pouls et une élévation de la température normale. La fièvre est le symptôme initial, à un moment où il n'y a pas encore de lésions organiques profondes, où le système nerveux est seul troublé, et troublé surtout dans celles de ses parties qui président à la régulation circulatoire et, par suite, à la calorification. C'est le moment d'agir vigoureusement, de ramener à la règle normale ce fonctionnement nerveux, et cela à l'aide des alcaloïdes que la physiologie nous a montrés capables de le modifier.

C'est, au contraire, d'ordinaire la phase que laisse passer le médecin, attendant pour agir que les violentes manifestations du début se soient calmées.

Un praticien distingué, le docteur Juhel, résume dans les termes suivants les préceptes de la méthode dosimétrique, dont il s'est déclaré très chaud partisan :

1º Juguler toutes les maladies aiguës au début : fièvres intermittentes, rémittentes, continues ;

2º Dans le traitement de toute maladie, il faut distinguer deux éléments : la dominante et la variante. La première combat la cause du mal, la seconde les effets ou symptômes.

3º Aux maladies aiguës un traitement aigu, aux maladies chroniques un traitement chronique.

4º Le traitement s'adressera autant que possible à la période vitale ou dynamique des maladies, celle-ci étant plus accessible à nos moyens d'action.

5º Pas d'observation clinique sans thermomètre, c'est-à-dire sans l'indication de la vitalité.

En résumé, la doctrine dosimétrique est celle-ci : Au début de toute affection, il n'y a pas, à proprement parler, de maladie, mais simplement des mouvements vitaux désordonnés, antiphysiologiques, qu'il faut modérer et réprimer par les alcaloïdes. Il ne faut donc pas d'expectation de la part du médecin, sinon la maladie passe à l'état organique et de lésion organisée avec ses conséquences naturelles.

Cette jugulation des maladies aiguës qui est la prétention caractéristique de la médecine dosimétrique, se réalise-t-elle dans le domaine des faits? A ceux qui veulent examiner de près cette question, nous ne pouvons mieux faire que de conseiller la lecture du *Répertoire universel de médecine dosimétrique*, revue mensuelle qui en est à sa neuvième année. Ils y liront de très nombreuses observations qui tendent à prouver que la jugulation n'est pas une gratuite affirmation. On conçoit que nous ne saurions à cette place prendre un parti sur une question aussi grave et d'une nature aussi spéciale. Nous ne pouvons pas davantage produire ici les pièces du procès, c'est-à-dire les observations. Cependant nous en donnerons une qui peut servir de type et qui montre avec quelle hardiesse les dosimètres emploient les alcaloïdes les plus redoutés :

Aller jusqu'à effet, quelle que soit la dose, voilà l'A B C de la dosimétrie. Chez tel malade l'état fébrile cédera à six, huit, dix granules d'aconitine et de vératrine pris de demi-heure en demi-heure ; chez d'autres, il faudra doubler, tripler le nombre des granules pour arriver à l'état apyrétique.

Dernièrement un de mes enfants, âgé de neuf ans, est pris de fièvre intense avec céphalalgie, délire, pouls à 130, température correspondante. Quelques jours auparavant j'avais perdu son jeune frère, âgé de sept mois, au sein, d'une méningite aiguë qui avait duré huit jours. Je soumis aussitôt l'aîné à la médication dosimétrique défervescente, et administrai moi-même les granules jusqu'à cessation complète de la fièvre. Or, veut-on savoir ce que l'enfant a absorbé de granules pour nous donner ce résultat : cinquante-deux granules d'aconitine et de vératrine administrés, deux par deux, **de** demi-heure en demi-heure. Quelques granules d'arséniate de quinine, le plus puissant fébrifuge que nous ayons, furent pris les jours suivants pour empêcher le retour de l'état fébrile.

Quelle était cette fièvre ? de quelle nature était-elle ? Tout ce que je sais, c'est qu'elle a cédé aux granules défervescents en quelques heures ; ce que je ne sais que trop, malheureusement, c'est qu'avant de suivre cette méthode, que je bénis, j'avais perdu trois enfants de méningite aiguë, chaque fois après huit jours de maladie. (Dr Juhel.)

La même méthode s'applique à la fièvre traumatique consécutive à des blessures ou des opérations chirurgicales. Elle y donne, selon le docteur Burggraeve, des résultats plus merveilleux encore. Sous l'influence de l'emploi, dès le début, des alcaloïdes défervescents, la mortalité dans le service de chirurgie qu'il dirige, n'est plus que de 2 à 5 0/0, et, dans le cours d'une de ces dernières années, sur cinq cents blessés il n'y a pas eu un seul cas de mort.

Si ces faits séduisants ne sont pas des exceptions ou des coïncidences heureuses, — et il est difficile d'admettre cette hypothèse en présence des milliers d'observations que contient le *Répertoire*, — la méthode dosimétrique est appelée au plus grand succès. C'est chose étonnante de voir qu'elle n'a été expérimentée dans aucun hôpital parisien et que bien peu de médecins semblent désirer de savoir ce qu'il y a de vrai dans cette méthode bannie des pharmaciens. Et malgré cette indifférence des maîtres, la lecture du *Répertoire* montre qu'elle fait chaque jour des adeptes nouveaux.

Il s'est fondé à Paris un *Institut libre de médecine dosimétrique* qui compte déjà ses adhérents par centaines. Les pays étrangers ont suivi ce mouvement: il se publie à ce moment six journaux dosimétriques: un à Paris, le *Répertoire universel;* un à Madrid, un à Oporto, un à Turin, un à Londres et un à Bréda (Hollande méridionale). Le *Répertoire universel* tire à 12,000 exemplaires et se distribue à presque tous les médecins de France et de l'étranger. M. Burggraeve a publié, en outre, toute une bibliothèque dosimétrique sous forme de manuels. On voit que la publicité ne manque pas à la médecine nouvelle. Au mois de mai prochain, aura lieu, à Madrid, un congrès international de médecine dosimétrique que le gouvernement espagnol a pris sous son haut patronage.

Sans prendre aucun parti sur le fond même de la question, nous devions appeler l'attention de nos lecteurs sur une méthode de traitement qui présente une telle importance au point de vue de la théorie et qui annonce de tels succès pratiques.

IX

HYGIÈNE

Le végétarisme.

On nomme *végétariens* les individus qui s'abstiennent de manger de la viande. Ce nom est assez impropre, car ils ne se nourrissent pas uniquement de végétaux, et il est peu de végétariens qui ne fassent entrer dans leur alimentation le lait, le beurre, les œufs et le fromage, toutes substances d'origine animale. Mais tels qu'ils sont, les végétariens ont de tout temps formé une partie importante de la population du globe. Depuis la plus haute antiquité, les Indiens de la religion brahmanique se sont abstenus de manger aucun animal.

En France, la consommation de la viande, considérable chez les classes riches, augmente chaque année chez les classes ouvrières. En sens inverse, une réaction importante s'est produite dans les pays les plus carnivores, c'est-à-dire en Angleterre, aux États-Unis et en Allemagne. Dans ces trois pays se sont formées des associations dont les membres prennent l'engagement de ne plus manger la chair des animaux.

L'Angleterre possède actuellement trois associations qui ont fondé des restaurants où, pour une somme minime, on fournit à tout le monde un repas agréable mais dépourvu de viande. La *Food Reform Society* de Manchester compte trois mille adhérents. Chose assez curieuse, c'est dans notre pays que le végétarisme a fait jusqu'à ce jour le moins de progrès. Il est probable que cela est dû à la tournure positive de l'esprit français, peu disposé à accepter les arguments assez peu sérieux qui ont été mis en avant en Angleterre et aux États-Unis.

Les végétariens anglais ont formé une sorte de secte à allure sentimentale affirmant que l'homme n'a pas le droit de tuer les animaux. Se fondant sur cette raison, chaque sociétaire prend l'engagement de ne plus manger de viande. Les Français, gens pratiques quoi qu'on en ait pu dire, ont trouvé légèrement ridicules ces sectaires animés des meilleurs sentiments mais qui devraient, comme les Arabes, ne plus tuer leurs puces, sinon après trois sommations, s'ils voulaient pousser leurs arguments à la dernière rigueur.

On peut de plus expliquer le peu de succès des végétariens en France par un courant de réaction des esprits contre la doctrine de Broussais et par la prétendue généralisation de l'anémie.

On voit en effet partout aujourd'hui des anémiques.

Anémique veut dire « qui manque de sang ». A ces malades réels ou prétendus il faut donc donner du sang ; on voulut le prendre dans la viande, qui en contient. On a fait du sirop de sang, on a même bu du sang chaud, enfin on a pris des bains de sang, bien qu'il soit absolument démontré que le sang n'est pas du tout absorbé par la peau.

Puis on a fait manger aux personnes affaiblies non seulement de la viande cuite, mais de la viande presque rouge, enfin de la viande crue hachée qu'on dissimule par un assaisonnement, afin de détruire le dégoût qu'elle inspire. On a fait des élixirs de viande et d'alcool, et des préparations contenant tous les médicaments imaginables associés à la viande.

On comprend qu'en face de la crainte épidémique de l'anémie et de la croyance générale que cette maladie ne pouvait être guérie que par une nourriture animale, le végétarisme n'ait eu aucune possibilité de se propager en France.

Mais bientôt les excès de viande ont créé chez nous un autre danger. La goutte et les rhumatismes, fils de la bonne chère, ont reculé les limites de leur empire.

Il y a trois ans, un médecin français, fils et petit-fils de rhumatisants, rhumatisant lui-même, M. Hureau de Villeneuve, bien connu par ses travaux sur la navigation aérienne, leva l'étendard de la révolte contre la tyrannie de la viande de boucherie. Il supprima complètement toute viande de son alimentation. Les rhumatismes guérirent ; son appétit qui était languissant reparut, et sa santé devint excellente. Bientôt il réunit autour de lui un certain nombre d'adeptes et, au commencement de l'année 1880, il fondait la Société végétarienne de Paris, qui le nommait son président.

La nouvelle Société a dès l'abord modifié profondément la marche suivie par les sociétés qui avaient été fondées précédemment dans les pays étrangers. Afin de rester absolument sur le terrain scientifique elle a voulu éviter de former une secte. Pour cela elle ne demande à ses adhérents aucune promesse ; chacun est libre de vivre à sa guise, et la société s'est interdit absolument d'imposer à ses membres un mode d'alimentation quelconque. Elle diffère en cela des sociétés anglaises et allemandes, qui imposent à leurs adhérents l'obligation de se priver de viande.

Six mois après la fondation de la Société végétarienne, une dame anglaise, madame Algernon Kingsford, passait devant la Faculté de Paris sa thèse de docteur en médecine. Elle choisissait le *végétarisme* pour son sujet de thèse et présentait comme mémoire inaugural un travail très consciencieux, où elle recueillait les opinions d'un grand nombre d'auteurs sur l'alimentation végétale chez l'homme.

Enfin, au mois d'octobre dernier, M. Hureau de Villeneuve prononçait devant la Société végétarienne un discours où il présentait en quelque sorte le catéchisme scientifique de la nouvelle Société. Ce discours a paru, en janvier 1881, dans la *Réforme alimentaire*, bulletin de la Société végétarienne.

Il étudie d'abord les grands singes anthropomorphes qui ont les mêmes dents et le même canal intestinal que l'homme et qui sont absolument végétariens.

Puis il fait l'historique des conseils donnés par les médecins, et soutient que ce qui rend anémique ce n'est pas le manque de viande ; c'est le manque d'exercice, de grand air et de soleil. Les populations rurales, qui mangent beaucoup moins de viande que celles des villes, ou même n'en mangent pas du tout, sont pourtant bien plus vigoureuses. Cela tient à ce qu'elles se livrent à de rudes travaux au grand air, tandis que les citadins des classes riches prennent peu de mouvement et croiraient déroger en se livrant à un travail musculaire. Le travail manuel n'est cependant pas une peine, c'est une nécessité physiologique.

Pour qu'un organe se développe et prospère, il faut qu'il travaille. Notre tissu musculaire tend à disparaître quand on ne le fait pas assez travailler, quel que soit la quantité de viande que l'estomac ait ingérée, et, au contraire, le travail le ferait promptement reparaître.

L'auteur cherche ensuite à savoir si l'alimentation par la viande est indispensable à la production de la force musculaire.

Y a-t-il quelque raison de croire que si l'on ne mange pas de viande on ne pourra accomplir des travaux exigeant une grande force musculaire ? Il est certain que les ani-

maux qui supportent le plus longtemps la fatigue sont végétariens. Le bœuf, le cheval, l'éléphant, ne mangent que
des végétaux, bien que leur estomac soit très capable de
digérer de la viande, comme l'ont prouvé les expériences de
laboratoire. Les carnivores, comme le lion, le tigre et le
chat, peuvent développer pendant un très court espace de
temps une grande vigueur ; mais leur énergie ne dure pas,
et ils passent, couchés, la plus grande partie de leur existence.

M. Hureau de Villeneuve reconnaît qu'on a pu, par une
alimentation très chargée de viande, pousser les ouvriers
ainsi nourris à produire un travail plus considérable que
ceux qui ne mangent que du laitage, parce que les premiers absorbaient plus d'aliments nutritifs sous un volume
moindre. Mais il pense que les expérimentateurs qui ont
ainsi surmené leurs sujets d'expérience ne nous ont pas
dit quelles en avaient été dans la suite les conséquences sur
la santé.

Ce sont les aliments hydrocarbonés qui servent au développement de la force musculaire comme à la formation de
la chaleur. Fick et Vislicenus l'ont bien prouvé. Certes, on
ne peut pas dire que les aliments azotés soient inutiles dans
la production de l'énergie. Mais leur rôle n'est que secondaire.

Sans doute, si les substances azotées ne jouent dans la
production de la force qu'un rôle accessoire, elles sont cependant indispensables, car lorsque les globules du sang
et la fibre musculaire sont usés il est urgent de les remplacer. Mais les substances azotées ne se trouvent pas que
dans la viande. Beaucoup de produits végétaux, comme le
froment, le maïs, les pois, les lentilles, les champignons,
en contiennent des quantités importantes. Le fromage en
contient à poids égal plus que la viande. Il n'y a donc pas

lieu de se croire, par la diète de viande, privé des éléments nécessaires au renouvellement et à l'accroissement de la fibre musculaire.

L'année dernière, dans un travail considérable sur les rapports de la nourriture avec la production de l'urée, M. Paul Bert a démontré que dans la société moderne nous absorbons trop d'azote. Il pense que quatre grammes par jour suffisent pour la ration d'entretien d'un homme. La ration d'entretien représente habituellement chez les animaux les cinq douzièmes de la ration de grand travail. Nous arriverions donc à neuf ou dix grammes d'azote pour la ration de travail d'un manœuvre ayant un rude travail à exécuter.

Il est vrai que les physiologistes allemands ont trouvé dans l'urine des proportions plus grandes d'urée ; mais de ce qu'elles y existent, il n'en ressort pas que leur présence soit utile.

M. Hureau de Villeneuve soutient par des exemples célèbres que, pourvu qu'on prenne de l'exercice, on peut, sans manger de viande, être bien portant, fort, vigoureux, intelligent et brave.

Un grand nombre d'hommes connus pour leur énergie morale et leur force physique, ont suivi le régime préconisé par Pythagore. Plutarque, Newton, Bernardin de Saint-Pierre, Franklin, Montyon, qui ont vécu fort âgés, ne mangeaient pas de viande. Le président Lincoln, dont la stature était gigantesque, la force musculaire colossale, et l'énergie indomptable, était végétarien.

Les trappistes, qui ne mangent jamais de viande mais qui travaillent au grand air, sont renommés pour leur longévité. Pendant vingt-sept ans, on n'a pas observé à la grande trappe un seul cas d'apoplexie, d'anévrisme au cœur, d'hydropisie, de goutte, de gravelle ou de cancer.

D'autre part, M. Hureau de Villeneuve insiste sur les inconvénients du régime carnivore. Il parle d'abord des dangers des maladies parasitaires données à l'homme par la chair des animaux dont il fait sa nourriture, à savoir la trichinose, le tænia, et enfin le scorbut causé par les viandes salées.

L'auteur déclare ensuite que, dans son opinion, une grande quantité de cas de phthisie et de cancer sont communiqués à l'homme par les animaux qu'il mange.

En dehors des maladies parasitaires, le président de la Société végétarienne attribue d'autres maladies au régime carnivore. Ces maladies sont l'arthritisme comprenant le rhumatisme et la goutte, l'eczéma, la gravelle et les calculs uriques.

La musculine, qui forme le principe constitutif de la viande, est introduite dans notre tube digestif, où elle est dissoute, puis pénètre dans le sang, s'y modifie et est utilisée par les muscles, si ceux-ci ont pris de l'exercice ; sinon, elle est éliminée sous forme d'urée si le mouvement musculaire lui a fait absorber une suffisante quantité d'oxygène, ou en acide urique si l'absence de mouvement ou une disposition maladive n'en a pas permis une oxygénation aussi avancée. Or, l'urée est une substance soluble facilement éliminable par les urines. L'acide urique, au contraire, est bien moins soluble ; il se dépose sous forme d'urates, soit dans le rein, soit dans la vessie, pour former les calculs uriques et la gravelle, soit dans les articulations où il cause la goutte, soit enfin dans le tissu musculaire où il cause les douleurs du rhumatisme goutteux.

Les choses ne se passent pas de même chez les animaux herbivores. Au lieu d'acide urique il se produit chez eux de l'acide hippurique qui, étant plus soluble, est facilement éliminé.

La présence de l'acide urique dans le sang n'est donc pas indifférente à l'humanité.

L'alimentation animale qui a pu être tolérée sans de graves inconvénients par des hommes supportant de grandes fatigues, devient nuisible pour des personnes qui ne prennent pas d'exercice. Ce sont pourtant les gens des classes riches qui produisent le moins de travail musculaire et qui mangent le plus de viande.

On est plus raisonnable pour la nourriture des chevaux, car on proportionne avec soin leur ration au travail qu'ils ont à exécuter, non pas tant par économie que pour les conserver en bonne santé.

Une chose assez curieuse, c'est que pendant que beaucoup de médecins conseillent à presque tous leurs malades une alimentation très chargée de viande afin de leur reconstituer des globules rouges, les mêmes médecins envoient les mêmes malades aux nombreuses sources minérales alcalines dont le premier effet consiste dans la diminution de ces mêmes globules rouges.

Il y a là une inconséquence évidente, mais dont le résultat est très heureux pour les établissements thermaux, car on se demande ce que deviendraient Vichy et Contrexéville si tout le monde suivait le régime végétarien.

L'auteur étudie ensuite la filiation des maladies arthritiques et montre que le rhumatisme et la goutte se compliquent des affections organiques du cœur, lesquelles engendrent à leur tour un grand nombre d'autres maladies.

La goutte et le rhumatisme articulaire attaquent d'abord la membrane séreuse nommée synoviale, dont la souplesse et l'humidité facilitent le mouvement des articulations. Mais plus tard se prennent souvent les autres membranes séreuses, et notamment celles du cœur, l'endocarde et le péricarde.

M. Hureau de Villeneuve, s'appuyant sur l'autorité des docteurs Dock, Hahn et de beaucoup d'autres, affirme que le rhumatisme goutteux est parfaitement guéri par la privation de viande et la gymnastique au grand air et au soleil.

Il ajoute à ces affirmations son expérience personnelle, puisqu'il s'est ainsi guéri d'un rhumatisme héréditaire, et il engage les autres rhumatisants à l'imiter.

L'un des obstacles au progrès du végétarisme est la difficulté de varier le goûts des mets tout en ne se servant que des aliments végétaux additionnés de beurre, de fromage et d'œufs.

Cependant nous pouvons croire les végétariens, lorsqu'ils affirment que leur cuisine a autant de goût que celle des carnivores. La viande fraîche a par elle-même une saveur peu prononcée, et, pour lui donner du goût, on est obligé d'employer différents procédés.

On peut, soit lui faire subir un commencement de putréfaction comme pour le faisandage, soit la faire rôtir, c'est-à-dire, par un commencement de combustion, développer les produits pyrogénés dont l'odeur est agréable lorsque la combustion n'a pas été poussée trop loin, soit l'imprégner de créosote comme on le fait pour les viandes fumées.

On peut de plus donner à la viande un goût prononcé soit en l'imprégnant de substances odorantes, comme dans la marinade, soit plus simplement en l'additionnant de produits végétaux aromatiques connus sous le nom de condiments.

Au moyen âge, les seigneurs féodaux vivant enfermés dans des forteresses, se nourrissaient surtout de gibier. Mais le gibier est une nourriture dont l'usage prolongé amène des digestions pénibles. Aussi les seigneurs éprouvaient-ils le besoin d'assaisonner leur gibier avec des épices.

Mais les épices venaient d'Orient, et comme elles coûtaient fort cher, elles se vendaient chez les marchands d'or et d'argent qui portaient le nom de speciarii (de *species*, des espèces). C'est de speciarii qu'est venu le nom d'épices. Les épiciers modernes ne se doutent guère que leur industrie est le produit d'une réaction contre l'excès de la nourriture animale.

Les substances aromatiques employées en cuisine sont toutes d'origine végétale ; il est donc facile de donner à la cuisine végétarienne les saveurs les plus variées et les plus agréables.

Le 13 mars dernier, la Société végétarienne s'est réunie en un banquet dans un grand restaurant de Paris afin de démontrer que l'art illustre de la cuisine française peut sans déchoir supprimer la viande de certains de ses menus.

Les personnes invitées à ce banquet ont déclaré que la cuisine était excellente et qu'on était arrivé à ce résultat curieux d'imiter l'apparence, la couleur et le goût d'un rôt sans y faire entrer de viande.

L'expérience est sans doute amusante, mais elle est un peu enfantine, et elle n'a pas grand intérêt pratique en dehors des personnes qui vivent dans l'aisance.

L'ouvrier des villes qui mange habituellement une côtelette de porc frais ou un morceau de bœuf à son repas, pourra-t-il les remplacer par les mets raffinés qui ont été servis sur la table des membres de la Société végétarienne ? Pourra-t-il faire exécuter le pâté de cèpes truffé qui leur a été présenté ? Assurément non. Il faut donc en conclure que les conseils des végétariens, quelque bons qu'ils puissent être, ne pourront devenir utilisables que du jour où l'on aura établi dans Paris des restaurants végétariens analogues à ceux qui sont installés à Londres

Mais nous n'avons pas à nous occuper que des ouvriers.

Le régime végétarien est-il applicable à la nourriture des
soldats ?

La plupart des physiologistes anglais soutiennent que l'a-
limentation par la viande est indispensable à l'athlète et au
soldat. Ils soutiennent qu'un soldat nourri seulement de
végétaux manque de force et de courage. Ils affirment de
plus que si la nation britannique a conquis l'Inde, cela tient
à ce que les Anglais mangent de la viande et que les Hindous n'en mangent pas.

Les végétariens répondent à ces assertions qu'il est absolument faux que les Anglais aient conquis l'Inde en lan-
çant leurs soldats au combat. En effet, toute guerre dans
l'Inde est faite au moyen de troupes indigènes soutenues
seulement par un très faible effectif de soldats anglais et
surtout irlandais.

Il n'y a donc pas réellement lieu de faire honneur à la
viande de la conquête de l'Inde aux Anglais. Au contraire,
ils ont si peu montré dans l'Inde des qualités d'acclimatation, qu'aujourd'hui même ils ne peuvent s'y reproduire.
Tous les enfants anglais nés dans l'Inde doivent être en-
voyés en Europe avant la puberté ; sans quoi on est presque
certain de les voir mourir. Cela vient de ce que les Anglais
n'ont pas voulu adopter l'hygiène des pays qu'ils habitent
et que, vivant au milieu de gens à qui l'expérience a démontré depuis des millions d'années l'influence nuisible de
la viande sous leur climat, ils continuent à employer le même
régime alimentaire que celui qu'ils avaient adopté sous le
ciel brumeux d'Albion.

Soutenir que l'on ne pourrait être un bon soldat sans manger de la viande ne nous semble pas admissible. Les Spar-
tiates, qui étaient de vaillants soldats, se nourrissaient de
brouet noir. De nos jours, les troupes turques qui se sont si
vaillamment défendues contre les Russes sont d'une fruga-

lité étonnante et d'une incroyable résistance à la fatigue. Les Afghans, qui ont forcé les Anglais à évacuer leur pays, vivent d'oignons et de riz.

S'il était démontré que l'on peut, sans inconvénient, donner une nourriture végétarienne analogue au saucisson de pois employé dans l'armée allemande, on faciliterait beaucoup les approvisionnements.

L'alimentation des soldats par la viande présente un inconvénient évident. On prend dans la campagne des jeunes gens bien portants mais qui dans leur famille ne mangent de la viande que rarement. Ces jeunes gens prennent au régiment l'habitude de la nourriture animale, et quand ils rentrent dans leur pays, ils ne veulent plus se contenter de leur ancienne nourriture. Il en résulte une augmentation sensible dans le prix de leur entretien et, par suite, une augmentation correspondante dans le taux de la main-d'œuvre. Il en ressort une difficulté plus grande de résistance à la concurrence étrangère, qui écrase l'agriculture et l'industrie française.

Depuis quelques années on a reconnu en France l'utilité de la gymnastique pour relever la constitution des jeunes gens. Mais peut-on former des gymnastes sans leur donner une nourriture animale ?

Les athlètes de la Grèce dont la force et l'utilité brillaient aux jeux Olympiens ne mangeaient pas de viande.

Les Hébreux élevaient un certain nombre de jeunes gens chez lesquels ils voulaient développer une grande force musculaire et auxquels ils donnaient le nom de *nazirs*. Ces nazirs n'étaient nourris que de végétaux : l'un d'eux était le fameux Samson.

Les athlètes japonais, qui ont une très grande force musculaire, ne vivent guère que de riz.

Pourquoi donc les entraîneurs anglais exigent-ils des jockeys et des boxeurs une alimentation presque exclusivement animale?

Pour les jockeys la chose est facile à comprendre : il faut les empêcher d'engraisser, pour qu'ils pèsent le moins possible, et le régime de la viande est le meilleur pour arriver à ce but.

Quant aux boxeurs, il est aussi important qu'il n'y ait pas chez eux de graisse entre les muscles, les os et la peau. Ce que le boxeur doit surtout arriver à obtenir, c'est l'insensibilité aux coups de poing que lui donne son adversaire. S'il a de la graisse sous la peau, les coups produisent des ecchymoses qui deviennent douloureuses et empêchent de continuer le combat. Or, la peau ne produit pas d'ecchymoses quand elle n'est pas doublée de graisse; c'est donc moins pour obtenir une grande force musculaire que pour résister aux coups reçus que les boxeurs se nourrissent exclusivement de viande.

Les lutteurs japonais, au contraire, ne se battent pas à coups de poing ; ils cherchent seulement à se renverser en se poussant. Ils possèdent une notable proportion de tissu graisseux, mais ils se conservent vigoureux et en bonne santé.

Au contraire, les boxeurs et les jockeys sont dans un état constant de demi-surmenage.

Ils sont de bonne heure perclus de rhumatismes et arrivent rarement à un âge avancé.

Un charlatan nommé Bentink eut, il y a un certain nombre d'années, un grand succès en Angleterre pour un procédé d'amaigrissement qui consistait à ne manger que de la viande. Son succès ne fut qu'éphémère. Presque tous ceux qu'il avait fait maigrir furent pris de rhumatismes, et un grand nombre moururent de maladies de cœur.

Si la doctrine végétarienne venait à recruter des adhérents nombreux, il en résulterait, selon M. Hureau de Villeneuve, une influence sensible sur l'économie générale de l'humanité.

Malthus avait avancé que si l'humanité continuait à s'accroître en nombre, elle occuperait bientôt la totalité de la terre, et, manquant d'aliments pour tous ses membres, devrait aviser à une diminution dans la reproduction. Par suite des guerres, des épidémies et de beaucoup d'autres causes, nous sommes encore bien loin du moment prédit par Malthus. Mais, sans prévoir d'aussi loin, nous voyons tous les jours des hommes, des femmes, des enfants manquant d'aliments et exposés à mourir d'inanition.

Or, un hectare de terrain cultivé en céréales peut nourrir beaucoup plus d'hommes que s'il est employé à engraisser des bestiaux destinés à l'alimentation. Donc, si le régime végétarien venait à se répandre, on pourrait produire une plus grande quantité d'aliments sans augmenter la surface du terrain cultivé.

Les conclusions de ce travail, bien qu'empreintes de cette exagération optimiste sans laquelle on ne tente aucune réforme, nous ont paru mériter d'attacher l'attention de nos lecteurs. Une chose certaine, c'est que l'alimentation végétale, avec l'adjonction des substances animales d'ordre secondaire dont il a été question, peut être employée de façon continue, sans diminution de forces, sans péril pour la santé et sans autre inconvénient qu'une tendance à l'engraissement qui a souvent été remarquée.

X

CHIMIE

Alizarine et indigotine.

I

Après avoir énuméré les qualités de la garance, M. Schutzenberger écrivait en 1867 : « Il est permis de prévoir que les articles garancés formeront encore longtemps une des branches les plus intéressantes de l'impression· et de la teinture, et que cette précieuse rubiacée ne sera détrônée que par la découverte encore à faire de l'alizarine artificielle. » Le 14 décembre 1876, MM. Graebe et Liebermann prenaient leur premier brevet pour l'obtention de l'alizarine artificielle; la culture de la garance recevait un coup mortel au moment où la fabrication des ʻproduits qu'on en pouvait retirer venait de subir les plus grands perfectionnements.

Cette plante avait eu de longs jours de splendeur; originaire de l'Asie moyenne, elle avait été cultivée et employée par les Indiens, les Egyptiens, les Perses. On trouve encore des tentures, des meublés, des nappes d'une origine ancienne et dont la beauté des couleurs atteste que ces peuples avaient une connaissance parfaite de la teinture par la garance. Elle resta ensuite longtemps confinée dans le

Levant, principalement aux environs d'Andrinople, et ne fut qu'à une époque assez récente cultivée en France. Ce fut, suivant les uns, un Arménien catholique d'Ispahan, Joseph Althen, qui en introduisit la culture dans le Midi ; suivant d'autres, ce fut Charles-Quint qui la fit planter en Alsace, et Colbert dans le comtat d'Avignon.

En 1867, la garance était exploitée en France, dans les Deux-Siciles, la Toscane, la Turquie, l'Autriche, la Silésie, le Zollverein, l'Espagne, la Hollande, la Belgique, le Caucase, l'Algérie, les Indes orientales, l'Amérique. En France, trois espèces sont cultivées : la *Rubia tinctorium*, de beaucoup la plus importante, la *Rubia cordifolia* et la *Rubia peregrina* : les racines seules, appelées dans le Midi *alizaris* sont utilisées, la matière colorante y étant contenue en totalité. Les plus estimées de ces racines, celles qui proviennent d'anciens marais desséchés, portent le nom d'*Alizaris paluds* : leur chair rouge à l'intérieur les fait facilement reconnaître.

Aux environs d'Avignon, 800 kilos de racines humides, soit 200 kilos de racines sèches, étaient fournis en dix-huit mois par une culture de 6 ares ; le département de Vaucluse en livrait annuellement pour 25 à 30 millions de francs ; cinquante fabriques travaillant nuit et jour pendant huit mois trituraient quarante millions de kilogrammes d'alizaris.

. La matière colorante de la garance, l'*alizarine*, a été extraite pour la première fois en 1826, par Robiquet et Colin, de la garance d'Alsace ; elle cristallise en cristaux jaunes ou jaune rougeâtre qui ne se dissolvent qu'en très faible quantité dans l'eau en la colorant en jaune. Traitée par la potasse ou la soude, elle donne des dissolutions d'un très beau bleu violacé ; avec l'alumine, elle forme des laques rouges ou roses ; avec le peroxyde de fer hydraté, des laques violettes, lilas ou noires.

Dans la racine fraîche, l'alizarine ne se présente pas en liberté ; elle se trouve engagée dans une combinaison glucosique soluble dans l'eau (rubian ou acide rubérythrique) qui se dédouble facilement sous l'influence des acides, des alcalis ou de certains ferments solubles contenus dans la garance (érythrozyme).

Pour l'extraire on traite la racine grossièrement moulue par l'eau chargée d'acide sulfureux ; cet acide empêche l'action des ferments. Le liquide est chauffé à 50 ou 60 degrés ; il se dépose alors une matière voisine de l'alizarine : la purpurine ; on filtre et on fait bouillir ; l'alizarine se précipite. Le corps ainsi obtenu est purifié ; il y a un pouvoir tinctorial égal à 90 fois celui d'une bonne garance.

Que l'on se serve directement de l'alizarine ou de la garance, les tissus acquièrent une teinte également belle. Les laques offrent une couleur rouge très vive ou rose ou légèrement pourprée qui résiste à l'avivage, au savon bouillant et à l'acide nitrique faible, et sur laquelle la lumière n'exerce aucune action. Tout le monde connaît la beauté et la solidité du rouge d'Andrinople : c'est une laque d'alizarine dont il est facile de séparer cette substance, en traitant le tissu par l'alcool bouillant acidifié par l'acide sulfurique.

On comprend qu'un corps aussi beau et aussi important ait attiré depuis longtemps l'attention des chimistes. Un homme dont l'influence a été considérable en chimie organique, Laurent, avait émis l'idée que cette matière colorante dérive de la naphtaline ; il se fondait sur l'action que les agents oxydants exercent sur elle. L'alizarine se serait appelée l'acide oxynaphtalique. MM. Schutzenberger et Lauth préparèrent cet acide et obtinrent un corps qui ne ressemblait nullement à l'alizarine.

La théorie de Laurent reposait sur des idées inexactes, sur une erreur de composition et, partant, sur un faux mode de dérivation. Deux savants allemands, MM. Graebe et Liebermann, qui depuis longtemps préparaient la voie par leurs beaux travaux sur les quinines, démontrèrent que l'alizarine dérive non pas de la naphtaline mais de l'anthracène. Le 7 mars 1868, en traitant l'alizarine par la poudre de zinc à haute température, ils obtenaient l'anthracène. Ce procédé de réduction avait été appliqué pour d'autres substances par un chimiste qui devait faire plus tard la synthèse de l'indigotine, M. Bæyer.

Nous avons vu que c'est le 14 décembre 1868, c'est-à-dire quelques mois seulement après la découverte de la véritable composition de l'alizarine, que MM. Graebe et Liebermann prirent leur premier brevet pour l'obtention de l'alizarine artificielle. Le procédé consiste : 1° à convertir l'anthracène en anthraquinone en l'oxydant au moyen d'un mélange de bichrômate de potasse et d'acide sulfurique ; 2° à transformer l'anthraquinone en dérivé dibrômé ou dichloré ; 3° à soumettre ce dernier corps à l'action des alcalis ; on obtient ainsi la *dioxyanthroquinine* ou alizarine.

La synthèse de l'alizarine est une synthèse complète dont le point de départ est le carbone et l'hydrogène, M. Berthelot, en effet, en soumettant ces deux éléments à l'action de l'arc voltaïque, a obtenu de l'acétylène ; avec cet acétylène il a fait de la benzine ; or, le chlorure de benzyle chauffé à 200 degrés avec de l'eau donne de l'anthracène ; nous venons de voir comment de ce dernier corps on peut arriver à l'alizarine.

A peine sortie du laboratoire, la synthèse de l'alizarine s'est rapidement perfectionnée ; aussi des usines furent créées de tous côtés ; l'Allemagne en possède huit, la Suisse deux, l'Angleterre une, la France une, et cette usine que possède la France, celle de MM. Thomas frères, est établie au centre de ce même pays d'Avignon qui a été jusqu'ici le lieu principal de la production de la garance.

En 1875, ces usines produisaient journellement 3,500 kil. d'alizarine artificielle, production dans laquelle la France occupait du reste le dernier rang.

II

L'indigo naturel a dans l'indigotine, dont la synthèse a été complétée cette année par M. Bæyer, un ennemi moins redoutable que ne l'est l'alizarine artificielle vis-à-vis de la garance. Disons d'abord quelques mots de sa provenance et de sa fabrication.

Les plantes qui fournissent l'indigo sont très variées ; les plus importantes appartiennent à la famille des légumineuses et au genre *indigofera;* certains végétaux de nos climats peuvent donner cette matière colorante : tels sont l'*isatis tinctoria*, le *polygonum tinctorum*. L'*indigofera* *tinctoria* est originaire du royaume de Cambodge et du Guzzerat ; il est cultivé maintenant dans l'Indoustan, la Chine, l'île de Java ; les Espagnols l'ont transporté dans l'Amérique du Sud. Aux Indes, on le cultive dans des terres argilo-siceleuses bien labourées ; l'époque des semailles est influencée par celle des inondations, car non seulement la récolte doit être faite avant l'arrivée de l'eau, mais encore celle-ci est nécessaire en grande abondance pour l'extraction de la matière colorante.

En Chine, où toutes les cultures sont faites avec un soin si minutieux, on repique les jeunes plantes dans un terrain bien débarrassé de parasites, et les bourgeons floraux sont enlevés avant leur développement afin d'augmenter la croissance des feuilles.

L'indigotine, en effet, provient des feuilles ; elle n'y existe pas toute formée mais bien, comme dans la garance, à l'état de combinaison dans un glucoside incolore, isolé pour la première fois par Schunck, l'*Indican*, et c'est sous l'influence d'une fermentation spéciale que celui-ci se dédouble en *indigotine* et *indiglucine*. Au Bengale, dans les *factoreries*, lieux de production européens, voici comment on procède à l'extraction de la matière colorante.

L'indigo récolté dans la journée est réuni sur place en paquets, puis porté le soir aux cuves. Celles-ci, disposées en deux rangées d'une vingtaine chacune, sont construites en briques et revêtues de stuc; elles ont cinq ou six mètres de longueur et autant de largeur. On serre dans chaque cuve de la rangée supérieure une centaine de paquets, on y fait arriver l'eau du Gange et on attend neuf ou dix heures que la fermentation se produise; au bout de ce temps, on fait écouler l'eau dans les cuves inférieures où, dans chacune, douze hommes nus, pendant deux ou trois heures, se livrent, à l'aide de bambous, à un battage énergique du liquide; celui-ci se colore en vert-bleuâtre, et l'indigo entre en suspension à l'état de flocons. On laisse déposer et on décante l'eau en retirant des bouchons placés à différentes hauteurs; lorsqu'on arrive au dépôt, on le fait écouler dans des chaudières où on le porte à l'ébullition afin d'arrêter la fermentation; après un repos de vingt heures on fait bouillir de nouveau. Après cette opération, la bouillie est filtrée sur des toiles, puis pressée; la matière acquiert alors la forme de pains de la dimension des cubes de savon de Marseille; le séchage s'effectue à l'ombre, dans des bâtiments entourés d'arbres, puis l'indigo est envoyé à Calcutta, qui est le grand marché de ce produit.

Le rendement d'une cuve est assez variable; les deux limites sont 16 et 32 kil. Le Bengale à lui seul produit annuellement 4 millions de kilogrammes d'indigo.

Ce que nous venons de dire de cette fabrication ne s'applique pas aux méthodes indigènes ; outre que les Indiens ne se servent pas de procédés aussi perfectionnés, ils diminuent encore la valeur de leurs produits en les mélangeant avec des terres bleues.

Les indigos de Bengale fournissent les qualités les plus variées, depuis les plus pauvres jusqu'aux plus riches qui donnent sous le frottement de l'ongle un reflet cuivré ; les indigos de Java, peu riches en matières extractives, sont les plus recherchés pour la fabrication des carmins et la préparation de l'indigotine ; viennent après ceux du Guatémala. Rappelons maintenant quelques propriétés de l'indigotine.

Elle est insoluble dans l'eau ; aussi l'indigo ne peut-il être employé directement pour la teinture et est-on obligé d'avoir recours soit à l'acide sulfurique qui le dissout, — c'est la méthode employée pour la préparation des carmins d'indigo, — soit à un réducteur, comme le sulfate ferreux, qui le transforme en indigo blanc que l'on oxyde ensuite pour le ramener au bleu.

L'indigotine est volatile : on l'obtient facilement à peu près pure et sous forme de cristaux cuivrés en sublimant l'indigo du commerce. Ainsi, en étalant, comme le prescrit M. Dumas, de l'indigo en poudre au fond d'un têt à rôtir recouvert d'un autre têt semblable et en chauffant avec précaution, on trouve à la surface du résidu charbonneux une couche d'aiguilles entrelacées faciles à enlever à la pince et à trier.

Projetée sur le charbon, elle développe des vapeurs violettes qui rappellent celles de l'iode, et répandent une odeur aromatique agréable et caractéristique. Elle donne alors entre autres produits un corps qui est devenu la base de couleurs admirables : l'aniline.

Nous retrouvons encore Laurent au commencement de

la question de la synthèse de l'indigotine. En 1841, ayant oxydé l'indigotine, il obtint l'*isatine*. C'est de ce dernier corps que plus tard M. Bæyer partit pour essayer d'obtenir l'indigotine en lui enlevant de l'oxygène ; ses premières recherches n'aboutirent pas dans ce sens, mais elles donnèrent un résultat remarquable : la préparation de l'*oxindol* et de l'*indol* en partant de l'isatine.

Les essais reposant sur l'oxydation de l'indol donnèrent d'abord des résultats partiels. M. Nencki ayant mis en suspension dans l'eau un décigramme d'indol et ayant fait passer dans le liquide un courant d'air ozonisé, obtint un peu de bleu d'indigo. De l'indol absorbé par différents animaux donna dans les déjections une substance fournissant par l'oxydation une couleur bleue que M. Bæyer considère comme de l'indigo ; cette opinion est contredite par d'autres savants.

L'expérience de M. Nencki avait démontré qu'on pouvait faire de l'indigol, partant de l'indol ; ce dernier corps devint particulièrement intéressant ; on l'a cherché un peu partout et on l'a trouvé dans les produits de la fermentation pancréatique de l'albumine avec un rendement de 0,5 pour 100 du poids de cette dernière (Nencki et Frankiewicz) ; on l'a rencontré également, en petite quantité, dans les excréments humains à côté du *scatol*.

On comprend que les efforts des chimistes qui s'occupaient de l'indigotine se soient tournés vers la synthèse de l'indol ; elle fut effectuée pour la première fois, en 1869, par MM. Bæyer et Emmerling en .traitant par la potasse fondante, en présence de limaille de fer, l'*acide orthonitrocinnamique* dont nous allons reparler. En 1870, ces mêmes savants parvinrent à régénérer l'indigotine en réduisant l'isatine.

La synthèse de l'indigotine était dès lors une synthèse

complète, mais singulièrement compliquée ; grâce aux beaux travaux de M. Bæyer, accomplis dans ces dernières années, elle s'est beaucoup simplifiée. Nous allons décrire le procédé auquel est arrivé le savant allemand.

Le point de départ est *l'acide cinnamique*. Ce corps, retiré pour la première fois par MM. Dumas et Péligot de l'essence de cannelle, s'obtient en traitant celle-ci par l'hydrate de potasse à chaud. Il se forme du cinnamate alcalin qui, décomposé par l'acide chlorhydrique, fournit par l'évaporation des cristaux volumineux d'acide cinnamique. Aujourd'hui, cet acide s'extrait de certains baumes tels que le styrax et les baumes de Tolu et du Pérou, dans lesquels M. Frémy en a signalé le premier l'existence à l'état libre ou combiné avec les alcools cinnamylique et benzylique. Pour l'extraire du styrax liquide, on distille préalablement ce baume avec de l'eau qui entraîne le styrol, puis on traite le résidu par le carbonate de soude qui dissout l'acide cinnamique sans toucher aux résines. Ce procédé est très coûteux et ne pourrait devenir la base d'une fabrication industrielle d'indigotine ; heureusement, M. Bertagnini est arrivé à faire la synthèse de l'acide cinnamique en chauffant pendant plusieurs heures, dans des vases scellés, un mélange de chlorure d'acétyle et d'aldéhyde benzoïque ; cette préparation a conduit à une autre plus pratique, qui consiste à faire réagir le bichlorure de benzylidène sur l'acétate de sodium et qui est utilisée en grand par une usine badoise.

Une fois en possession de l'acide cinnamique, M. Bæyer le transforme en *acide orthonitrocinnamique* à l'aide d'acide nitrique fumant, en ayant soin de refroidir. Ce corps présente avec l'indigotine un rapport de composition très simple :

$$\underbrace{\frac{\text{Acide nitrocinnamique}}{C^9H^7AzO^4}} = \underbrace{\frac{\text{Indigotine}}{C^8H^5AzO}} + CO^2 + H^2O$$

M. Bæyer, ayant essayé d'obtenir la transformation à l'aide de l'acide sulfurique, obtint un corps bleu mais qui n'était pas l'indigotine.

Il faut d'abord transformer l'acide orthonitrocinnamique en dérivé dibrômé par l'action de la vapeur de brôme, lequel dérivé, traité par une solution de soude, donne un corps dont le nom, grâce à sa longueur, est pour les chimistes une véritable définition : c'est l'*acide orthonitrophénylpropiolique :* celui-ci, chauffé en dissolution alcaline, produit l'isatine avec un rendement de 86 0/0 du rendement théorique.

Si dans la dissolution alcaline et bouillante de l'acide orthonitrophénylpropiolique on ajoute une petite quantité de sucre de lait ou de glucose, le liquide se colore bientôt en bleu, puis il se forme un précipité composé de fines aiguilles bleues douées d'un reflet métallique rouge : c'est de l'indigotine.

On obtient ainsi un rendement de 40 0/0 de l'acide propiolique, au lieu de 68 0/0 ; la perte est due à la formation d'isatine.

Le procédé, on le voit, est encore assez compliqué ; de plus, dans le traitement de l'acide cinnamique par l'acide nitrique il se forme des quantités d'un acide isomère de l'acide *ortho*, l'acide *para*, ce qui équivaut à une perte équivalente d'acide cinnamique ; aussi l'avenir industriel de la synthèse de l'indigotine est-il peut-être dans des dérivés substitués de l'acide cinnamique qui ne pourront donner l'isomère *para ;* le brevet de M. Bæyer comprend la fabrication et l'emploi de ces corps.

Quoi qu'il en soit, la seule application industrielle de l'indigotine artificielle réside dans l'emploi que l'on peut faire du procédé qui consiste à développer la couleur sur la fibre même, en plongeant celle-ci dans une solution de propionate de sodium, de carbonate de soude et de glucose ; mais cet emploi est très limité, et l'avis des chimistes industriels est que le produit artificiel, quelque bruit qu'il ait fait, ne pourra jamais lutter avec le produit naturel. Celui-ci, en effet, est déjà une matière concentrée, ce qui n'est pas le cas de la garance ; de plus, il est relativement peu coûteux : le prix de l'indigotine extraite de l'indigo revient à 25 ou 30 francs le kilogramme et peut beaucoup baisser. Il en sera sans doute de l'indigotine ce qu'il en a été de l'orcine, dont la synthèse a été effectuée par MM. Vogt et Henninger ; le produit extrait des lichens revient à un prix assez peu élevé pour annuler l'influence industrielle du produit de laboratoire.

Cependant, aux yeux des chimistes, les mérites du savant qui a éclairci des points si obscurs de la science par ses admirables et patients travaux, n'en sont pas diminués, et c'est toujours avec satisfaction que nous enregistrons les conquêtes d'une science dont les théories sont si fréquemment consacrées par l'expérience.

XI

AGRICULTURE

L'Algérie : production des céréales ; le bétail ; la vigne.

Le congrès de l'Association française pour l'avancement des sciences a été, pour un grand nombre de Français, une occasion exceptionnelle de visiter l'Algérie, de se rendre compte de la situation de notre grande colonie et de l'avenir qui lui est réservé. De toutes les branches de la production, aucune ne contribuera autant que l'agriculture à la prospérité et à la richesse de l'Algérie. Il a déjà été beaucoup fait, mais il reste encore davantage à faire ; toutefois, la voie est ouverte, et ce n'est plus maintenant qu'une œuvre de développement à laquelle nous assisterons. Ce développement sera d'autant plus rapide, que déjà deux générations de colons ont donné l'exemple à la fois des entreprises dans lesquelles se trouve le succès, et des écueils à éviter.

Afin de bien se rendre compte de ce qui a été déjà fait, il faut se reporter à ce qu'était l'Algérie au moment de la conquête. L'ancienne civilisation romaine avait été complètement détruite d'abord par l'invasion arabe, puis par la domination turque. Aucune voie de communication n'existait ; des sentiers tracés par le passage des bêtes de somme permettaient seuls de se rendre d'un point à un autre ; les rivières étaient passées à gué pendant l'été, mais formaient le plus souvent des obstacles infranchissables pendant l'hiver.

Dans les plaines, presque partout des marais, tantôt couverts de broussailles épaisses, tantôt centres d'une vigoureuse végétation herbacée, mais toujours foyers pestilentiels semant la mort autour d'eux. Sur les montagnes, des forêts séculaires presque inexploitées, trop souvent détruites par le feu pour y chercher de maigres pacages pour les troupeaux des tribus nomades. L'Arabe est, en effet, le plus grand destructeur d'arbres qui existe; il a dénudé toutes les contrées où la loi du prophète l'a successivement entraîné. Mais il fallait manger : les indigènes cultivaient donc les céréales sur une assez grande échelle, surtout l'orge et le blé, cultures misérables consistant à gratter le sol avec un araire en bois et ne donnant que des résultats presque insignifiants.

L'aspect des choses a bien changé, surtout dans les grandes plaines du littoral. Deux des plus insalubres, celles de Bône et de la Mitidja, sont devenues, grâce à la valeur de leur sol, les parties les plus riches de la colonie. Par des travaux d'assainissement poursuivis avec courage, les fièvres en ont disparu. Par exemple, Boufarick, l'ancien tombeau des colons, est devenu une des villes les plus coquettes, les plus riches par l'agriculture, les plus agréables à habiter. Des routes ont été créées qui mettent en communication toutes les parties du pays; des chemins de fer commencent à le sillonner. L'Algérie est désormais douée de tous les outils de la civilisation.

En même temps, les colons prenaient possession du sol. Sur quatorze millions d'hectares que renferme le Tell, ils en occupent environ un million. Le reste est encore entre les mains des indigènes. M. Armand Arlès-Dufour, un des colons les plus habiles de la colonie, a donné au congrès de l'Association française (section d'agronomie), sur les résultats comparés des cultures des Arabes et des Européens, des renseignements intéressants que nous allons reproduire.

Les agriculteurs européens ensemencent annuellement environ 377,000 hectares de céréales, produisant 3,500,000 quintaux, soit 8 quintaux par hectare ; quant aux indigènes, sur les 10,135,000 hectares de domaine agricole qu'ils possèdent, ils ensemencent 2,570,000 hectares, produisant environ 14,500,000 quintaux, soit 5 à 6 par hectare. Le rendement moyen obtenu par les Européens dépasse donc de 3 quintaux en moyenne celui obtenu par les indigènes.

Sur l'ensemble du terrain cultivé, les colons entretien-

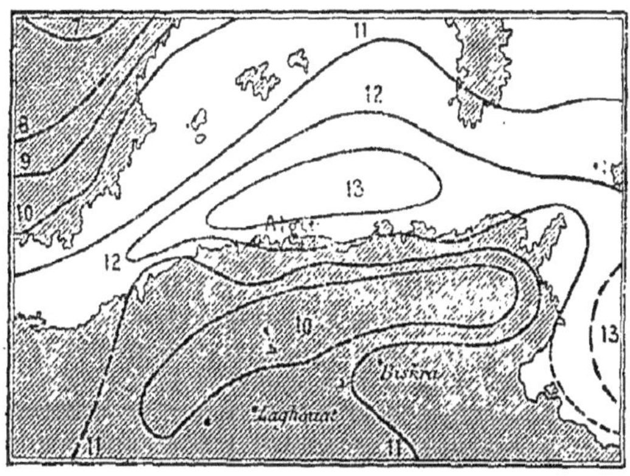

Carte des isothermes en Algérie (moyennes de janvier).

nent environ l'équivalent de 140,000 têtes de gros bétail du poids moyen de 300 kilgr., c'est un poids vif de 42 kilogr. par hectare. Quant aux indigènes, leurs troupeaux, en dehors des tribus nomades, forment l'équivalent de 1,100,000 têtes de gros bétail ne pesant pas plus de 250 kilogr., soit 27 kilogr. par hectare.

Chez la plupart des Européens, les céréales sont faites sur un seul labour, sur des terres qu'aucun assolement ne régit, sur lesquelles il n'est répandu qu'une très maigre fumure et qui, d'autre part, n'ont presque pas de repos, car, si de l'étendue totale on déduit les terres impropres à la

culture des céréales, celles en friche ou en cultures industrielles, telles que vignes, olivettes, tabacs, primeurs, etc.,
il ne reste pas la dixième partie pour les jachères.

Quant aux indigènes, la récolte s'obtient toujours au
moyen de leur ancien araire ; lors même qu'ils compren-
draient l'utilité du fumier, il leur serait impossible de faire
des fumures, faute de la stabulation la plus rudimentaire,
faute de moyens de transport qui leur manquent complètement. Par contre, la jachère y occupe une bien plus large
place, et c'est grâce à cette étendue de jachères que leur

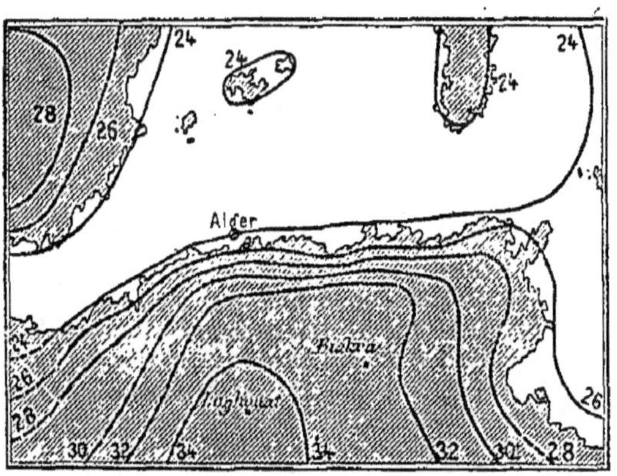

Carte des isothermes en Algérie (moyennes de juillet).

rendement, quoique très faible, se maintient au chiffre indiqué plus haut.

Il y aurait, comme on le voit, bien peu de chose à faire
pour que la production des céréales augmentât dans d'é-
normes proportions. Si les colons arrivaient à cultiver
comme la moyenne des agriculteurs français ; si les indigènes, sortant de leur apathie, adoptaient les pratiques actuelles, même les plus élémentaires des colons, le rendement des céréales augmenterait rapidement d'un tiers et
passerait de 18 à 24 millions de quintaux, dont 4 millions
au moins pourraient être annuellement exportés, et cela,

sans nouveaux défrichements, sans rien demander aux 5 à 6 millions d'hectares de bonnes terres qui, de l'avis des hommes les plus compétents, seront un jour appelés à donner du blé.

Les bons exemples ne manquent pas d'ailleurs. La liste des agriculteurs qui obtiennent des rendements bien supérieurs et dont les cultures sont dans une splendide voie de prospérité, s'accroît tous les jours. Le concours de la prime d'honneur qui vient d'avoir lieu dans la province d'Alger a mis un certain nombre de ces hommes d'élite en évidence. La plupart ont leurs exploitations groupées dans la grande plaine de la Mitidja et dans le Sahel d'Alger.

La prime d'honneur a été attribuée à M. Herran, à Boufarick ; même dans les parties les plus avancées de la France, il est impossible de trouver une culture mieux faite et mieux appropriée aux conditions du climat : 110 hectares de céréales, 37 de fourrages naturels et artificiels, 72 de vignes et 5 d'orangerie ; tout cela est admirablement soigné et donne de gros profits. Avec la culture est combiné l'engraissement des bœufs et des moutons arabes, achetés maigres aux indigènes et revendus ensuite soit pour la boucherie d'Alger, soit pour l'exportation.

A côté de M. Herran, il faut citer la belle culture de M. Gros, qui a donné une extension toute particulière à la culture des géraniums pour la fabrication des parfums. Cette industrie, qui donne de très gros profits, est essentiellement française. Introduite à Cheraga, il y a une trentaine d'années, par deux colons qui venaient du Var, elle a pris une rapide extension. Les feuilles du géranium donnent, à la distillation, une odeur qui ressemble tout à fait à celle de l'essence de rose véritable ; et même on emploie l'essence de géranium, sur une très grande échelle, pour falsifier l'essence de rose. 100 kilogr. de feuilles de géranium donnent environ 100 à 120 grammes d'essence, dont le prix est d'environ 150 fr. le kilogr. La culture du géranium est très répandue dans tout le Sahel. Les trappistes de Staouéli en cultivent 25 hectares, qui leur donnent environ 50,000 fr. de produits par an.

Il serait trop long de citer encore d'autres noms de colons de premier ordre. Mais il serait injuste d'omettre ceux qui, en faisant d'importants travaux de captation des eaux, ont donné la preuve des splendides résultats qu'on peut obtenir, sous le ciel algérien, par l'emploi judicieux de l'eau dans les cultures. Les uns se servent des eaux de source et les conduisent par des canaux dans des réservoirs, d'où ils les répandent ensuite suivant les besoins des cultures. On en trouve d'intéressants exemples, notamment chez M. Arlès-Dufour, à Oued-el-Alleng ; chez M. de Bonand, à la Zaouïa Medj Bar. Les autres vont chercher les eaux des nappes souterraines pour les répandre à la surface. C'est là la source de la richesse de la culture potagère des environs d'Alger. A Hussein-Dey, chaque maraîcher, indigène comme Européen, a constamment une mule ou un cheval attelé à la noria qui élève l'eau. Dans les grandes cultures, lorsqu'on a besoin de quantités d'eau importantes, la noria ne suffit plus : on a recours à des engins plus puissants, notamment à des pompes centrifuges. M. Debonno, à Boufarik, a fait une installation de ce genre qui peut servir d'exemple. La nappe d'eau étant à 20 mètres de profondeur environ, une pompe centrifuge l'élève jusqu'au sol et l'emmagasine dans un réservoir d'où des conduits en ciment la mènent sur les luzernes, dans les orangeries, sur les tabacs, etc.

L'emploi rationnel des eaux disponibles est d'autant plus important, que la sécheresse est un des plus grands fléaux que redoute l'agriculture algérienne. C'est sur les travaux d'aménagement des eaux que doit principalement porter l'attention des hommes soucieux de l'avenir de notre colonie. L'eau ne manque pas réellement, quoique depuis quelques années on constate une diminution des sources et un abaissement des nappes souterraines ; mais la plupart des fleuves et des rivières sont torrentiels ; ils coulent à pleins bords en hiver, puis sont à sec en été. Quelques barrages-réservoirs ont été déjà faits ; mais leur nombre est tout à fait insuffisant. Il faudrait en exécuter presque partout ; les sommes dépensées seraient rapidement retrouvées et augmentées par la richesse publique. Les esprits timides prévoient l'encombrement de ces travaux par la vase ; c'est un ennemi contre lequel il faut lutter, et les travaux poursuivis, notamment par M. Calmels, permettent d'espérer qu'on en arrivera bientôt à bout.

Les irrigations jouent un grand rôle pour les cultures de légumes frais qui ont acquis, depuis quelques années, une grande importance. Les primeurs d'Algérie, artichauts, pois, pommes de terre, les choux-fleurs et autres légumes frais, sont recherchés en Europe, et tous les grands marchés de consommation leur sont ouverts. En 1879, les exportations de primeurs de la colonie à destination d'Europe se sont élevées à 2,221,000 kilogrammes.

L'eau est enfin indispensable pour assurer des ressources fourragères suffisantes à l'alimentation du bétail ; une des grandes sources de l'infériorité de l'agriculture arabe, c'est de n'avoir jamais su faire de réserves de fourrages. Le bétail, entre les mains des indigènes, est élevé sans aucun soin et abandonné aux seules ressources de la nature. Aussi, qu'il s'agisse des bœufs ou des moutons, les animaux, s'ils sont particulièrement rustiques, n'atteignent jamais un poids élevé. Mais, sous l'influence d'une nourriture régulière, et grâce aux abris, ils se transforment assez promptement entre les mains des colons et ils s'engraissent assez rapidement. Aussi la principale spéculation des colons sur le bétail est-elle d'acheter des animaux maigres aux Arabes et de les engraisser pour les revendre pour la boucherie ou pour l'exportation.

Des tentatives nombreuses d'importations des races de bétail les plus précieuses d'Europe ont été faites à diverses reprises, particulièrement dans ces derniers temps. Les résultats acquis jusqu'ici ne permettent pas de formuler un jugement définitif sur leur succès ou leur insuccès. Des agriculteurs hardis ont fait et font encore des sacrifices considérables pour ces expériences. Ils auront, dans tous les cas, rendu service : s'ils réussissent, en dotant la colonie d'un bétail plus profitable ; s'ils ne réussissent pas, en donnant la preuve de l'impossibilité de tentatives de ce genre.

Il est toutefois une question qui paraît désormais jugée : c'est l'heureuse influence de croisements de la race mérinos avec les races de moutons indigènes. Les crêtes du Tell et les hauts plateaux du Sud forment d'excellents pâturages à moutons ; les indigènes les y élèvent par troupeaux presque innombrables. Mais ces moutons, élevés sans soin, sont hauts sur jambes, efflanqués, et ne donnent qu'une viande tout à fait médiocre ; en outre, leur laine mérite à peine ce nom. Mais si l'on donne aux brebis des béliers mérinos, une véritable transformation s'opère : les gigots se développent, le corps devient plus ample, et la laine prend une excellente qualité, sans que les animaux perdent rien de leur rusticité. La bergerie nationale, autrefois établie à Ben-Chicao, aujourd'hui transférée à Moudjebem, sur les confins du Tell et des hauts plateaux, a rendu à cet égard de véritables services. Depuis plusieurs années déjà, elle a lancé des béliers dans les tribus du Sud, et leurs produits en peuplent aujourd'hui les troupeaux. Il suffit de visiter le marché de Boghari, un des plus importants de cette région, pour constater le fait. Dans les mêmes lots, attachés à la même corde, sortant du même point du désert, on rencontre les indigènes purs mélangés aux métis-mérinos ; et si ceux-ci ont une valeur supérieure à celle de leurs compagnons, ils ne leur cèdent en rien en rusticité. Élevés de la même manière, ils résistent aussi bien à l'action du climat. Pour donner une idée de l'importance de la production du mouton en Algérie il suffit de rappeler que la colonie en a exposé plus de deux millions de têtes pendant les quatre dernières années, soit une moyenne de plus de 500,000 têtes par an.

A la bergerie de Moudjebem, l'administration de l'agriculture a récemment annexé une école de bergers. Dès la première année, l'école a compté trente-cinq élèves, la moitié européens et l'autre moitié indigènes. En même temps qu'on les initie aux soins raisonnés des troupeaux, on leur inculque des notions d'enseignement primaire, et surtout on apprend le français aux jeunes Arabes. C'est un établissement qui rendra de très grands services lorsque son installation sera complète et surtout lorsqu'on l'aura pourvu, par un barrage qui offre peu de difficultés à établir, de l'eau nécessaire pour assurer des récoltes dans les années de sécheresse. Si la production des céréales et du bétail a formé jusqu'ici le principal revenu de l'agriculture algérienne, il est une culture qui paraît devoir asseoir d'une manière définitive la richesse de la colonie : c'est celle de la vigne.

En 1860, la statistique accusait 5,500 hectares plantés en vigne ; en 1879, d'après les mêmes documents, on en comptait 20,000 hectares. Ce n'est certes pas exagérer que d'affirmer que depuis deux ans cette surface a plus que doublé. Quelque part que l'on aille, on ne rencontre que des colons plantant de la vigne. Les premiers viticulteurs donnent l'exemple avec ardeur, en doublant et triplant les surfaces qu'ils consacraient au précieux arbuste. C'est une véritable fièvre, qui est complètement justifiée par les heureux résultats obtenus. Il est, en effet, de notoriété publique qu'un hectare de vigne en rapport donne annuellement un produit brut supérieur à 2,000 fr.

Les premiers vins fabriqués en Algérie n'avaient qu'une médiocre réputation : fabriqués avec peu de soin, ils se gardaient mal et ils n'avaient que des qualités tout à fait inférieures. Tout cela est bien changé. Les plantations ont été faites avec plus de soin, en choisissant de bons cépages. La vendange a été surveillée de près, de même que les opérations de la vinification. Bref, aujourd'hui l'Algérie fabrique des vins de table ordinaires qui peuvent soutenir la comparaison avec les vins de même sorte, et elle possède des vignobles dans lesquels on fait des vins de choix qui acquerront certainement une grande réputation.

Afin de planter des vignes avec des chances sérieuses de succès il faut bien choisir son emplacement, de manière à se mettre à l'abri du siroco et de la gelée blanche, qui sont les deux principaux ennemis en Algérie. Il y a bien l'oïdium et l'altise ; mais on en vient à bout, comme en France, sans grandes difficultés. Lorsque le sol a été défriché, c'est-à-dire débarrassé soit des palmiers nains, soit des cystes, soit des autres végétaux qui le couvraient spontanément, on le défonce à une profondeur de 50 à 60 centimètres ; puis on plante les boutures de vignes, en lignes, en laissant un espace suffisant entre celles-ci pour faire les travaux de culture soit à la main, soit à la charrue. Le système de culture généralement adopté est celui du Languedoc ; d'ailleurs, un grand nombre de vignerons de nos départements méridionaux, chassés par le phylloxera, ont émigré en Algérie. Le prix de revient de tous les travaux préparatoires, jusqu'au moment où la vigne est en plein rapport, est au maximum de 4,000 francs par hectare. C'est donc un excellent placement que celui fait par le viticulteur.

Les cépages le plus généralement adoptés sont ceux du midi de la France : mourvèdre, carignane, aramont, alicante ou grenache, petit bouchet, etc. En vue d'obtenir des vins plus fins, certains viticulteurs ont planté des cépages de Bourgogne ou du Bordelais. A côté de Médéah, MM. Lépiney ont ainsi obtenu d'excellents résultats avec les pinots de Bourgogne ; dans la Mitidja, M. Herran a planté le cabernet-sauvignon du Bordelais, qu'il conduit suivant la taille Guyot et qui lui donne un vin de goût excellent ; à Kouta, M. Greliet fait des vins blancs secs et doux qui rivaliseraient avec les meilleurs crus du Roussillon ; les trappistes de Staouéli consacrent une partie des produits de leurs 230 hectares de vignes à faire des vins de liqueur qui ne manquent pas de valeur. La liste de ces exemples pourrait encore être rendue plus longue ; mais ce qui précède est suffisant.

Les faits qui viennent d'être exposés démontrent que l'avenir agricole de l'Algérie est plein des plus brillantes promesses. Les colons travaillent avec une énergie qui ne se dément pas, et le succès couronne leurs efforts. Mais ils sont encore trop peu nombreux. Le mouvement de la colonisation, surtout celui de la colonisation pourvue de capitaux suffisants pour exploiter le sol avec profit, n'est pas assez actif. Et cependant, les grands obstacles ont été surmontés ; il n'y a plus de déceptions possibles : le succès est certain pour les agriculteurs qui aborderont la terre d'Afrique avec les ressources que la science met aujourd'hui à leur disposition.

XII

THÉRAPEUTIQUE

Les esthésiogènes. — Le burquisme.

On a donné le nom d'*esthésiogènes* à une série d'agents récemment employés et qui ont la propriété de rétablir la sensibilité chez les malades qui en sont privés.

Nous devons tout d'abord étudier les conditions particulières où se trouvent placés les individus anesthésiques.

Dans bien des cas la sensibilité cutanée peut se trouver supprimée ou considérablement diminuée, et dans toutes les affections du système nerveux on rencontre une altération plus ou moins marquée de cette faculté. Pourtant, un certain nombre de maladies sont particulièrement compliquées d'anesthésie, de privation de sensibilité, et il faut en dire tout d'abord quelques mots.

Tous les êtres dont l'intelligence est considérablement abaissée ou diminuée perdent en même temps la délicatesse du tact. C'est ainsi que les aliénés ont souvent une sensibilité des plus obtuses ; on les voit se blesser, se donner des coups dangereux sans se plaindre. Certains martyrs rentraient à coup sûr dans cette catégorie de gens, et, s'ils supportaient de cruels supplices, ils étaient aidés certainement par leur anesthésie.

Les idiots, plus encore que les aliénés, sont privés de sensibilité. On en voit qui se brûlent sans s'en apercevoir, sans songer à se retirer. Esquirol raconte le cas d'une idiote de son service qui passait sa journée à s'écorcher le visage à ce point, qu'un jour elle réussit à perforer sa joue et à passer ainsi son doigt jusque dans sa bouche.

A la Salpêtrière se voyait, il y a quelques années, une fille imbécile, âgée de vingt ans environ, qui était sans cesse occupée à se frapper sur les ongles réunis au moyen d'un morceau de bois plat ; elle s'administrait sans répit ce petit supplice aimé des bons frères et qu'ils appellent la *patoche*.

Toute excitation intellectuelle vive atténue aussi la sensibilité, et les excitations religieuses plus que toutes autres. A côté des martyrs dont nous avons déjà parlé se trouvent de simples adeptes qui s'imposent à eux-mêmes certains supplices et qui, sans aucun doute, ne souffrent pas autant qu'on pourrait le croire ; quelques ordres religieux en sont encore au cilice et à la discipline. Au moyen âge, il y eut des processions de flagellants qui devaient être, eux aussi, de simples fous ; un certain Dominique, que ses contemporains appelaient l'*encuirassé*, arrivait, dit un écrivain ecclésiastique, à s'administrer jusqu'à quarante mille coups de discipline par jour pour racheter les péchés du peuple et apaiser la colère divine. On aurait bien de la peine à me persuader que ce Dominique sentait vraiment et que ce n'était pas tout simplement un aliéné de l'ordre des anesthésiques. D'ailleurs, de nos jours encore, le fanatisme religieux, de quelque source qu'il provienne, peut arriver à émousser la sensibilité. Les musulmans de la secte des Aïssaouas peuvent, après s'être violemment entraînés dans leurs cérémonies religieuses, en arriver à une insensibilité, à une anesthésie telle, qu'on les voit mâcher à belles dents des figues de Barbarie dont les épines leur traversent les joues, passer leur langue sur des barres de fer rouge, ou encore se faire serrer la taille dans un anse de corde que l'on tord avec un bâton, et cela jusqu'à perte de connaissance.

En résumé, dans la première classe des malades anesthésiques nous placerons les fous à tous les degrés, ou, pour mieux dire, les insensés.

Dans une deuxième catégorie il convient de ranger une série d'hommes qui, s'ils ne sont pas fous, ne sont pas loin de le devenir : ce sont les alcooliques. Tout le monde sait que les ivrognes sentent peu, qu'ils n'ont pas notion des grands chocs qu'ils subissent ou des coups qu'ils reçoivent. Cela est si vrai, qu'avant la découverte du chloroforme certains chirurgiens grisaient complètement leurs malades pour leur épargner un peu de douleur.

Ce que l'ivresse alcoolique crée pour un instant, l'habitude de l'alcool le détermine à jamais ; les alcooliques chroniques arrivent à être anesthésiques au point qu'on peut leur traverser les doigts, les bras, avec des épingles, sans qu'ils disent un seul mot, sans qu'ils poussent le moindre cri.

L'alcool n'est pas d'ailleurs le seul poison qui puisse supprimer la sensibilité ; le plomb, sous toutes ses formes, a la même action à un plus haut degré encore. Aussi les peintres en bâtiment, les cérusiers, et particulièrement les broyeurs de minium, sont-ils souvent frappés d'anesthésie.

Le cerveau est certainement le siège de la sensibilité, comme il est celui de la volonté et de la conscience; aussi toute cause qui vient léser cet important organe peut détruire la sensibilité. Quand une violente hémorrhagie cérébrale a lieu, la substance cérébrale est déchirée par le sang qui s'épanche; le patient est frappé d'apoplexie.

Il peut arriver que le siège de la lésion soit tellement vaste, que sensibilité, volonté et conscience soient à la fois annihilées, et que l'individu reste dans le coma, sans connaissance aucune.

D'autres fois, le foyer apoplectique sera très limité ; il pourra ne pas dépasser la partie antérieure de ce que les médecins appellent aujourd'hui la capsule interne du corps strié, et alors les mouvements de tout un côté du corps seront abolis, ou bien ce sera la partie postérieure de la capsule interne qui sera touchée, et la sensibilité sera alors détruite. L'hémorrhagie cérébrale aura produit une anesthésie organique.

Enfin une des causes les plus ordinaires de l'anesthésie c'est l'hystérie, cette affection dont on parle tant aujourd'hui parce qu'on ne la connaît bien en réalité que depuis peu de temps.

A ce point de vue, les hystériques sont les malades les plus anesthésiques que l'on connaisse, et la stupéfaction des gens du monde est grande quand on leur montre une de ces malades à qui il est possible de traverser le bras avec une longue aiguille de fer sans qu'elle sente ni ne dise rien. Cette anesthésie amène les conséquences les plus bizarres.

Exemple : une hystérique recousait son bas, qui était déchiré, sans s'apercevoir qu'elle passait en même temps les fils à travers la peau de sa jambe ; le soir il lui fut impossible de retirer son bas et il fallut qu'un médecin vînt couper et retirer les fils.

Une autre s'appuyait sur un poêle encore chaud et n'eut connaissance du danger qui la menaçait que par la fumée et l'odeur que répandait rapidement sa main qui grillait.

Généralement l'anesthésie est unilatérale et limitée juste par la ligne médiane du corps ; plus rarement elle est totale.

Toutes les fois qu'elle est unilatérale, elle s'étend à tous les genres de sensibilité, à tous les sens. L'ouïe est, de ce côté, très atténuée ; la vue est trouble et le champ visuel rétréci. Les couleurs ne sont plus perçues. Les hystériques voient tout d'une teinte uniforme, avec un aspect sépia, ce qui doit considérablement attrister leur existence ; elles sont, comme on dit, *achromatopsiques*. Tout au plus peuvent-elles apercevoir un peu le rouge. Aussi, est-ce leur couleur préférée et s'en couvrent-elles à tous propos.

Cette anesthésie des hystériques n'est pas chose nouvelle : elle a existé de toute éternité. Les hystériques, on le sait aujourd'hui, sont les anciennes possédées et les anciennes sorcières. Le signe principal de leur pacte avec Satan était précisément cette insensibilité ; c'était le sceau du diable, *sigillum diaboli*, qui leur avait été imprimé à leur première visite au sabbat. Les tribunaux ecclésiastiques recherchaient attentivement cette marque, la faisaient quelquefois rechercher par un médecin, et, dès qu'on l'avait trouvée, la lumière était faite et la condamnation au bûcher inévitable.

D'ailleurs, cette anesthésie qui avait fait condamner les sorcières leur devenait profitable un jour, et elles enduraient les plus horribles tourments sans un cri, sans un gémissement, quelquefois même en raillant leurs bourreaux et les inquisiteurs.

Aujourd'hui tout est bien changé, et il faut pénétrer jusqu'au fond des séminaires catholiques pour trouver des niais instruits croyant encore aux démons et aux sorciers. Oui, des livres spéciaux et récemment composés donnent encore maintenant à nos jeunes lévites exorcistes la nomenclature des divers diables qui peuvent entrer dans le corps de l'homme et les différentes paroles magiques qui servent à les en chasser.

Cette exposition un peu longue peut-être des cas où se produit l'anesthésie était utile pour que l'on comprît bien à quelle espèce de malades s'adressent les *esthésiogènes*, les procédés curatifs ou palliatifs de l'anesthésie.

Jusqu'en 1841 on ne savait pas faire cesser, fût-ce une minute, l'anesthésie d'où qu'elle provînt. C'est à un médecin français, à cette époque simple étudiant, à M. Burq, qu'est due la découverte des premiers agents esthésiogènes, les *métaux*. M. Burq reconnut en effet que l'application sur un point anesthésique d'une lame de métal suffisait pour ramener en ce point la sensibilité. Quand M. Burq annonça le fait et lui donna le nom de *métallothérapie*, sa découverte fut accueillie par un immense éclat de rire. Les médecins ne se donnèrent même pas la peine de contrôler les faits annoncés par M. Burq; ils les tournèrent en ridicule, ce qui est plus commode et plus rapide. La caricature s'empara même du sujet : on représenta les pompiers et les dragons faisant de la métallothérapie avec leurs pièces d'équipement, et les cuisinières anesthésiant leurs migraines en se coiffant d'une casserole.

Et pourtant Burq montrait à qui voulait que l'application d'une lame de cuivre sur la peau anesthésiée d'une hystérique y ramenait rapidement la sensibilité, la chaleur, la circulation : il n'y avait qu'à regarder pour voir.

Personne ne voulut regarder. Nos médecins français ont beaucoup de talent et de science; mais ils ont peu le temps de s'occuper de recherches, et ils n'aiment pas qu'un des leurs fasse quelque découverte qui le mette en lumière : un vieil auteur a dit : *Pessima invidia medicorum.* Le mot est encore actuel.

Donc, en 1851, Burq se trouva en butte à tous les sarcasmes, à toutes les railleries : il faut bien dire qu'il fit tout d'abord ce qu'il fallait pour les faire continuer.

Au lieu d'annoncer tout simplement le fait qu'il avait vu et qui à lui seul valait bien qu'on y prête attention, il amplifia tout d'un coup les conséquences qu'on en pouvait tirer et se posa en créateur d'une médecine nouvelle : la métallothérapie devenait une panacée universelle ; chacun répondait à un métal, avec son *idiosyncrasie* métallique ; pour un tel, le fer était un remède, pour tel autre c'était le cuivre, ou l'or, ou le zinc. Paracelse était ressuscité ; mais il tombait dans un mauvais moment.

Dans toute la période qui s'étend de 1851 à 1876, Burq continue donc à démontrer que les applications métalliques ramènent la sensibilité, et il essaye d'en induire une médecine nouvelle.

Il fallait à l'inventeur la consécration de sa trouvaille, et il s'adressait à toutes les sociétés savantes : l'Académie de médecine était particulièrement son objectif, et elle lui fermait régulièrement la porte. Un jour, il eut l'idée de demander à la Société de biologie d'examiner ses travaux ; on décida que des expériences seraient faites à la Salpêtrière sur les hystériques du service de M. Charcot, et Claude Bernard assista aux premiers essais.

Burq était sauvé ; on nomma une commission composée de MM. Charcot, Luys, Dumontpallier, qui s'adjoignirent bientôt des spécialistes, MM. Landolt, oculiste, Gellé, auriste, et P. Regnard, physiologiste. Pendant un an, ces messieurs se réunirent deux fois par semaine et répétèrent toutes les expériences de Burq. Ils virent que des applications de métaux sur la peau des hystériques y développaient rapidement une sensibilité intense ; bien mieux, chaque métal avait une action spéciale et n'agissait pas sur tel sujet, pendant qu'au contraire il se montrait des plus actifs vis-à-vis d'un autre. Enfin, chose curieuse, quand on avait rendu à un sujet la sensibilité d'un côté du corps, il l'avait perdue du côté opposé, de sorte qu'il n'y avait pas eu de gain, mais un simple transfert.

Les sensibilités spéciales suivaient la même loi ; les couleurs, par exemple, revenaient rapidement à l'œil auprès duquel une plaque de métal avait été placée, tandis qu'elles disparaissaient en même temps dans l'œil opposé et primitivement sain.

C'est là un des phénomènes physiologiques les plus extraordinaires qu'il soit possible ; il est aujourd'hui constaté partout. Les étrangers, les Allemands en particulier, sont venus en foule à Paris pour l'étudier, et ils le reproduisent d'une manière constante dans leurs hôpitaux. Malheureusement, quand la sensibilité est revenue, elle s'en va, et une heure après une application métallique, elle est tout à fait disparue et les choses remises en l'état.

Cela est vrai chez les hystériques, mais ne l'est pas chez tous les malades. Ainsi, chez les malades organiques, chez ceux qu'une hémorrhagie cérébrale a anesthésiés, une application métallique suffit pour ramener la sensibilité à jamais et sans transfert. Deux malades de ce genre ont recouvré leur sensibilité à la Salpêtrière en 1876 et l'ont encore en 1881.

Les alcooliques jouissent du même bénéfice. A un alcoolique de l'Hôtel-Dieu l'application de l'or rendit la sensibilité qu'il avait perdue depuis deux ans ; mais en même temps il recouvra une sciatique qui le tourmentait au moment même où il avait perdu le toucher et qui s'était apaisée naturellement. Deux ans après, le malheureux errait dans les rues de Paris ; il avait toujours sa sensibilité et aussi sa sciatique, et il ne se montrait que fort peu reconnaissant vis-à-vis du médecin qui l'avait *guéri*.

On chercha naturellement dans la commission de la Salpêtrière quelle pouvait être la cause première de l'action métallique. M. Regnard eut l'idée que la tension électrique développée par l'attaque des métaux au contact de la peau suffisait pour expliquer les effets des métaux. L'expérience le prouva. En faisant passer à travers le corps d'un anesthésique un courant très faible, on reproduisit tous les phénomènes de la métallothérapie.

L'électricité est donc un *esthésiogène*, elle aussi.

Bien mieux, elle agit à distance et par induction. MM. Charcot et Regnard les premiers (depuis, un grand nombre de recherches ont été faites sur ce point), MM. Charcot et Regnard virent qu'un courant placé près du bras d'une hystérique suffisait après quelques minutes pour rétablir dans ce bras la sensibilité absente.

De tous côtés les clameurs s'élevèrent ; on cria à la simulation en France ; en Angleterre, on parla d'*expectant-attention*. On prétendit que le fait même d'attendre longtemps la production d'un phénomène pourrait suffire pour en amener la production. Cette explication, dont le moindre défaut est d'être incompréhensible, fut acceptée par Carpenter et ses élèves.

Les expériences de la Salpêtrière ont absolument répondu à ces objections, on a placé successivement devant le bras d'une hystérique une série de barres de métal recouvertes de la même peinture ; une seule était aimantée, et ni la malade, ni les expérimentateurs ne la connaissaient ; or, c'est seulement quand celle-là était employée que le retour de la sensibilité avait lieu.

Bien mieux, on a mis autour du bras un solénoïde, une de ces bobines de fil métallique qui, animées par un courant, deviennent un aimant, mais qui sont parfaitement inertes si aucun courant ne passe. Dans ces conditions, la sensibilité ne revenait que si le courant passait ; personne ne le savait, car la personne qui l'envoyait était placée au loin et tout à fait invisible.

Si la malade avait été une simulatrice, elle eût été vite

prise au piège; si l'expectante attention avait été la cause des phénomènes, ceux-ci auraient dû se produire à tous coups.

Depuis, on a trouvé encore d'autres esthésiogènes : les vibrations rapides d'un diapason, l'eau très chaude ou glacée, agissent comme les métaux ou comme l'électricité. Les injections d'eau sous la peau font de même. Bien mieux, elles constituent une arme à deux tranchants et, en même temps qu'elles rendent la sensibilité, elles peuvent supprimer les violentes douleurs du rhumatisme et des névralgies.

En somme, les esthésiogènes constituent plutôt des curiosités expérimentales que des agents bien utiles à la thérapeutique; mais il ne faut rien dédaigner. Qui sait s'ils ne seront pas, un jour, couramment utilisés?

XIII

GÉOLOGIE

Le Sahara et l'époque glaciaire. — Les glaciers quaternaires et leur extension ; la mer glaciale. — Causes de l'époque glaciaire. — Le Sahara à l'époque quaternaire.

A la suite de missions et d'études dont il est inutile de rappeler l'objet et les suites retentissantes, on a acquis sur la constitution géologique, le climat actuel et passé du Sahara, des notions plus complètes et plus sûres. Il nous paraîtrait important de les résumer.. Mais si elles doivent marquer une étape dans le progrès de nos connaissances sur l'état et le passé le plus récent de ce côté-ci de notre planète, c'est évidemment par suite du rapport qu'elles ont eu et peuvent encore avoir avec les théories relatives à notre curieuse époque géologique dite époque *glaciaire*.

I

L'existence de l'époque glaciaire dont on connaît aujourd'hui le rôle si considérable, a passé longtemps pour obscure et même douteuse. Ce sont les blocs erratiques qui la firent d'abord soupçonner. Ces blocs, nombreux surtout dans le Nord, et qu'on ne trouve jamais sous la zone torride, sont des roches étrangères aux localités où ils gisent et reposent même sur des terrains récents, couches de sable ou marnes à coquilles d'espèces vivantes. Quelquefois arrondis, ils ont en général conservé des arêtes saillantes comme s'ils avaient été amenés doucement et sans choc. On a tour à tour attribué leur transport à un déluge de boue venu du Nord, à des courants marins, à un mouvement violent des mers déterminé par un changement de l'axe de la terre. Pour ceux qui se trouvaient pittoresquement situés dans les montagnes, on faisait intervenir de violents torrents ; c'était surtout le cas des blocs de granit des Alpes, éparpillés sur les roches calcaires de la chaîne du Jura. Mais justement la position de beaucoup de ces blocs dans des sites montagneux suggéra à Playfair, en 1802, une explication plus rationnelle, celle même qui devait, plus tard, être définitivement confirmée. Ce sont les glaciers, avança-t-il le premier, qui, minés en dessous par la chaleur de la terre, entraînés sur les versants par leur propre poids aussi bien que par les fragments de roches dont ils sont chargés, transportent des blocs pour en faire un rempart à leur limite extrême. Bien plus, étant allé en Suisse en 1816, il reconnut que les blocs de granit des hauteurs du Jura provenaient de glaciers qui descendaient autrefois des Alpes et passaient par-dessus le lac de Genève et les plaines de la Suisse.

Saussure, en 1803, avait déterminé la nature des moraines, amoncellements en murailles de pierres et de graviers, et déclaré que leur position était un signe certain du mouvement des glaciers. Il avait aussi observé que dans beaucoup de pays les rochers sont polis ou nivelés, avec de petites aspérités arrondies, qui le détermina à leur donner le nom de *roches moutonnées*, et que d'autres rochers sont couverts de stries et de sillons ayant des directions déterminées.

Mais c'est Agassiz qui découvrit que ces actions étaient dues
aux glaciers et qu'ils étaient également une preuve, la plus
directe peut-être et la plus péremptoire, de leurs lents et
irrésistibles mouvements. Et enfin, Collomb (1849), par la
présence et la quantité des dépôts connus sous le nom de
lœss jaune, si épais dans la vallée du Rhin, démontra leur
ampleur et leur durée. Ce lœss, vase fine emportée par les
ruisseaux, est en effet le produit de l'usure, « le produit de
la force qui fit les polissures et les stries ».

L'époque glaciaire fut ainsi d'abord envisagée comme
une prodigieuse et uniforme extension des glaciers. Agassiz
en a formulé la théorie absolue. Selon lui, les Iles-Britanniques, la Norvège et la Suède, la Russie, l'Allemagne, la
France, les montagnes de la Suisse et du Tyrol, et jusqu'aux
plaines de l'Italie, auraient constitué un seul champ de
glace. De même que sur l'hémisphère oriental, une couche
de glace dont la limite sud n'est pas certaine, se serait
étendue sur le grand continent de l'Amérique du Nord. Pendant cette période, toute vie se serait éteinte. En sorte
qu'elle aurait formé comme une séparation tranchée entre
l'*époque diluviale* et l'époque actuelle, entre le monde vivant de nos jours et les mondes antérieurs.

Ces vues ont trouvé des partisans jusque dans ces dernières années. Et certes, on est excusable de se tromper à
la suite d'un maître comme Agassiz. Il ne s'était d'ailleurs
pas complètement trompé. Il avait seulement été trop absolu.

L'époque glaciaire n'a eu ni cette ampleur terrifiante, ni
cette persistance implacable, ni cette uniformité qui ne
laisse de prise à aucune circonstance accidentelle. Du
moins, aujourd'hui, elle se présente moins comme un phénomène unique relevant d'une seule cause générale pour
embrasser simultanément toutes les régions de notre hémis-

phère, que comme une suite de phénomènes de détail avec mille variations secondaires et un ensemble très complexe d'actions lentement produites, avec bien des retours et des modifications locales.

D'abord, sans parler de la présence de débris d'animaux dans les couches synchroniques, on ne tarda pas à reconnaître que les blocs semés dans les plaines du nord de l'Europe ne pouvaient avoir été amenés là par des glaciers de terre ferme. Dès 1873, plusieurs auteurs admettaient, pour expliquer leur présence, l'intervention de montagnes flottantes de glace. Et, en 1845, sir Charles Lyell, fortifiant et généralisant cette opinion, en fit une théorie, celle qui attribua tout une série de dépôts connus sous le nom de *drift* à des transports par les glaces des mers polaires.

En 1822, Scoresby avait rencontré sous les 69e et 70e degrés de latitude nord cinq cents îles de glaces flottantes qui s'élevaient de 30 à 60 mètres au-dessus de la mer et portaient des couches de terre et des rochers de granit et de roches ignées dont il évalua le poids à 50 et 100,000 tonneaux.

Eugène Robert, qui prit part, en 1835, avec Charles Martins, à l'expédition française dans la mer Glaciale, vit, près du Spitzberg, dans le Bell-Sund, des montagnes flottantes de glace tellement couvertes de terre, que du vaisseau on les prit, dans le premier moment, pour des bancs de terre. Le vaisseau *Resolute*, envoyé pour chercher John Franklin, dut être abandonné au milieu de la glace, dans le détroit de Barrow, au mois de mai 1854. Lorsque le baleinier *Georges-Henry* le retrouva, en septembre 1855, il avait flotté avec la glace à une distance d'environ 250 lieues géographiques. Le géologue Robert Brown, accompagnant les marins pour recueillir de l'eau dans les creux des montagnes de glace, vit, au Groënland, des fragments de rochers tellement enfoncés dans les cavités, que du vaisseau on ne pouvait les apercevoir. Et, en 1867, à l'entrée du Weigat, il put admirer une montagne de glace chargée de blocs de la grandeur d'une maison. Dans l'hiver de 1838, la glace transporta dans l'île de Hochland, dans le golfe de Finlande, un bloc de granit de Finlande qui mesurait 14 pieds sur 7. Les habitants, familiarisés avec des transports semblables, ne furent étonnés que de ses dimensions.

Tous ces faits et bien d'autres plus anciens prouvaient que la mer, couvrant alternativement ou simultanément de grandes étendues de l'Europe du Nord, avait eu, frottant et accidentant le sol, ses effets semblables à ceux des glaciers. Dès 1846 d'ailleurs, Sven Loven en Suède, et Edward Forbes en Écosse, avaient démontré par la présence de dépôts coquilliers que la Scandinavie et les Iles-Britanniques avaient été couvertes en partie et environnées d'une mer glaciale.

Il était impossible, dans ces conditions, d'attribuer aux glaciers de terre ferme une extension illimitée et de généraliser leur rôle. Et l'époque glaciaire présentant des phénomènes différents semblait due à des causes multiples.

II

En conséquence, on étudia chacune de ses manifestations locales, chaque glacier dans ses mouvements, dans ses directions et dans ses limites.

En 1867, Charles Martins et Collomb déterminèrent l'étendue de l'ancien glacier de la vallée de l'Argelès, la principale vallée des Pyrénées. Ses restes se trouvent encore à son sommet, dans les grandes échancrures semi-circulaires des cirques de Gavarnie et de Froumouse. Il descendait jusqu'à Lourdes où de nombreuses moraines terminales se succèdent en larges demi-cercles depuis Peyrouse jusqu'à Adé. (Ces moraines ont été coupées de nos jours par les chemins de fer de Pau et de Tarbes.) Il avait donc une longueur de 53 kilomètres, et sa largeur d'après les blocs erratiques et les moraines latérales était de 850, 800, 600 et 412 mètres.

Il partait d'une hauteur de 3,000 mètres pour descendre jusqu'à 400 mètres au-dessus du niveau de la mer.

Il existe encore aujourd'hui dans l'Himalaya des glaciers plus étendus.

Collomb, en 1847, et Charles Grad, en 1872, ont dressé une carte de l'ancien glacier des Vosges. A l'ouest, dans la vallée supérieure de la Moselle, il se terminait à Longuet. Comme il partait de Hoheneck, il avait 40 kilomètres. Il était donc plus long, sur ce massif qui n'a plus de neiges persistantes, que le glacier d'Aletsch, près de la Jungfrau, qui est, d'après le docteur Kjerulf, le principal glacier des Alpes. Au sud, le glacier des Vosges s'arrêtait près de Giromagny après un parcours de 10 kilomètres. A l'est, il descendait vers Mulhouse sur une longueur égale.

On doit à Morlot (1857) une carte des anciens glaciers de la Suisse. Ils étaient au nombre de six principaux, qui sont, en allant de l'ouest à l'est : le glacier de la vallée de l'Arve, descendant du mont Blanc ; celui du Rhône, descendant du Saint-Gothard et du mont Rose ; celui de l'Aar, descendant des Alpes bernoises ; celui de la Leuss, descendant du Saint-Gothard ; celui de la Linth, descendant du Glarus ; celui du Rhin.

Ces glaciers eurent naturellement des périodes d'existence différentes, des temps d'arrêt, des décroissances et des recrudescences. Les anciennes fortifications de Berne ont été construites sur une des moraines qui marquent un des temps d'arrêt du glacier de l'Aar. Cette moraine a 100 pieds de haut.

Oskar Lenz a suivi, en 1872, les traces du glacier du Rhin. Il s'étendait à l'ouest jusqu'à Schaffhouse et, d'un autre côté, couvrant et dépassant le lac de Constance, jusqu'à Schussenried, célèbre gisement de l'époque du renne.

C'est surtout dans la Suisse actuelle qu'on a étudié les mouvements des glaciers. Dans cet ordre il faut citer l'ouvrage récent de Tyndall : *les Glaciers et les transformations de l'eau*. Ces derniers temps, en outre, MM. Chantre et Falsan ont plus particulièrement étudié (1880) le glacier du Rhône, qui s'étendait jusqu'au confluent du Rhône et de la Saône.

Les glaciers d'Italie sont descendus pour la plupart des mêmes massifs que les précédents. On en doit la carte à MM. de Mortillet (1860), Omboni (1861), etc., etc.

Des blocs erratiques, originaires du mont Rose et du Simplon, ont été transportés jusque sur la rive occidentale du lac Majeur, et des blocs du Saint-Gothard et du Saint-Bernard jusque sur la rive orientale du même lac. A l'ouest de Turin, on trouve des fragments du mont Cenis, et ils forment des remparts qui s'élèvent jusqu'à 330 mètres au-dessus de la plaine. Le fleuve de glace qui les a transportés avait donc un parcours de 80 kilomètres.

Ne pouvant donner de plus amples détails, nous passons aux régions du Nord, qui présentent des phénomènes plus complexes. Dans toute la partie occidentale du nord de l'Europe, notamment en Suède, en Écosse ou en Irlande, etc., on voit les stries produites par le frottement des glaciers jusqu'au bord de la mer. En sorte qu'on peut croire que le courant compact, continu, des glaces de terre ferme plongeait jusque dans la mer et lui fournissait des glaçons et ses blocs erratiques.

Au Groënland, un glacier glissant dans la mer, a pu strier le sol jusqu'à mille pieds au-dessous du niveau de la mer. Lyell a découvert, en 1853, que la glace, qui descendait jadis dans les fiords de l'Écosse y a produit les mêmes effets.

Le glacier de la Scandinavie a ainsi rayonné jusqu'aux rives méridionales de la mer Glaciale; du moins, bien que ses moraines frontales ou terminales se trouvent fort en deçà dans la mer ou, marquant la période du dégel, sur les côtes, il a envoyé des blocs de ses montagnes jusque sur ces rives. La ligne de celles-ci a été, grâce à ces blocs, à peu près complètement déterminée. Elle part de la province de Groningue, en Hollande, traverse la région à l'est du Zuyderzée, s'étend au nord et à l'est de la forêt de Teutberg, des montagnes du Weser et du Harz et, remontant de là vers le versant septentrional de l'Erzgebirge et du Riesengebirge, passe au nord de Cracovie. On la suit, après la courbe qu'elle fait autour des hauteurs de cette dernière ville, près de Kabuga et de Woronesh. Elle traverse ensuite le Volga au confluent de l'Oka, se dirige vers l'Oural, qu'elle ne franchit pas, et revient enfin vers le golfe de Tcherkaïa, à l'est de la mer Blanche.

III

Nous n'examinerons naturellement pas, nous ne passerons même pas en revue toutes les causes plus ou moins hypothétiques auxquelles on a attribué cette extension des glaciers et des glaces flottantes, prodigieuse encore, quoique moindre qu'on l'avait cru d'abord. La théorie qui la subordonne à des influences cosmiques et fait intervenir la précession des équinoxes en admettant des déplacements du pôle ou des changements dans l'excentricité de l'orbite terrestre, a encore des partisans [1]. Sans contester la valeur des faits sur lesquels on l'appuie, nous pouvons dire ici que les géologues se sont appliqués avec raison à découvrir le mécanisme des causes secondaires, ou, pour mieux dire, l'ensemble des conditions terrestres, locales, qui ont été dans un rapport évident avec les phénomènes glaciaires. On s'est ainsi tour à tour occupé de l'influence qu'a dû nécessairement avoir sur notre climat l'affaissement de nos terres septentrionales qui a permis à la mer Glaciale de s'avancer presque jusqu'au nord de la France ; de celle du rattachement de l'Europe méridionale à l'Afrique par une large bande dont la Sicile est un reste, etc. On a pu, de même, légitimement supposer que le *Gulf-Stream* n'apportait pas dans le nord son contingent de chaleur, etc. Enfin, on a également pensé que le courant de vent chaud qui nous vient du Sahara ne soufflait pas alors et n'entravait pas l'extension des glaciers des Alpes. .

Le Sahara passait, en effet, pour avoir été un fond de mer quaternaire. On ne pouvait pas expliquer autrement que par l'action des eaux de cette mer la formation de ces grandes dunes de sable.

Or, une série d'observations, dont quelques-unes remontent à 1863, viennent de démontrer que ces dunes sont de formation contemporaine et que leurs éléments proviennent de la désagrégation des roches sous les influences atmosphériques. Il en résulte assez clairement que le Sahara n'est point du tout un ancien fond de mer.

Les dunes ne forment qu'un neuvième de sa surface totale. A-t-il fallu des causes si puissantes pour en rassembler les éléments ?

1. Draper, *des Conflits de la science et de la religion;* Jules Déroche, *l'homme et les temps quaternaires au point de vue des glissements polaires et des influences précessionnelles.* (Une brochure in-8°. Paris, Germer-Baillère, 1881)

Il nous semble qu'en les rapprochant des phénomènes plus grandioses d'où sont provenus les déserts de l'Asie centrale on risquera moins d'en exagérer l'ampleur.

Pendant l'époque quaternaire, si des glaciers ne sont pas venus accidenter le sol au delà de l'Atlas et ménager son avenir en rompant l'uniformité de sa surface plate, il s'y est formé d'énormes dépôts : grès composés de grains de quartz roulés, mêlés de plus ou moins d'argile et cimentés par du calcaire concrétionné.

Les plus anciens de ces dépôts, d'après M. Pomel, « ne paraissent même pas s'être constitués sous des nappes permanentes, mais sous l'action de phénomènes qui trouvent peut-être leur similaire dans cette région des grands lacs de l'Afrique centrale, où les pluies tropicales font épandre les nappes liquides sur des surfaces immenses ».

Ils ont été l'objet d'érosions profondes qui ont donné lieu à une série complexe d'alluvions récentes ; masses énormes de sables et de graviers quartzeux laissées par les eaux en amont des grands bas-fonds.

Ce sont des masses de sables et de graviers qui, sous l'action de la sécheresse et des vents, ont donné naissance, à notre époque même, aux dunes du désert qui, en effet, recouvrent indifféremment atterrissement quaternaire, alluvions récentes et alluvions actuelles.

Le Sahara n'est donc un désert que depuis peu, relativement ; son desséchement se poursuit encore de nos jours. Il était habité il n'y a pas très longtemps. Il l'était aussi, — nous croyons qu'on en a des preuves, — à l'époque quaternaire. Mais s'il n'était pas occupé à cette époque par les eaux de l'Océan, il n'en valait pas beaucoup mieux pour notre période glaciaire. Il n'engendrait certes pas le siroco, et l'Europe méridionale pouvait quelque peu se ressentir de la privation de cette source de chaleur.

XIV

HYGIÈNE

Vaccination et revaccination.

I

Nous avons montré dans une précédente Revue [1] quels
ravages fait la variole et indiqué les mesures à l'aide desquelles la plupart des nations civilisées sont parvenues à
prévenir et à éteindre les épidémies varioliques. Au nombre de ces mesures se trouve la vaccination que la récente
discussion du projet Liouville a mise à l'ordre du jour et
qui, à ce titre, mérite une étude à part.

Les belles découvertes de M. Pasteur permettent d'expliquer scientifiquement l'action préservatrice de la vaccine. On sait que l'éminent expérimentateur a produit
artificiellement des vaccins du charbon et du choléra des
poules, lesquels vaccins inoculés donnent une maladie très
atténuée et préservent de la maladie mortelle en vertu du
principe de la non-récidive des maladies virulentes. De
même, le vaccin proprement dit se comporte comme une
variole très atténuée qui préserverait de la variole mortelle.

1. V. *Revue scientifique*, 3ᵉ année, p. 342.

Avant la découverte de la vaccine, on avait remarqué que l'inoculation artificielle de la variole donnait la plupart du temps une simple varioloïde sans gravité et conférait l'immunité à l'égard de la vraie variole. Cette inoculation de la variole, qui jouait le rôle de la vaccination actuelle, a été pratiquée de temps immémorial en Orient et en Occident.

Mais l'inoculation offrait des inconvénients graves : une fois sur trois cents elle donnait une variole mortelle, et, quand elle donnait une varioloïde, celle-ci étant contagieuse, pouvait engendrer des cas de variole mortels et propager les épidémies varioliques.

Avant Jenner on avait remarqué dans le Glocestershire que les garçons ou servantes de ferme qui, ayant aux mains quelque plaie ou gerçure, contractaient auprès des vaches la maladie appelée cowpox ou variole de la vache, étaient réfractaires à la variole humaine. Jenner eut l'heureuse idée d'inoculer le cowpox à l'homme et d'*humaniser* en quelque sorte cette variole animale, inoffensive en la transmettant indéfiniment de l'homme à l'homme. L'inoculation de la variole humaine, qui offrait quelque danger, fit donc place à l'inoculation de la variole de la vache qui, tout en ayant la même vertu préservatrice, ne présente aucun inconvénient pour la santé.

Avant la découverte de la vaccine, la variole était la maladie épidémique la plus meurtrière en Europe. « C'est, écrivait la Condamine en 1754, une maladie affreuse et cruelle qui détruit, mutile ou défigure le quart du genre humain. » Elle tuait le dixième de la population et plus du tiers des aveugles lui devaient leur infirmité.

La variole fut portée par les Espagnols au Pérou, où elle tua dans la seule province de Quito, 100,000 Indiens en une seule année, et au Mexique, où elle fit périr 4,300,000 habitants.

Au commencement du dix-neuvième siècle, à mesure
que la vaccine se répand la variole perd du terrain. Les
épidémies deviennent de moins en moins nombreuses et
de moins en moins meurtrières. Nous sommes obligé de
choisir parmi les centaines de statistique qui ont été faites
dans un grand nombre de localités à diverses époques, et
qui prouvent surabondamment les bienfaits de la vaccine [1].

En Suède, où la nouvelle méthode fut mise en pratique
avec vigueur, on fut trente ans sans être visité par la
variole. En Prusse, avant la vaccination, il mourait 40,000
varioleux par an. En 1817, après l'introduction de la
vaccine, il en mourut 3,000 seulement. Le district d'Ans-
pach (Bavière), qui perdait, en 1797-98-99, 500 varioleux
par an, grâce à la vaccination, n'eut pas un seul décès
par variole de 1809 à 1818. Si l'on compare les deux périodes de 1777 à 1806 et de 1806 à 1850, en se servant
des documents du Parlement anglais, on voit que l'introduction de la vaccine a réduit partout la mortalité annuelle
de la variole. En effet cette mortalité a baissé : en Bohème
de 2,174 à 215 ; en Moravie, de 5,402 à 255 ; en Silésie,
de 5,812 à 198 ; à Berlin, de 3,422 à 176 : à Copenhague,
de 3,128 à 286.

Actuellement, les épidémies de la variole qui éclatent
dans les tribus sauvages où la vaccine est encore inconnue
sont extrêmement meurtrières. L'épidémie qui règne en ce
moment aux îles Sandwich tue les malheureux Canaques
par centaines et, pour peu qu'elle continue quelque temps
encore, va presque dépeupler la grande île. De même, les
Esquimaux qu'attendait notre jardin d'Acclimatation et
qui n'avaient jamais été vaccinés, ont tous succombé à la
variole qu'ils avaient contractée en Allemagne.

1. Consultez à ce sujet *Monument a Jenner*, par le docteur Burggraeve
(Bruxelles, 1875)

Dans un même pays où la vaccine est acceptée par certains habitants et repoussée par d'autres, il est facile de constater que les premiers sont épargnés par la variole qui frappe les seconds. C'est ainsi qu'à Montréal (Canada), la mortalité par la variole est de un millième chez les protestants qui se font vacciner, et de un centième chez les catholiques qui rejettent la vaccine. De même, on a pu établir que dans les Pays-Bas et à Berlin, c'est justement la partie de la population comprenant le moins d'individus vaccinés qui a fourni le principal contingent à la mortalité variolique.

Dans les hôpitaux de varioleux on a toujours remarqué que les non-vaccinés succombent en bien plus grand nombre que les vaccinés. D'après le docteur William Gaylon, médecin à Homerton Small pox hospital de Londres, de 1871 à 1876 la mortalité a été de 8,7 p. 100 chez les vaccinés, et de 38,8 p. 100 chez les non-vaccinés. Le docteur Marson, médecin d'un des *Small pox hospital* de la même ville, a trouvé pareillement une mortalité de 35,50 p. 100 chez les non-vaccinés, et de 6,91 seulement chez les individus plus ou moins bien vaccinés.

Il n'est donc pas étonnant que les pays où la vaccination est obligatoire payent un tribu moins lourd à la variole que les autres pays. De 1868 à 1873, la mortalité par variole sur un million d'habitants a été de 1,349 en Suède, de 1,534 en Ecosse, de 2,219 en Bavière, de 2,376 en Anglegleterre, pays où la vaccination est obligatoire. Pendant le même laps de temps, en Hollande et en Prusse où la vaccination n'était pas obligatoire, la mortalité s'est élevée à près de 6,000.

A Paris, elle a été de plus de 8,000.

D'autre part, dans tous les pays où la vaccination a été rendue obligatoire, la mortalité due à la variole a considérablement baissé. Prenons la Suède, par exemple : la moyenne des décès varioliques par million d'habitants, qui était de 1,973 de 1774 à 1801 avant l'introduction de la vaccine, et de 479 de 1802 à 1816, pendant la période de temps où la vaccination était facultative, est tombée à 189 depuis que la vaccination y est obligatoire (1817 à 1877).

A Berlin, le chiffre des décès varioliques, qui était de 5,216 en 1871 et de 1,918 en 1872, grâce à la vaccination obligatoire est tombée à 23 en 1875, à 50 en 1876, à 18 en 1877, à 4 en 1878, à 5 en 1879.

La vaccination doit avoir lieu le plus tôt possible, car l'enfance est plus gravement affectée par la variole que tout autre âge. « Les dix premières années de la vie, dit M. Constantin Paul [1], fournissent 70 p. 100 de la mortalité par la variole et parmi ces dix premières années, les deux premières sont les plus chargées : elles donnent à elles deux de 36 à 48 p. 100, et la première année de la vie fournit 24 p. 100. » D'après M. Joanny Rendu, pendant l'épidémie qui a sévi à Lyon en 1875-76, tandis que le chiffre de la mortalité des adultes a été de 15,58 p. 100, celui des enfants soignés à la Charité s'est élevé à 45 p. 100. L'an dernier, la variole a tué à Paris 342 enfants de 0 à 1 an, et 260 de 1 à 5.

En Écosse, où la vaccination est obligatoire dans les six premiers mois, d'après les résultats consignés dans les rapports annuels du *Registrar* général, la mortalité par la variole, qui était, de 1856 à 1865, avant le vote de la vaccination obligatoire, de 310 pour les enfants de 0 à 6 mois et de 341 pour ceux de 6 mois à 1 an, de 1865 à 1872, grâce à la vaccination obligatoire, est descendue à 174 pour les enfants de 0 à 6 mois et à 49 pour ceux de 6 mois à 1 an. A Philadelphie, la vaccination est obligatoire dans les trois pre-

1. *La Variole considérée selon les âges, les sexes et les saisons* (Paris, 1870).

miers mois. « En cas d'épidémie, dit M. Husson [1], tout retard volontaire entre le premier et le deuxième jour de la naissance doit être considéré comme un délit. »

La vaccination obligatoire, en protégeant spécialement l'enfance, a eu pour effet de modifier la répartition des décès varioliques, ainsi que le prouve la statistique suivante, publiée par le docteur Lotz, de Bâle, dans son rapport sur la question de la vaccination, présenté au Conseil fédéral suisse au nom de la Commission sanitaire fédérale.

sur 1,000 décès de variole.

Étaient âgés de	A Genève, de 1580 à 1760.	En Bavière, de 1857 à 1875.
0 à 1 an	202	227
1 à 5 ans	603	36
5 à 10 ans	156	10
10 à 20 ans	26	23
20 à 30 ans	10	91
Au dessus de 30 ans	3	613
	1,000	1.000

Il n'y a absolument aucun inconvénient à ce que les enfants soient vaccinés à une époque très rapprochée de leur naissance.

Dans plusieurs services d'accouchement de Paris, on vaccine les enfants avant la sortie de leur mère, c'est-à-dire quelques jours seulement après leur naissance.

Comme toutes les découvertes utiles, la vaccine, avant de se répandre dans le monde entier, fut combattue par une opposition ardente dont elle finit par triompher. On commença par son efficacité, puis on prétendit que tout en

1. *Rapport à l'Académie de médecine sur les vaccinations pratiquées en France en 1840.* »

diminuant la mortalité variolique, en revanche elle accroissait celle des autres affections épidémiques : fièvre typhoïde, etc. Mais la statistique démontre qu'il n'y a aucun antagonisme de ce genre entre les fièvres typhoïde et la variole. C'est ainsi qu'en 1880 ces deux maladies ont sévi simultanément à Paris, où elles ont fait plus de victimes qu'à Londres. La variole, moins fréquente à Londres qu'à Paris, n'y a pas rendu les affections typhoïdes plus nombreuses.

On a été même jusqu'à soutenir « la dégénérescence de l'espèce humaine sous l'influence de la vaccine ». M. Bertillon [1] a réfuté cette thèse en montrant que depuis le siècle dernier la mortalité générale avait diminué en Europe en même temps que s'élevait la moyenne de la vie humaine. « On peut affirmer, dit M. Bertillon, que la vaccine si précieuse à l'enfance n'est funeste à aucun âge. De quelque manière qu'on interprète les documents, anciens ou nouveaux, français ou étrangers, généraux ou spéciaux à la ville de Paris, à l'armée, aux départements, on arrive à des conclusions foudroyantes pour les adversaires de la vaccine. »

La seule objection sérieuse que l'on puisse faire à la vaccine est tirée de la possibilité d'inoculer en même temps d'autres maladies contagieuses comme la syphilis, par exemple. Mais ces faits de transmission de maladies contagieuses par la vaccine sont extrêmement rares et d'ailleurs peuvent être facilement évités.

Depuis vingt ans que la vaccination obligatoire fonctionne en Angleterre, aucun cas de syphilis vaccinale n'y a été signalé.

Et qu'on ne dise pas que la loi sur la vaccination obligatoire est inutile parce que tous les enfants sont vaccinés

1. *Conclusions contre les détracteurs de vaccine.* (Masson, 1857.)

dans notre pays. En France, nombre d'individus ne sont vaccinés que longtemps après leur naissance. D'après une enquête faite par M. Blot, directeur du service de la vaccine à l'Académie de médecine, plus du quart des enfants vaccinés à l'Académie en 1877 avait de 6 mois à 1 an, un cinquième environ avait de 1 à 2 ans, 383 avaient plus de 2 ans, 91 en avaient plus de 5.

Un des bons effets de la loi sur la vaccination obligatoire sera de rendre nécessaire l'organisation de la vaccine dans notre pays où ce service laisse beaucoup à désirer.

Il y a en France seize départements, soit un cinquième environ, qui n'ont aucune organisation pour le service de la vaccine.

Nous n'avons pas d'établissements chargés de récolter et d'entretenir le vaccin. Une épidémie de petite vérole ayant éclaté à Puteaux en 1879, le maire de la commune chargea un commissaire d'aller en toute hâte chercher du vaccin à Paris. Mais il n'y avait de vaccin ni à la préfecture de la Seine, ni à l'Académie de médecine, ni à l'Assistance publique, et l'émissaire dut revenir les mains vides.

Il va donc falloir organiser le service de la vaccine dans notre pays, c'est-à-dire créer dans chaque centre important des établissements vaccinogènes, nommer des vaccinateurs publics chargés non seulement de vacciner, mais encore de choisir, de récolter, de conserver, de cultiver le vaccin. En Angleterre, la vaccination a lieu, de novembre à mars, au domicile de l'enfant.

Nous avons déjà parlé des différentes sources de vaccin. Le meilleur est sans contredit le cowpox, qui reste la plupart du temps ignoré, car les laitiers ne se soucient pas de faire savoir que leurs vaches sont malades. On pourrait encourager la récolte du cowpox au moyen de primes.

Le vaccin jennérien ou le cowpox humanisé est la source

à laquelle on puise le plus souvent. Il est démontré que la lymphe vaccinale jouit de son maximun d'activité au cinquième et sixième jour qui suit l'inoculation. C'est donc à ce moment qu'on devrait la recueillir pour faire de nouvelles vaccinations. Partant de là, on devrait vacciner tous les six jours et non par septenaire, comme on le fait habituellement, au risque de récolter du vaccin dégénéré.

Une troisième source est fournie par le vaccin animal artificiel. Vers 1825, le docteur Galbiati, de Naples, eut l'idée de cultiver le cowpox en le transmettant à des génisses qui, une fois leurs pustules cicatrisées, étaient livrées à la boucherie. En inoculant une génisse toutes les semaines, il avait une source de vaccin animal qui ne tarissait jamais.

Depuis cette pratique s'est généralisée.

En 1863, le docteur Lanoix, de Paris, a ramené de Naples une génisse inoculée et a entretenu constamment du vaccin en inoculant une génisse chaque semaine. Le docteur Warlomont, de Bruxelles, ayant obtenu du docteur Lanoix une génisse inoculée a pu à l'aide d'inoculations successives conserver du vaccin animal depuis 1865.

Il y a encore d'autres sources de vaccin, comme le horsepox, par exemple. En 1879, M. Trasbot, professeur à l'École d'Alfort, a démontré que la *gourme* des jeunes chevaux est le plus souvent une éruption vaccinoïde. La même année, il a inoculé une vache avec de la sérosité puisée dans les naseaux d'un cheval gourmeux, et, cinq jours après, il avait huit magnifiques pustules avec lesquelles une sage-femme d'Alfort a vacciné plusieurs enfants.

D'après M. Trasbot, le porc serait un bon terrain pour la culture du vaccin. La chèvre pourrait aussi être une source de vaccin, ainsi que le prouve le passage suivant d'une lettre du docteur Heydeck, datée de Madrid, en 1804 :

« Le roi a fait inoculer tous les enfants trouvés avec le *gartpoek* (variole de chèvre) et cela a réussi. »

La place nous manque pour parler des divers procédés de conservation et d'inoculation du vaccin. Contentons-nous de dire que le nombre des inoculations exerce une influence certaine, ainsi que le prouve la statistique suivante du docteur Marson, médecin d'un des small pox hospital de Londres, qui porte sur 6,000 cas de variole :

Non vaccinés............................	35 50 p. 100
Vaccinés mais sans cicatrices..............	21 75 —
Présentant une cicatrice bien marqué......	4 25 —
id. mal marquées.....	12 —
Deux cicatrices bien marquées...........	2 75 —
id. mal marqué.......	7 25 —
Trois cicatrices.........................	1 75 —
Quatre cicatrices ou plusieurs.............	0 75 —

II

Il est bien démontré aujourd'hui que la puissance préservatrice du vaccin a une durée limitée. Nous n'en voulons pour preuve que la statistique du docteur Lotz, que nous avons publiée plus haut et qui prouve que l'immunité variolique communiquée par le vaccin, diminue à mesure que l'on s'éloigne de l'époque de la première vaccination. La variole, de maladie enfantine qu'elle était au siècle dernier, est devenue une maladie de l'âge adulte, qui frappe surtout les individus de 20 à 40 ans ; tous les statisticiens sont d'accord sur ce point. Dès lors, il est tout naturel qu'après avoir préservé les enfants en les vaccinant, on songe à sauver les adultes en les revaccinant.

Grâce à la revaccination, qui est obligatoire dans l'armée prussienne de 1834, cette armée, qui avait perdu par an, de 1825 à 1834 cinquante-cinq hommes par la variole, n'en a perdu que onze de 1835 à 1874, soit cinq fois moins. En 1870-71, la mortalité par la variole s'est élevée, dans l'armée de Paris, à 6,700 p. 100, tandis que les Allemands vaccinés et revaccinés ne perdaient que 284 soldats sur un effectif de 914,000 hommes, soit 2.58 par 10,000 ou 334 fois moins. Depuis cinq ans que nos soldats sont revaccinés à leur entrée au corps, les ravages de la variole ont cessé dans notre armée.

C'est ainsi que d'après les recherches de M. Bertillon, pendant le premier semestre de 1880, tandis que la population civile de Paris a fourni 1,519 décès par variole, la population militaire n'en a fourni que 3.

La revaccination peut non seulement prévenir l'explosion des épidémies mais aussi arrêter leur marche. « La pratique salutaire de la revaccination, dit M. Blot, a pu maintes fois arrêter sur place la marche du fléau. » — « Il n'est pas d'année, dit M. L. Colin, professeur au Val-de-Grâce, où les relations des médecins des départements et de l'armée ne démontrent l'arrêt des épidémies de variole par la revaccination en masse des groupes menacés. »

D'ailleurs, voici deux faits très probants à l'appui de cette opinion. A Venise, durant le siège de 1848-49, la variole décimait la garnison composée de 20,000 hommes. Le docteur Angelo Minich fit pratiquer dans toute l'armée une revaccination générale, et l'épidémie cessa. En 1871, un incendie dévora une grande partie de la ville de Chicago et laissa sans asile 100,000 habitants qui furent logés dans de vastes baraquements. En octobre, avant l'incendie, il n'y avait dans toute la ville que huit cas de variole; en novembre, il y en avait 68, en décembre 223. D'octobre 1871 à la fin de 1873, il y eut 5,440 individus atteints par la maladie sur 335,000 habitants. A ce moment, dit le docteur Etheridge, on fit une revaccination générale : en 1874, il n'y eut que 313 cas, et, en 1875, onze seulement dont un mortel.

Étant donné que l'immunité communiquée par la vaccine est temporaire, il importe de connaître sa durée afin de pouvoir fixer les âges auxquels la revaccination doit avoir lieu. La statistique, en nous indiquant les âges qui sont les plus frappés par la maladie, permet de résoudre la question. « A Paris, dit M. Constantin Paul, de 1842 à 1851 on a trouvé pour 1,000 décès 338 nouveau-nés, 59 individus de 0 à 5 ans, 183 de 10 à 15, et 329 de 15 à 25. » De même, si l'on examine la répartition par groupe d'âges des 2,233 décès qui ont eu lieu à Paris au cours de l'année dernière, on voit qu'il y a eu 342 décès de 0 à 1 ans, 260 de 1 à 5, 112 de 5 à 15, 926 de 15 à 35. Il y a donc une recrudescence de mortalité qui se fait sentir dès l'âge de dix ans et qui prouve que la durée de l'immunité ne dépasse pas dix années. Pour protéger les individus de 10 à 20 ans qui payent un tribut si considérable à la variole, il importerait de soumettre à la revaccination les enfants de 10 à 12 ans. C'est ce qu'a fait la loi allemande dans un de ses articles, qui est ainsi conçu : « La revaccination est obligatoire pour tout écolier et doit s'opérer pendant l'année où il a atteint la douzième année de son âge, à moins cependant qu'on puisse prouver que cet enfant a eu la petite vérole dans les cinq dernières années ou qu'il a été revacciné. »

Quant aux hommes de 20 à 30 ans, ils sont en partie protégés par la revaccination des recrues, qui se pratique réglementairement dans l'armée.

Certaines législations étrangères prescrivent la revaccination obligatoire en temps d'épidémie pour tous les habitants des maisons infectées. A Genève, à Athènes, la vaccination ou revaccination est prescrite à tous les habitants d'une maison infectée s'ils ne prouvent avoir été vaccinés avec succès dans les sept années précédentes. La même chose a lieu à Philadelphie, où le médecin vaccinateur du quartier passe dans chaque maison. A Bruxelles, dès qu'un cas de variole est signalé, la vaccination est pratiquée aussitôt et d'office chez les parents et les proches voisins du malade par les soins du médecin chargé de la surveillance hygiénique du quartier. Quand une famille indigente refuse de se soumettre à l'inoculation vaccinale, elle est privée des secours de la charité officielle.

On sait que dans certains pays l'autorité a des droits plus étendus : apposition d'un écriteau indiquant que la variole règne dans la maison, isolement du varioleux qui peut même être transporté dans un hôpital spécial, désinfection de l'appartement et des objets contaminés. Grâce à ces mesures que nous serons bien forcés d'adopter un jour, certaines nations ont pu se mettre pour toujours à l'abri des épidémies de variole qui continuent à sévir chez nous et nous tuent plusieurs milliers d'individus chaque année.

En résumé, la vaccination et la revaccination obligatoires sont le minimum des mesures à prendre contre la variole. Chose curieuse ! la loi qui vient d'être discutée en première lecture a été combattue surtout par les députés de la droite, comme si la variole faisait partie des institutions monarchiques et religieuses de l'ancien régime. « Nous allons être la risée du monde entier », s'est écrié M. Keller. Le député catholique ignore sans doute que toutes les nations de l'Europe nous ont devancés dans cette voie, à l'exception de l'Italie et de la catholique Espagne.

L'Académie de médecine, dont M. Larrey voulait absolument connaître l'avis, vient de se prononcer en faveur de la vaccination obligatoire.

M. B. Raspail, qui a parlé d'une ligue contre la vaccination en train de se former en Angleterre, ignore sans
doute que les organisateurs de cette ligue toute religieuse
sont des fanatiques qui professent que combattre un fléau
de Dieu comme la variole c'est aller à l'encontre des dessins de la divine Providence.

Nous comptons bien que les Chambres françaises repous-
seront cette croyance fataliste qui rapproche certains Européens des Asiatiques. Il ne faut plus qu'on puisse dire
de nous ce que le docteur Brestschneider dit des Chinois :
« Les Chinois n'ignorent pas que la variole est contagieuse ;
mais l'indolence qui les caractérise fait qu'ils ne prennent
pas de mesures pour limiter du moins les ravages de la
maladie.»

XV

ETHNOGRAPHIE

Les indigènes du nord de l'Afrique ou Berbers. Leur langue ; époque reculée de leur apparition dans l'histoire. Récents travaux sur leurs caractères, leurs origines et leur histoire.

Il y a quelques années, notamment depuis les publications du général Faidherbe, on se croyait généralement fixé sur ce que sont les Berbers, sur leurs origines et leurs affinités anthropologiques. Après les discussions qui viennent d'avoir lieu un peu partout, à la suite du dernier congrès de l'Association française pour l'avancement des sciences, on peut se demander s'il ne serait pas utile de reviser tous les travaux anciens qui les concernent pour raffermir sinon amender nos certitudes quelque peu ébranlées.

I

Le premier caractère distinctif des Berbers, celui sur lequel on a établi leur individualité ethnique, est leur langue. Cette langue, divisée d'ailleurs en nombreux dialectes, s'étend, bien que de nombreuses tribus l'aient abandonnée pour l'arabe depuis moins de mille ans, de l'Égypte à l'océan Atlantique et de la Méditerranée jusqu'au Soudan. On lui reconnaît en général des affinités avec l'égyptien et les langues sémitiques, surtout l'arabe. On lui en a vainement cherché au contraire avec le basque.

D'autre part, M. Prüner-bey a reconnu qu'il existait des relations ostiologiques entre certain type égyptien et le type de ceux qui parlent le berber.

On a donc tout d'abord attribué aux Berbers une origine sémitique. Les auteurs compétents l'ont toujours contestée. Nous pouvons citer parmi eux des linguistes, et même le plus autorisé dans la matière, M. Renan. Mais des faits frappants venaient la confirmer. Ainsi, dans les îles Canaries, où les noms de lieux et de populations sont berbers, feu M. Berthelot a signalé des monuments qui témoignent de l'existence, dans ces îles, à une époque plus ou moins reculée, du culte sémitique du bouc (*Rev. d'anthr.*, 1878).

Dans son récent ouvrage : *les Peuples d'Afrique* [1], M. Robert Hartmann admet l'existence d'un lien entre les anciens Égygtiens et « la grande famille libyenne du nord-ouest de l'Afrique ». « J'ai consacré, dit-il, des jours entiers à l'étude des habitants du Magreb, c'est-à-dire des cavaliers libyens de Bulack, et j'ai remarqué, parmi ces beaux soldats du gouverneur égyptien, beaucoup de physionomies que j'avais rencontrées dans les villes égyptiennes et les campagnes des environs du Caire. C'est surtout dans les riches bazàrs tunisiens du Caire que j'ai été frappé de la ressemblance du type du jeune Magreb avec celui du jeune fellah. Le même fait attira mon attention chez les turcos que je vis à Paris en 1867 et en Allemagne en 1870-1871. La conformation du crâne des Libyens et des Égyptiens confirme notré opinion. »

Mais en même temps M. R. Hartmann observe que « les philologues ne nous ont pas encore suffisamment éclairés

---

1. Un vol. de la « Bibliothèque scientifique internationale ». (Paris, 1880.)

sur l'origine sémitique de la langue égyptienne, qui peut ne
renfermer que plus ou moins de mots empruntés aux
idiomes sémitiques.

Il ne se prononce pas toutefois formellement et sans hé-
sitation en faveur de l'opinion qui rapproche les Berbers
d'anciennes populations du sud-ouest de l'Europe. Peut-être
n'a-t-il pas connu tous les éléments de preuve qu'elle réunit
en sa faveur.

L'existence des Berbers est historiquement signalée depuis plus de six mille ans par les annales égyptiennes. Un roi
de la quatrième dynastie (5084-4807), Neferkherés [1] est
dit en effet avoir soumis une portion des Libyens (traduction grecque de *lebou-rebou*) terrifiés par la vue d'une
éclipse. Un papyrus se rapportant à la douzième dynastie
(3487-3327) désigne le pays des Libyens sous le nom de
pays des Tamahou. Or, la langue berbère s'appelle encore
dans le Sahara, chez les Touaregs, le *tamahoug*, *tamahag*,
tamachek, suivant les dialectes (Faidherbe).

Sous la dix-neuvième dynastie (1591-1382), toute une
invasion de nomades aux yeux bleus et aux cheveux blonds
vient s'abattre de l'Ouest sur l'Égypte. Ils sont alliés aux
Libyens. Mais les documents qui les représentent pâles, blancs
ou roux, avec des yeux bleus, les désignent fréquemment
sous le nom *d'hommes du Nord*. Ils finissent par former des
établissements en Égypte et par fournir des troupes merce-
naires à ses rois. C'est un peuple nouveau qui s'implante.

Ces blonds ont subjugué les Libyens bruns ; mais on pré-
sume qu'ils ont adopté leur langue. Ils se sont fondus par la
suite avec eux, et c'est ce mélange que le général Faidherbe
regarde comme ayant formé le type berber. Les Egyptiens
les confondaient sous le nom de *Tamahou*.

---

1. Il y a deux rois de ce nom dans la quatrième dynastie et un dans la
cinquième. Il s'agit sans doute du plus ancien.

Ce seraient ces blonds qui auraient introduit en Afrique les monuments mégalithiques si nombreux en quelques parties.

M. R. Hartmann ne distingue pas cette dualité d'origine des Berbers. Car il semble appliquer plus particulièrement ce nom de Berber aux indigènes blonds, aux Imoschach. Et cela non sans inconséquence. Après avoir dit que « beaucoup d'historiens les croient de la même race que les peuples de l'Europe auxquels nous devons les menhirs et les dolmens élevés en Europe, dans l'Asie occidentale et l'Afrique septentrionale », il ajoute en effet : « Il est vrai qu'on rencontre au nord de la Barbarie des individus dont les traits rappellent vivement ceux des Espagnols » (p. 27).

M. le docteur Topinard incline au contraire [1] à considérer les Libyens bruns comme l'élément essentiel du type berber. « Le peuple berber, dit-il (p. 461), est formé d'un fond brun autochthone : de blonds venus du Nord, d'Arabes venus du Midi. » Mais quant au type berber, « il s'étendait jadis jusqu'aux Canaries sous le nom de Guanches, et il y a de fortes présomptions qu'il a empiété sur l'Europe méridionale et que le fond commun le plus ancien de la péninsule ibérique du bassin de la Garonne et des îles de la Méditerranée, est berber. »

On ne saurait contester les termes de cette dernière assertion. En effet, Broça, dans une étude célèbre de crânes de cavernes du midi de la France appartenant à l'époque néolithique, mais se rattachant encore à une civilisation plus ancienne [2], Broca a établi que notre race quaternaire de Cro-Magnon passe par des transitions insensibles au type crânien des Basques et des Guanches, puis à celui des Ber-

---

1. L'*Anthropologie*, 3e édition. (1 vol. in-8°. Paris, 1879.)

2. Crânes de la caverne de l'Homme-Mort. (*Revue d'Anthrop*, p. II, 1873, p. 50.)

bères. Dans ses recherches sur les Canaries, M. Verneau a vu parmi les Guanches des individus au teint clair et à cheveux blonds qui ont tous les caractères de la race de Cro-Magnon.

Cependant ces rapprochements ont paru être avant tout de nature théorique et basés sur quelques faits isolés.

Dans une lettre adressée au congrès d'Alger, M. Cartailhac, disait, non sans raison, que « les mobiliers funéraires des tombeaux mégalithiques sont différents selon les régions » ; qu'on « ne peut plus faire voyager un peuple des dolmens » ; qu'il est douteux « que les nécropoles africaines qui ne sont pas de l'âge de la pierre et renferment des vases bien faits, des anneaux, bagues et bracelets simples en bronze, en argent, et enfin des inscriptions libyques ou puniques, soient préhistoriques » ; qu' « on n'a pas prouvé que ces nécropoles étaient celles des Tamahou, des inscriptions égyptiennes ».

Il exposait ainsi les desiderata, les lacunes de nos connaissances et l'incertitude de nos théories. Il est impossible encore de répondre péremptoirement à ses objections. Voyons pourtant quels peuvent être les nouveaux éléments de preuves pour les opinions qu'il énonce.

II

Les blonds, parmi les Berbers, sont aujourd'hui assez peu communs.

Leur existence à l'état de mélange comme à l'état de groupes distincts, a été cependant bien constatée. Et toutes les préeomptions sont pour que, venus par le détroit de Gibraltar (d'où seraient-ils venus autrement ?) ils aient apporté en Afrique bon nombre au moins des usages qui régnaient en Europe. Nous savons qu'il y a eu dans l'Europe occidentale, venant du Nord et de l'Est, des invasions successives de peuples grands et blonds. Les invasions kymriques du quatrième et du septième siècle avant notre ère ont laissé des témoins dans les traditions historiques. Il y en a eu au moins une autre avant elles. Nous trouvons, en effet, dans nos dolmens, surtout dans le nord de la France, les restes d'une race dite *race des dolmens* qui nous est visiblement venue du Nord-Est et dont les caractères, sans différer notablement des caractères ostiologiques des populations plus anciennes de notre type de Cro-Magnon, sont ceux d'une race hardie, grande, dolichocéphale et blonde. Et dès environ le seizième siècle avant notre ère, comme l'ont soutenu M. Broca, M. Henri Martin (*Bullet. Soc. anth.*, 1874, p. 672), des expéditions de peuples de cette race avaient traversé les Pyrénées pour fonder dans la péninsule ibérique la nation des Celtibères.

Il est donc fort possible que les peuples primitifs blonds dont nous retrouvons les débris parmi les Berbers soient passés en Afrique déjà fort mélangés de bruns de la même race (du moins originairement) que ceux qu'ils allaient rencontrer dans ce continent, puisqu'en France même, dans le sud-ouest de laquelle elle a encore des représentants, ils avaient eu affaire à cette race ancienne et avaient peut-être longtemps vécu au milieu d'elle.

Dans toute l'Algérie et jusque dans le Maroc, la traînée des monuments mégalithiques correspond à une traînée de Berbers blonds[1]. En 1870, le commandant Sergent a signalé pour la première fois le cas de la tribu des Denhadja, dont tous les membres sont blonds et que leurs traditions

---

[1]. Le docteur Blucher a toutefois remarqué la rareté particulière des Berbers blonds aux yeux bleus dans la province d'Oran. (*Bullet. Soc. d'anth.*, 1876.)

font descendre des constructeurs des dolmens. Dans l'excursion qu'il a faite, en avril dernier, dans la province de Constantine pour en visiter les nombreux monuments mégalithiques [1], M. Henri Martin a recueilli une note extraite d'un manuscrit du commandant Sergent sur cette intéressante tribu. Voici le contenu de cette note, qu'il a communiquée à la section du congrès d'Alger. Des quarante tribus des Zardizas, une seule se dit autochthone, celle des Denhadja, dont le nom diffère peu de celui des Sanhadja, d'origine berbère, représentés par d'assez nombreuses fractions dans la subdivision de Bône. Les Denhadja, qui se composaient, en 1860, de six familles habitant l'oued Ain-el-Halleb, affluent du Saf-Saf, s'intitulent fièrement *fils de païens* (*ouled el-Djouhala*). Leurs traditions remontent jusqu'au commencement du dix-septième siècle, époque où ils avaient la puissance. Ils *élèvent sur leurs tombes des pierres d'un certain volume appelées snobs.*

En 1835, refoulés dans la vallée de l'Oued-Haddarat, ils virent leurs snobs détruits. Mais en 1836, l'occupation française de Philippeville leur ayant rendu le calme et leur territoire, ils érigèrent dans leur cimetière un snob qui existe encore. C'est une pierre qui provient d'une construction romaine du voisinage ; elle est enfoncée en terre de $0^m,30$ et s'élève au-dessus du sol de $1^m,20$ environ.

Ils sont aujourd'hui bons musulmans, mais continuent d'attacher une idée superstitieuse à leurs snobs.

Obligés de se marier entre eux avant l'occupation française, par suite du perpétuel état de guerre, ils étaient tous *blonds* avec des *yeux bleus.*

Aujourd'hui, aucune de leurs familles n'est de sang pur. La couleur primitive des cheveux et des yeux est devenue

---

1. Il y en a environ 3,000, d'après son estimation.

rare. On ne la trouve plus que chez trois individus : une vieille femme, un homme adulte et une petite fille de dix ans.

Dans un mémoire de linguistique sur les origines berbères, présenté également à la section d'anthropologie du congrès d'Alger, M. le commandant Rinn a signalé, entre autres, les faits suivants :

Le nom berber de l'alphabet est *Agamek*, mot dont le sens analytique est « moyen de communication ». Il vient de *Agam* ou *Ogam*. Or *Ogam*, dans le vieux Gaël d'Irlande, signifie ÉCRITURE et s'emploie pour désigner un antique alphabet. Ogham, Oghamius était aussi, chez les Gaulois, le lieu de l'éloquence. L'Alger des Français était l'Argel des Espagnols. Or, Argel est un mot kymrique dont le sens est « lieu couvert ou profond et boisé ». C'était un terme descriptif qui répondait parfaitement à la situation de la ville qu'il désignait. M. le commandant Rinn a déclaré qu'il avait « consacré deux longs chapitres à grouper de la sorte des noms communs aux Berbers, aux Gaëls, Celtes et Kymris ».

Les faits de ce genre pour nous ne prouveraient qu'une chose, c'est que les blonds Berbers ont, en effet, une origine européenne en rapport avec les invasions des peuples de langue celtique. Ils ont bien à peu près le même sens pour M. Rinn ; mais à l'aide d'autres considérations linguistiques, sur lesquelles il convient de faire des réserves expresses, il prétend faire venir une partie des Berbers directement de l'Asie. Ceux-ci auraient des origines anciennes très multiples.

Le peuplement du nord de l'Afrique, de la région méditerranéenne, se serait fait, d'après M. Rinn, par les *Ibères gheraba* (Ibères, Basques, Ligures, Etrusques, etc.) de race brune, et les *Gaëls ou Del Lona* (Gall et Celtes) de race blonde. Le peuplement du Sud se serait fait par les Ibères-Cheraga les Tourano-hamakèques blonds, les Tourano-

Chaldéens (Akkadiens-Éthiopies), les Tourano-Ariens (Médes-Iraniens..,), et des peuples d'origine indienne.

A l'aide de considérations tirées de la linguistique seule, et surtout de rapprochements purement étymologiques, on ne peut aboutir en étymologie, dans des conditions un peu complexes, qu'à des résultats problématiques, pour ne rien dire de plus. Aussi du mémoire de M. Rinn, nous ne retiendrons qu'une chose, c'est que les Berbers en général sont des Indo-Européens et que bon nombre des Berbers originairement blonds paraissent de même race que nos peuples des dolmens et des invasions kymriques.

Dans son tableau il omet d'ailleurs des éléments qui ont joué un très grand rôle dans les origines berbères, comme l'élément nègre.

III

Les caractères physiques, et notamment les caractères crâniens des Berbers blonds, n'ont pas été étudiés isolément [1].

M. Topinard, dans son ouvrage, décrit en conséquence sous le chef de *type berber*, le Berber brun seul. « Sa taille, dit-il (p. 476), est au-dessous de la moyenne. Il est bien proportionné mais moins sec, plus musculeux et moins dégagé que l'Arabe. Sa peau, blanche dans l'enfance, brunit promptement au contact de l'air. Ses cheveux, noirs et droits, sont assez abondants ; ses yeux sont brun foncé. Il est dolichocéphale (74,4), leptorhinien sans excès (44,3) et orthognathe modéré (81,8). Son visage est moins allongé et à contour ovale moins régulier que celui de l'Arabe. Son front, droit, présente à sa base une dépression transversale ; ses crêtes sourcilières sont assez développées ; son nez,

---

1. Voir pourtant plus haut les observations de M. Verneau sur des Guanches blonds.

échancré à la racine, souvent busqué sans être aquilin,
quelquefois oblique en avant, se relève à la base de façon
à laisser voir de face le dessous des narines. Ses oreilles
sont écartées de sa face. »

A côté de cette description il reproduit une physionomie
dont on ne saurait méconnaître les affinités sémitiques. Mais,
dans son récent voyage en Algérie, il a reconnu qu'elle ne
répondait pas au type berber. Et il a cru même distinguer
chez les Berbers bruns deux types différents correspondant
l'un aux Numides ou Gétules et l'autre aux Mauritaniens.
Au congrès d'Alger il a présenté un travail sur 61 crânes
provenant d'un cimetière ayant appartenu à la population
sédentaire de l'oasis de Biskra.

Après les avoir comparés à la série des crânes de la caverne de l'Homme-Mort, à celle des crânes basques et à celle
des Guanches mesurés également par Broca, M. Topinard
conclut « qu'ils ne se rapprochent que médiocrement de la
race que Broca avait de la tendance à admettre sous le nom
d'Atlante (méditerranéenne) et qu'ils présentent un certain
nombre de caractères atténués des nègres. Ils ne peuvent
pas servir à déterminer les caractères du Berber pur, mélangé ni de nègre ni d'arabe.

Malgré tout ce que ces conclusions ont d'incertain,
notre impression, après tout ce que nous avons vu récemment et les discussions que nous avons entendues, notre
impression est que le fond primitif du peuple berber et l'élément peut-être encore prédominant appartiennent à la race
méditerranéenne, dont le type le plus accusé et peut-être le
plus ancien est celui de Cro-Magnon et qui a formé le subs-
tratum de toutes les populations préhistoriques du pourtour
de la Méditerranée au nord-est, au nord et à l'ouest.

Toutes les variétés d'aspect et de caractères que peuvent
aujourd'hui présenter les différentes branches du peuple

berber pourraient en somme s'expliquer par les mélanges qu'il a subis depuis les temps historiques.

Nous le voyons dès l'origine dans des luttes incessantes avec les Égyptiens. Des bandes s'établissent en Égypte, et, sans doute, quelques-unes en reviennent. D'après un travail de M. Masqueray [1], une bonne partie des Hycsos « s'écoula sans doute de la basse Égypte vers l'Ouest, après la ruine d'Avaris ; puis vinrent les Gergéséens et les Jébuséens, chassés par Josué de la Palestine ; enfin les Phéniciens de Tyr et de Carthage (1500 avant Jésus-Christ) y fondèrent les premiers établissements commerciaux. »

. Les restes de ces Phéniciens, d'après le général Faidherbe [2], ne compteraient pas pour plus de 1 p. 100 de la population totale.

Carthage eut cependant une grande influence sur l'Afrique septentrionale. Elle couvrit la Tunisie de petites villes. Ses idées religieuses surtout fructifièrent chez ces Africains qui pratiquèrent bien avant elle les vieux cultes cananéens de Baal Hammon, de Samas et de Sin (le Soleil et la Lune). Et les paysans de la Tunisie parlaient encore sa langue au temps de saint Augustin.

Les Romains, d'après un nouveau mémoire de M. Ricoux [3], ont eu une action plus profonde encore sur la population indigène.

Après sont venus les Vandales, puis les Arabes en 700 et surtout, d'après M. Masqueray, au onzième siècle, amenant avec eux des représentants de toutes sortes de peuples, et notamment des noirs. (Hartmann, *op. c.*, p. 28.)

---

1. Les Romains en Afrique ont-ils été exterminés par le climat ?

2. Coup d'œil sur l'histoire de l'Afrique septentrionale, *in* Notices sur Alger et l'Algérie. (2 v. in-8° publiés à l'occasion du congrès.)

3. *Instructions sur l'Anthropologie de l'Algérie*, par le général Faidherbe et le docteur Topinard. (1 v. in-8°, Paris, 1874.)

Les luttes et les mélanges sous la domination musulmane deviennent presque inextricables. Pourquoi, après une histoire aussi compliquée, le type des Berbers primitifs serait-il plus répandu et plus facile à dégager que celui de n'importe quelle nation de l'Europe?

XVI

IIYGIÈNE

Les falsifications des substances alimentaires.

Les analyses effectuées au laboratoire de la Préfecture de police, analyses dont le résumé a été publié dernièrement par quelques journaux, ont prouvé au public, qui s'en doutait déjà, qu'une bonne partie des substances servant à son alimentation ne lui sont vendues qu'après d'amples modifications qui contribuent au bénéfice des vendeurs. Ces falsifications des substances alimentaires sont celles qui intéressent le plus grand nombre ; aussi allons-nous, dans cet article, nous en occuper exclusivement. Elles sont aussi nombreuses que les ressources de l'imagination sont variées ; mais nous ne passerons en revue que les principales, celles que l'on a à craindre tous les jours et sur lesquelles il est utile d'attirer l'attention.

Le *pain*, heureusement, à Paris surtout, ne peut être que difficilement altéré ; on y a cependant introduit des substances dont la liste est assez variée : alun, sulfate de zinc, sulfate de cuivre, carbonate de magnésie, craie, borax, plâtre, sels de morue, fécules et farines diverses ; les premiers de ces corps sont destinés à donner un meilleur aspect au pain fait avec des farines médiocres.

L'usage de l'alun dans la fabrication du pain paraît fort anciennement connu en Angleterre ; à Londres il fut in-

troduit dans de telles proportions, que de nombreux accidents en résultèrent.

Le sulfate de cuivre donne à la pâte des qualités extraordinaires ; il permet d'employer des farines de qualité médiocre ; la main-d'œuvre est moindre, la panification plus
prompte, la mie et la croûte plus belles. On peut introduire
une plus grande quantité d'eau. Il paraît que depuis un
certain nombre d'années, cette fraude est commise par un
grande nombre de boulangers en Hollande, en Belgique et
dans le nord de la France.

Les falsifications des *farines* n'intéressent guère que les
boulangers ; les plus importantes consistent dans l'introduction de fécule de pomme de terre, de farines de seigle
d'orge, de maïs, de sarrazin, de légumineuses. Ces fraudes
sont faciles à découvrir à l'aide du microscope et par
l'examen du gluten.

Les *viandes* ne sont pas, à proprement parler, susceptibles d'être falsifiées ; mais le consommateur peut avoir
affaire à des viandes corrompues, malsaines ou provenant
d'animaux malades. On sait quel bruit la trichine a fait dans
ces derniers temps ; le tænia, moins redoutable, est beaucoup plus répandu. Quoiqu'il soit démontré que la viande
d'animaux morts de diverses maladies a été mangée le plus
souvent sans aucun inconvénient, les exemples, heureusement rares, où cette viande a occasionné des indispositions
graves ont déterminé l'Académie à émettre le vœu que la
viande d'animaux atteints de cachexie aqueuse, de phthisie
avancée, de clavelée, de ladrerie, de rage, de morve, de
farcin, de fièvres typhoïde et charbonneuse, ainsi que les
bêtes empoisonnées, soit exclue de la consommation.

Il n'est pas de Parisien qui n'émette des doutes sur la
pureté du *lait* qu'il consomme chaque matin, et il a certainement raison ; la fraude sur le lait commence dans la

vacherie et ne s'arrête qu'au moment où il entre chez le consommateur. Or, avant d'arriver chez ce dernier, le lait passe par trois mains : 1° les fermiers qui le produisent et qui souvent jugent avantageux d'ajouter quelques seaux d'eau à la traite; 2° les marchands en gros, qui renchérissent sur les procédés des fermiers; 3° les crémiers ou les laitiers des rues.

La soustraction de la crème, l'addition d'eau, forcent les vendeurs à introduire dans le lait des substances telles que la dextrine, la gomme, l'amidon, le blanc d'œuf, la cervelle, qui, dans ce liquide, simulent parfaitement la crème; toutes ces substances relèvent la densité du lait ou lui font perdre cette opalescence et cette teinte bleutée qui peuvent mettre l'acheteur en méfiance.

Un corps que ne ménagent pas les laitiers, c'est le bicarbonate de soude; d'Arcet en a le premier conseillé l'emploi à la dose de 0,25 pour 100, pour retarder l'altération du lait. Il est employé quelquefois à bien plus haute dose et donne alors une saveur alcaline désagréable. Cette addition ne présente d'ailleurs rien de nuisible à la santé.

Le *beurre* peut être frelaté par de la craie, de l'argile, du gypse, du sulfate de baryte, de la fécule de pommes de terre, du lait durci au feu, de la margarine, du fromage, du suif de veau, de l'axonge; il peut être coloré par du chromate de plomb, du rocou, du safran, du curcuma.

La coloration au chromate de plomb est une véritable source d'empoisonnements; elle est rare, fort heureusement, les matières colorantes d'origine végétale étant presque toujours employées. La couleur du beurre à laquelle tiennent beaucoup de consommateurs n'est souvent qu'artificielle. Les marchands du Havre et de Honfleur qui viennent s'approvisionner dans le département de l'Eure recommandent aux cultivateurs de colorer leur beurre, et payent ce beurre coloré jusqu'à 0 fr. 10 plus cher par 500 grammes que le beurre un peu blanc qui est d'une aussi bonne qualité.

Nous n'avons pas grand'chose à mettre sur le compte des marchands de *fromage*, si ce n'est l'addition de pommes de terre mondées ou de fécule. Certains auteurs ont prétendu que quelques marchands de fromage, à Paris, arrosaient le fromage de Brie avec de l'urine pour lui faire acquérir plus promptement une saveur ammoniacale et lui donner l'aspect de fromage avancé. MM. Chevalier et Baudrimont émettent des doutes sur cette dégoûtante et honteuse manipulation.

La presque totalité des falsifications des *huiles* consiste à mélanger des huiles de qualité inférieure à celles qui possèdent une assez grande valeur; dans ce cas, on éprouve la plus grande difficulté à établir la nature de ces mélanges. Aussi, malgré le nombre considérable de procédés proposés par d'habiles chimistes pour ce genre d'analyses, on doit avouer qu'il n'en est pas un seul qui résolve la question d'une manière absolue. La pratique commerciale fournit de meilleurs renseignements : il y a des commerçants assez habiles pour reconnaître une huile à sa saveur et à l'odeur qu'elle dégage en en frottant quelques gouttes entre les mains ; ils peuvent même apprécier par là la nature de certains mélanges huileux. Pour l'huile d'olive, la falsification par l'huile d'œillette est la plus fréquente, tant à cause du bon marché de cette matière que de sa saveur douce et de son odeur peu prononcée, qui accusent moins sa présence dans un mélange frauduleux.

Il y a un moyen commode et à la portée de tout le monde de reconnaître cette falsification ; il consiste à introduire par une agitation brusque des bulles d'air dans l'huile d'olive ; lorsqu'elle est pure, ces bulles ne sont pas persistantes ; si au contraire elle est mélangée d'huile d'œillette, les bulles se maintiennent pendant un temps plus ou moins long et forment le chapelet.

Nous ne nous arrêterons pas aux falsifications du *sucre :* le sucre blanc n'est guère susceptible de fraude ; mais nous dirons quelques mots des substances employées par les confiseurs pour colorer les bonbons. L'emploi de matières toxiques pour colorer les sucreries a été non seulement signalé en France, mais aussi en Angleterre, en Belgique, en Suisse, en Allemagne. En Angleterre, non seulement les confiseurs falsifient leurs bonbons avec du plâtre, de l'amidon, de la chaux, du sulfate de baryte, mais ils emploient fréquemment du bronze, les feuilles de cuivre ou d'étain, l'arsénite et le carbonate de cuivre, le vert-de-gris, le chromate de plomb, l'orpiment, l'oxychlorure de plomb, le minium et le vermillon. Presque tous les losanges de gingembre et les fruits confits exposés dans les devantures des confiseurs contiennent un sel de plomb ; aussi chaque année enregistre-t-on un certain nombre de décès parmi les enfants à la suite de l'ingestion de bonbons colorés à l'aide de substances toxiques. En France, l'ordonnance de septembre 1841 a indiqué les matières colorantes prohibées et celles que peuvent employer les confiseurs ; parmi les matières prohibées se trouvent toutes les substances minérales excepté le bleu de Prusse, l'oxyde de zinc et le bleu d'outremer.

Les falsifications du *chocolat* sont assez nombreuses ; l'une des principales consiste dans l'addition de farine, de fécule ou de dextrine. Les chocolats ainsi falsifiés se reconnaissent à leur goût pâteux, à l'odeur et à la consistance de colle qu'ils prennent par la cuisson avec l'eau ; les moyens chimiques décèlent facilement cette fraude. Cette matière alimentaire a été l'objet de falsifications plus graves; on y a, dit-on, incorporé du cinabre, de l'oxyde rouge de mercure, du minium ou des terres rouges ocracées. Le produit a une couleur rouge beaucoup plus prononcée que celle du bon chocolat; si on l'examine à la loupe, on remarque dans sa cassure quelques grains agglomérés se prolongeant en filons d'une couleur rouge brique; râpé, délayé dans de l'eau froide et agité, il laisse un dépôt d'une couleur rouge brique. Le carbonate de chaux serait de suite décelé dans le chocolat par l'effervescence que produirait l'immersion de ce sel dans le vinaigre.

Un certain nombre de corps gras peuvent être introduits dans le chocolat; ils sont destinés à remplacer le beurre de cacao, que l'on enlève quelquefois à cause de sa grande valeur. Citons ce chocolat vendu à Metz, fabriqué avec le plus mauvais cacao, un peu de cassonade, de la farine de pommes de terre et une certaine quantité de la partie la plus impure du suif en ébullition; cet autre, examiné par M. Stanislas Martin, contenant de la sciure de bois; un troisième fait pour moitié avec de la fécule, de l'amidon, du riz torréfié et de la graisse de veau.

Le *café* a été l'objet d'un grand nombre de falsifications ingénieuses, telles que celles qui consistent à imiter le grain avec de l'argile plastique ou à recouvrir de plombagine et de talc des grains décolorés. Le foie de cheval cuit au four, la betterave, les glands de chêne, le caramel, la sciure de bois d'acajou, ne font cependant pas une concurrence sérieuse à la chicorée, qui est la falsification la plus importante dans cette série. Une expérience bien simple permet de déceler la chicorée dans le café moulu; elle consiste à projeter le café suspect à la surface de l'eau contenue dans un long verre à pied : si le café n'est pas mêlé de chicorée il surnage et absorbe l'eau très lentement; s'il contient de la chicorée, celle-ci s'imprègne d'eau immédiatement, tombe au fond du verre et colore le liquide en jaune brunâtre ; l'examen microscopique permet de déterminer des vaisseaux rayés caractéristiques de la chicorée.

Le *thé* est aussi l'objet de falsifications, les unes faites par les Chinois, les autres par les Européens. Elles consistent principalement dans la coloration artificielle de ce produit, ou dans son imitation avec des matières de peu de valeur, ou dans la substitution de feuilles étrangères à celles qui doivent le constituer, ou enfin dans l'emploi du thé épuisé de ses principes solubles auquel on donne l'aspect du thé normal ; le thé vert est plus souvent fraudé que le thé noir.

Il résulte d'une enquête faite à Londres par une commission sanitaire qui a entendu le président de la *Société commerciale des Indes orientales pour le commerce du thé*, que les différentes nuances de thés envoyées en Europe sont le résultat d'un procédé de teinture que les Chinois font subir à cette feuille pour se conformer au désir des marchands européens. Cette manipulation consiste à ajouter à la dernière cuisson du curcuma, de l'indigo pour teindre en vert et du gypse pour fixer la couleur ; quelquefois le gypse est remplacé par le bleu de Prusse, ce qui est dangereux ; aussi les Chinois ne consomment-ils pas chez eux ces espèces de thés verts.

Une sophistication pratiquée également en Chine consiste à agglomérer sous forme de fragments, avec de la gomme, la poussière ou les grobeaux de thé mélangés de feuilles étrangères et de sable. Ce produit ne se développe pas en feuilles dans l'eau chaude, comme le ferait le thé pur, et il laisse déposer une poudre formée de débris végétaux, et souvent de matières minérales.

Parmi les feuilles étrangères mêlées quelquefois au thé

on rencontre les feuilles de prunier sauvage, de frêne, de sureau, de marronnier d'Inde.

Arrivons aux boissons alcooliques.

Le plus souvent l'*eau-de-vie* est un mélange d'un grand nombre de substances avec des alcools autres que celui du vin. Ces mélanges ont pour but de développer artificiellement la saveur, la couleur et le bouquet qui pourront le rapprocher le plus possible de l'eau-de-vie vraie. Parmi les substances employées pour lui donner de la saveur on trouve : le poivre ordinaire, le poivre long, des poudres ou des extraits de gingembre, de pyrèthre, etc...

La coloration artificielle s'obtient à l'aide de caramel, de brou de noix, de cachou ; ce dernier corps est employé rarement seul ; on lui associe d'autres substances astringentes et aromatiques ; chaque débitant a en quelque sorte une recette particulière pour préparer ce qu'il appelle sa sauce.

Pour produire artificiellement le bouquet des eaux-de-vie, on leur ajoute de l'acide sulfurique qui, donnant naissance à une certaine quantité d'éther, aromatise le liquide et lui donne une apparence de vieillesse ; on leur a ajouté aussi de l'ammoniaque, de l'acétate d'ammoniaque, du savon, pour leur faire acquérir l'onctuosité qui caractérise les eaux-de-vie vieilles et de bonne qualité ; aujourd'hui on parvient à donner à une liqueur artificielle la saveur, la coloration et le bouquet des eaux-de-vie fines et vieilles par des moyens qui ne nous sont pas connus.

L'*absinthe* n'est souvent qu'un affreux breuvage dans lequel on fait entrer des essences communes et même des résines pour qu'elle se trouble fortement au contact de l'eau. De plus, on la colore en vert avec les feuilles ou le suc d'ache, les épinards, les orties, le génepi des Alpes, ou bien avec du bleu préparé avec des draps de laine teints, de l'indigo, auquel on ajoute du safran et du caramel. On a même signalé le sulfate de cuivre. Cette addition est pratiquée assez souvent par les distillateurs pour donner une belle couleur verte aux fruits à l'eau-de-vie tels que les prunes ou les chinois.

Le *rhum* pur est très aromatique, coloré en brun par le principe astringent des tonneaux. On prétend cependant que pour lui faire prendre cette coloration on y ajoute des pruneaux, du goudron et surtout des râpures de cuir tanné, ce qui lui communique son bouquet particulier. Comme l'eau-de-vie, il est bien souvent préparé de toutes pièces avec de l'eau, de l'esprit-de-vin et les substances destinées à lui donner la saveur et le parfum.

Nous arrivons à la boisson qui est en même temps la plus importante et la plus soupçonnée : le *vin*.

Les sophistications de ce liquide datent de longtemps. Pline rapporte que l'on se défiait, à Rome, de certains vins de la Gaule narbonnaise mêlés de drogues diverses ; maintenant, on falsifie le vin en y ajoutant de l'eau, du cidre, du poiré, de l'alcool, du sucre, de la mélasse, des acides organiques ou minéraux, de l'alun, du sulfate de fer, des matières colorantes étrangères.

On débite aussi des vins fabriqués de toutes pièces, et l'on vend quelquefois sous le nom de vin un liquide qui n'en renferme pas une goutte et qui est le résultat de la fermentation, en présence de l'eau, de sirop de fécule, de fruits secs, de baies de genièvre, de semence de coriandre ; après la fermentation, on tire à clair, et si la liqueur n'est pas suffisamment colorée on y ajoute une infusion de betterave rouge, de myrtille ou une dissolution de fuschine.

Le *mouillage* du vin ne peut se reconnaître que par l'étude comparative des substances qui composent l'extrait sec ; il est entraîné le plus souvent par une autre fraude : l'*alcoolisage*, car ayant forcé la dose de l'alcool on la réduit par l'addition d'eau.

Certains vins du Midi acquièrent des propriétés purgatives par suite du *plâtrage*, procédé conseillé par Sérane pour aviver leur couleur, réduire les lies et prévenir les altérations que leur ferait subir le transport. Ces propriétés purgatives proviennent du sulfate de potasse qui s'est formé grâce à une double décomposition entre le sulfate de chaux dissous et le bitartrate de potasse.

La coloration artificielle du vin dénote ordinairement une autre falsification qui a modifié la teinte de ce liquide ; il y a quelques années, la fuschine était beaucoup employée dans ce but ; les nombreuses recherches auxquelles on s'est livré pour la découvrir dans le vin ont eu pour résultat de la faire disparaître en grande partie : les baies de myrtille, de phytolacca, d'hièble, de sureau, le bois de campêche, la rose trémière, la cochenille ammoniacale, sont, du reste, des produits tinctoriaux d'une assez grande ressource et dont la recherche est assez difficile pour les chimistes pour que les fraudeurs se donnent la peine de chercher bien loin des procédés de coloration du vin.

Blume a donné un procédé très simple qui permettrait de découvrir une coloration factice du vin : on imbibe une mie de pain du vin soumis à l'essai et on la pose doucement sur quelques millimètres d'eau contenus dans une assiette : cette eau se teint immédiatement par la diffusion de la matière colorante si celle-ci est étrangère au vin ; le vin pur ne produit cet effet qu'après vingt ou trente minutes.

Donnons la recette pour faire du vin de Porto comme on en a longtemps fait en Russie : cidre 3 k., eau-de-vie 1 k., gomme kino 8 gr. Voulez-vous du vieux vin du Rhin ? mêlez : cidre 3 k., eau-de-vie 1 k., éther azotique alcoolisé 8 gr.

Le *vinaigre* a sa bonne part de falsifications, parmi lesquelles les acides minéraux tiennent le premier rang.

La substance coûteuse qui entre dans la *bière*, le houblon, a été remplacée avec avantage pour les brasseurs par de la chicorée torréfiée, l'écorce et les feuilles de buis, la gentiane, la jusquiame, la belladone, le fiel de bœuf, l'acide picrique; pour donner ensuite à la mixture la consistance mucilagineuse qui lui manque, on y fait cuire des dépouilles de veau, de cheval, de mouton. Les têtes de pavot, les fleurs de tilleul ont été, dit-on, ajoutées à la bière dans le but de la rendre plus enivrante.

XVII

PALÉONTOLOGIE VÉGÉTALE

On sait qu'Adolphe Brongniart est le fondateur de la paléontologie végétale. Dès 1882, il publiait un mémoire sur la classification des végétaux fossiles. En 1875, peu de mois avant sa mort, poursuivant encore les recherches qui n'avaient cessé de l'occuper pendant sa longue vie si bien remplie, il envoyait à l'Académie ses observations sur les *graines fossiles silicifiées* des terrains d'Autun et de Saint-Étienne. Ce furent là ses derniers travaux. L'Académie des sciences et les deux fils de l'illustre savant en ont fait une publication spéciale, et la librairie G. Masson a mis en vente un magnifique ouvrage dont les planches avaient été exécutées sous les yeux d'Ad. Brongniart et décrites par lui, et dont le texte avait été en partie communiqué à l'Institut[1].

Le chapitre Ier est relatif aux *périodes de végétation et flores diverses qui se sont succédé à la surface de la terre.*

Malgré les difficultés de toutes sortes qui ralentissent les progrès de la botanique fossile, on compte cependant aujourd'hui assez de faits confirmés pour qu'on puisse en faire la base d'une histoire sommaire des végétaux.

1. *Recherches sur les graines fossiles silicifiées.* (1 vol. gr. in-4° avec 21 planches gravées et 1 photographie ; précédée d'une notice par J.-B. Dumas. — Imprimerie nationale.)

En comparant les plantes fossiles, on voit qu'elles diffèrent très notablement suivant l'époque du dépôt des couches qui les renferment. Les espèces qu'on trouve dans les diverses couches d'un même terrain, en employant ce mot dans son acception géologique, ne diffèrent pas ou diffèrent très peu les unes des autres; celles qui sont contenues dans deux terrains qui se succèdent immédiatement se distinguent souvent complètement comme espèces et assez fréquemment même comme genres; dans quelques cas, les différences vont encore plus loin, ces végétaux appartenant en grande partie à des familles ou même à des classes qu'on ne saurait confondre ou rapprocher.

On peut donc considérer comme s'étant déposées pendant une même époque de la création du règne végétal et comme appartenant à une même flore ancienne, les diverses couches de terrains dans lesquelles on retrouve le même ensemble d'espèces, et pendant le dépôt desquelles quelques-unes de ces espèces au moins ont persisté depuis le commencement jusqu'à la fin du phénomène local.

C'est ce qui constitue une époque dans l'étude des végétaux fossiles; mais plusieurs de ces époques se succèdent souvent en conservant un grand nombre de caractères communs dans la nature et la proportion relative des grandes familles qui leur appartiennent; cette suite d'époques analogues forme une période dans l'histoire du développement successif du règne végétal.

Tels sont les principes admirablement établis de la classification d'Ad. Brongniart. Et à propos de cette classification, M. Dumas, qui est un grand écrivain, a trouvé de ses meilleures pages dans l'*Éloge* qu'il a fait, en 1877, de MM. Alexandre et Adolphe Brongniart. « Quand il (Ad. Brongniart) publiait ses premières études, n'ayant encore à sa disposition que quatre ou cinq cents espèces de plantes fossiles, il établissait avec tant de certitude l'ordre de leur apparition probable sur la terre et les règles de leur distribution dans les couches du sol, que, vers la fin de sa carrière, alors que leur nombre s'élevait à dix ou douze mille, rien n'avait été changé aux vues d'ensemble qu'il en avait déduites.

« Les plantes fossiles qu'on rencontre dans les anciens terrains sont : les conferves, les algues, les mousses, les prêles, les fougères et les lycopodes. Plus tard se montrent les Conifères, les Cycadées, les palmiers ; enfin, dans les terrains dont le dépôt se rapproche de l'époque actuelle, des végétaux analogues à ceux qui peuplent nos forêts.

« Les végétaux les plus anciens ont vécu dans les eaux de la mer ; ceux qui, par leur extraordinaire puissance, ont donné naissance à la houille se sont développés sur des îles, comme si la terre ne leur offrait que des archipels çà et là répandus ; les plantes caractéristiques des flores continentales actuelles ne se sont montrées qu'au moment où le globe avait déjà pris l'équilibre météorologique qu'on lui reconnaît de nos jours.

« A chaque période l'aspect de la flore varie. La végétation va toujours en se diversifiant : à l'origine, bornée à un petit nombre de familles ; à la fin, comprenant des types nombreux, divers et compliqués. Les premières plantes sont d'une texture homogène et s'accroissent en s'allongeant ; plus tard, on en voit paraître dont le tronc s'épaissit ; lorsque les feuilles se montrent, elles sont d'abord étroites et roides ; ensuite elles s'étalent et deviennent larges et souples.

« Les premières plantes se multiplient par bourgeonnement. Viennent ensuite celles qui se reproduisent au moyen de graines nues. La terre se peuple enfin de ce bel ensemble digne du nom poétique de flore que les botanistes ont généralisé, et la graine, produit de voies mystérieuses, formée au sein d'une fleur brillante, mûrit enveloppée d'un fruit qui la protège. A ce paysage primitif uniforme, attristé, mathématique, couvert de végétaux rectilignes, offert par les premières iles sorties des flots, que la science ressuscite et qu'elle seule a contemplées, succède un paysage continental varié, plein de fraîcheur et de grâce. »

Pour employer un langage plus technique, disons que la création successive des diverses formes végétales est divisée en trois longues périodes, appelées le règne des Acrogènes, le règne des Gymnospermes et le règne des Angiospermes, expressions indiquant seulement la prédominance successive de l'une de ces trois grandes divisions du règne végétal, sans supposer toujours l'exclusion complète des deux autres. Le règne des Acrogènes se montre pendant la période permienne; le règne des Gymnospermes, pendant les périodes vosgienne et jurassique; le règne des Angiospermes, pendant les périodes crétacée et tertiaire.

Le chapitre ii, relatif spécialement aux graines fossiles, devait comprendre des généralités sur les graines fossiles du terrain houiller, sur leur mode de conservation, leurs caractères extérieurs et leur classification ; l'indication du gisement des végétaux silicifiés de Saint-Étienne et d'Autun ; le mode de conservation des graines silicifiées; des données sur l'organisation générale de ces graines, sur leurs principaux caractères, leurs analogies avec les graines des végétaux actuels, enfin la description des genres et la distinction en espèces de ces graines.

Malheureusement, Adolphe Brongniart n'a pas eu le temps de traiter tous ces points de son programme.

Il divise les graines dont il s'agit en deux groupes principaux :

A. Graines à symétrie binaire, plus ou moins aplaties et bicarénées. — Ce groupe très naturel se compose des genres *Cardiocarpus*, *Rhabdocarpus*, *Diptotesta*, *Sarcotaxus*, *Taxospermum* et *Septocaryon*, analogues aux genres de la famille actuelle des Taxinées.

B. Graines à symétrie rayonnante autour de l'axe, avec un nombre de divisions qui varie de trois (*Pachytesta*,

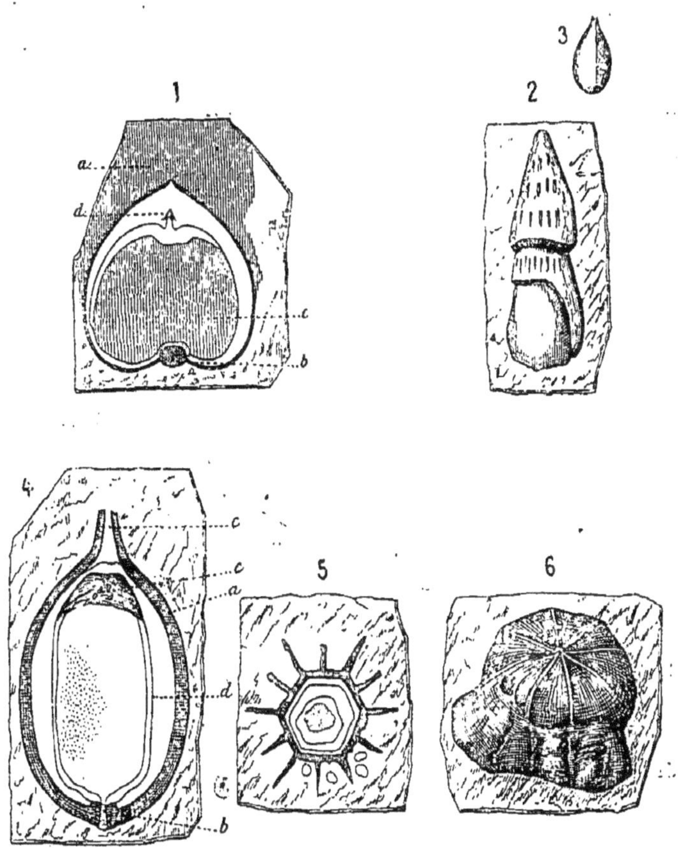

Fig. 1. — Spécimens de quelques échantillons de graines fossiles étudiées par Adolphe Brongniart.

Trigonocarpus, *Tripterospermum*) à six (*Ptychotesta*, *Hexapterospermum*, *Polypterospermum*, *Polylophospermum*) ou à huit (*Eriotesta*, *Codonospermum*) ou dont la section est circulaire (*Stephanospermum*, *Ætheotesta*). Ces graines paraissent représenter la fructification des Sigillariées et des Calamodendrées, auxquelles il faut joindre quelques genres admis à la suite des Cycadées et des Conifères.

Enfin, dans le chapitre III, intitulé « Structure de l'ovule et de la graine des Cycadées comparée à celle de diverses graines fossiles du terrain houiller », l'auteur aborde un sujet très particulier et très intéressant. Il s'agit de la chambre pollinique, cavité située dans le tissu cellulaire, vers le sommet du micelle et dans la partie correspondante ou micropyle du testa, et qui contient presque toujours des granules ou vésicules libres qu'on ne peut considérer que comme des grains de pollen, d'où le nom qu'Adolphe Brongniart a imposé à cette cavité.

Il n'avait jamais rien observé de pareil dans les familles vivantes des végétaux gymnospermes; mais, comme les Conifères seules avaient été étudiées avec quelque détail, il présuma que le fait pouvait bien se produire dans les plantes exotiques, les Cycadées par exemple ; il fut assez heureux pour obtenir dans la serre chaude du Muséum un cône femelle de *Ceratozamia mexicana*, fécondé depuis quinze à vingt jours; et comme sa vue affaiblie ne pouvait plus lui permettre l'emploi du microscope, il confia l'étude anatomique du cône à son aide naturaliste M. Renault. La chambre pollinique, avec les grains de pollen, existait chez le *Ceratozamia mexicana*.

Cette étude, qui fut commune à M. Brongniart et à M. Renault, son collaborateur et pour ainsi dire son continuateur, nous amène à parler du *Cours de botanique fossile* [1], fait par ce dernier au Muséum, et qui comprend la description des Cycadées, Zamiées, Cycadoxylées, Cardaïtées, Paroylées, Sigillariées et Stigmariées.

Toutes ces familles sont fort intéressantes ; mais encore

1. G. Masson.

faut-il citer parmi elles, d'une façon tout à fait particulière, les Cardaïtées et les Sigillariées.

A l'époque houillère, les cardaïtes devaient former des forêts considérables. D'après M. Grand'Eury, c'étaient des arbres qui atteignaient 30 à 40 mètres de hauteur. Ils ne se ramifiaient que vers le sommet. Les feuilles, qui pouvaient dans quelques cas dépasser 1 mètre de longueur sur 15 à 20 centimètres de largeur, étaient d'abord très rapprochées dans le jeune âge, ramassées, enroulées en forme de gros bourgeons, et, après leur épanouissement, s'espaçaient considérablement sur le rameau.

Les cardaïtes étaient monoscarpés : les fleurs femelles, quoique disposées en épis comme les fleurs mâles, étaient solitaires dans un même involucre. Les cardaïtes ont laissé des graines nombreuses ; la résistance de la coque dure leur a permis de se conserver facilement, soit sous forme d'empreintes, soit à l'état pétrifié.

Les Cardaïtées sont éteintes aujourd'hui ; elles n'ont pas même dépassé l'époque houillère pendant laquelle elles ont eu tant d'extension. Cependant un certain nombre de caractères importants les rapprochent des Cycadées, tandis que par certains points elles touchent aux Taxinées ou aux Gnétacées.

La famille des Sigillariées est une des plus importantes de celles qui ont vécu dans les temps anciens, soit à cause de la taille et du nombre immense de ses représentants, soit à cause de l'organisation curieuse qui les distingue et en fait des types intermédiaires sur la classification desquels on est loin d'être d'accord.

Les sigillaires ont apparu de bonne heure, puisque l'on rencontre déjà le *Stigmaria ficoïdes* dans le terrain dévonien ; elles se sont continuées jusqu'à la fin de l'époque permienne, contribuant pour une large part à la production de la houille.

Elles ont formé de vastes forêts dont quelques-unes, mises au jour par des travaux de chemins de fer, ont montré des troncs de grand diamètre encore debout et enracinés. Dans le tunnel de Friedrichsthal, un de ces troncs trouvés en place mesurait 8 mètres de haut sur $1^m,70$ de diamètre.

Sur l'écorce, les feuilles en se détachant ont laissé des cicatrices disposées en séries rectilignes. Les feuilles étaient longues, rigides, dressées contre la tige dont elles occupaient seulement l'extrémité supérieure, assez rapidement caduques.

Les racines des sigillaires sont très vraisemblablement ces corps que l'on rencontre si fréquemment dans les houillières et que l'on nomme des stigmaria.

Ce sont de grandes branches cylindriques se dirigeant parallèlement au toit des bancs de houille, en se dichotomisant. Leur surface est marquée de nombreuses cicatrices arrondies, bordées par un bourrelet circulaire plus ou moins saillant et ombiliquées au centre. Ces cicatrices sont disposées sur des spirales régulières dont le développement est quelquefois interrompu brusquement. Le type le plus répandu est le *Stigmaria ficoïdes*.

Toutes les Stigmariées ne sont peut-être pas des racines. On trouve, en effet, des *Stigmaria ficoïdes* dans des couches où il n'existe aucune trace de sigillaires.

Il arrive fréquemment que l'on rencontre des fragments de *Stigmaria* de 6 à 8 mètres. Gœppert en a suivi sur une longueur de 10 mètres et plus, sans dichotomie et sans diminution sensible de grosseur.

La description des familles est précédée, dans le livre de M. Renault, de notions fort instructives sur les différents modes de conservation des plantes fossiles.

Dans certains cas, les débris végétaux ont échappé plus ou moins complètement à la destruction, parce qu'ils étaient recouverts par une couche d'eau épaisse, ou par des matières solides, argiles, grès, calcaires, sans interposition dans leur tissu de matières minérales.

En d'autres circonstances, la substance qui a conservé leur forme, quelquefois même leur structure interne, était en dissolution, et s'est déposée soit à la superficie, soit en remplissant en même temps tous les vides existant dans les cellules et les vaisseaux de la plante.

Viennent ensuite de précieuses indications sur la manière de récolter et de conserver les échantillons. Quelquefois les blocs de grès ou de schistes ne présentent aucune empreinte à leur surface ; mais en examinant avec attention leur tranche, des lignes noires brillantes indiquent souvent la présence de portions plus ou moins importantes de végétaux. On cherchera à diviser le bloc suivant cès bandes révélatrices, et, après quelques essais, on acquerra facilement le tour de main nécessaire pour fendre l'échantillon qui renferme la plante fossile.

Quand les végétaux ont été recouverts par des dépôts calcaires abandonnés par les eaux incrustantes, comme à Meximieux, à Sézanne, etc., le travail de la récolte des échantillons devient plus laborieux ; les blocs de tufs cassés avec une masse, puis débités en fragments moins volumineux à l'aide du marteau et du ciseau, laissent voir dans leur intérieur et dans tous les vides le moule en creux des organes les plus variés : feuilles, rameaux, fleurs, fruits, conservés dans les moindres détails. Si on fait pénétrer sous pression, dans ces moules, du plâtre, du soufre fondu, de la cire, en dissolvant ensuite, au moyen de l'acide chlorhydrique étendu et saturé de sulfate de chaux, la roche calcaire, on obtient alors en relief les organes même les plus délicats, par exemple les fleurs avec toutes leurs étamines.

Vingt-deux planches lithographiées, dessinées par M. Renault lui-même, complètent et ornent son volume.

A la fin d'un article consacré aux fossiles, il nous sera permis de dire un mot d'un de ces hommes de génie, qui par la puissance de l'intuition ont *deviné* ce que *découvrent* les savants de nos jours. Nous voulons parler de Bernard Palissy, qui a mérité d'être appelé par Cuvier « le père de la géologie moderne ». N'étant encore qu'un simple ouvrier verrier, avant même d'être obsédé par l'idée de réinventer l'émail, il avait, dans son tour de France, jeté sur toutes choses son regard de curieux de la nature. « Rien ne lui était indifférent : terres, argiles, marnes, sels, engrais, glaces, pierres, métaux, plantes, animaux, mer, marais salants, sources, pluies, rochers, fossiles, pétrifications, c'est-à-dire l'histoire naturelle du globe tout entière, tout l'attirait, le retenait, lui fournissait une notion, lui donnait une pierre pour servir à l'édifice scientifique qu'il voulait élever..... Il passe en Allemagne, où il trouve la marne noire et la marne jaune, admire les cristaux de Fribourg-en-Brisgau, note à Mansfeld (Saxe) « quantité de poissons réduits en métal », c'est-à-dire ayant été en contact avec une eau métallifère et dont les molécules de chair se sont changées en molécules de métal. Plus tard, lorsque ses misères, son indomptable volonté et son beau talent d'artiste lui eurent donné renommée et fortune, il forma, à l'aide de ce qu'il avait trouvé dans ses voyages et des présents qu'on lui avait offerts, un cabinet d'histoire naturelle, le premier qui ait existé à Paris.

« Cela ne lui suffit bientôt plus. L'apôtre se réveilla en lui ; il voulut faire profiter les autres de sés découvertes, et en même temps appeler la contradiction pour compléter sa propre éducation.

« Voici ce que lui fit trouver son ingéniosité, son esprit

toujours en éveil. En 1575, pendant le carême, il fit annoncer par affiches qu'il donnerait des leçons sur les fontaines, les pierres, les métaux... Il promettait quatre écus à celui qui l'aurait convaincu de mensonge... Il montrait comme preuve de ses dires les pièces de sa collection.

« Ce que furent ces conférences, nous le savons, Palissy les ayant résumées dans un livre dédié à Antoine de Pons qu'il fit paraître en 1680, à Paris, chez Martin le jeune, à l'enseigne Serpent.

« Ce livre, qui traite des eaux, des glaces, des métaux, des sels, des pierres, des argiles, constitue un véritable cours de géologie comparée. Il est intitulé : *Discours admirables de la nature des eaux et fontaines tant naturelles qu'artificielles, des métaux, des sels et salines, des pierres du feu et des émaux avec plusieurs autres excellents secrets des choses naturelles.* »

Nous avons emprunté ces détails à un livre que M. Gustave Geffroy vient de publier sur le merveilleux artiste de la Renaissance [1], parce qu'ils montrent à quel point Bernard Palissy appartenait au monde des savants ; mais l'auteur a naturellement mis en lumière les chefs-d'œuvre d'art du « potier de terre » et leur a consacré ses meilleures pages ; et là encore nous voyons l'artiste procéder du naturaliste.

« Pour orner la terre façonnée pour lui, dit M. Gustave Geffroy, ce grand réaliste Bernard Palissy s'avisa de demander des motifs décoratifs à la faune et à la flore qui l'environnaient.

« Pendant ses promenades à travers les marais du bord de la mer, le long de la Charente et des ruisseaux de Saintonge, il regardait, il observait le grouillement du monde animal

---

1. *Bernard Palissy* (Bibliothèque laïque de la jeunesse. 1 *bis*, rue Hautefeuille).

qui vit dans les eaux et la végétation humide des rochers et des rives.

« Il restait attentif et silencieux, contemplant les allées et venues des bestioles dans le creux d'une pierre ou sous les herbes. Il finit par savoir à merveille les allures, les habitudes des couleuvres grises, glissant sans bruit sur le sol, des vipères passant leur tête plate entre les pierres, des lézards allant et venant brusquement dans tous les sens sur une pierre grise, ou s'arrêtant le gosier gonflé pour boire le soleil; il connut les mouvements des poissons venant aspirer l'air de la surface de l'eau, ou partant comme des flèches à la poursuite d'une proie, avec des exercices natatoires variés; il vit des grenouilles sauter et tomber dans l'eau comme des pierres ; il vit se traîner dans la vase les écrevisses et les crabes et s'entr'ouvrir les coquillages.

« Il nota les différences de couleur dans la végétation aquatique, depuis le rouge brun et le vert sombre des algues marines jusqu'aux pâleurs du saule.

« Et ayant vu et appris tout cela, il le rendit tel qu'il l'avait vu. »

L'auteur de l'intéressante étude que nous signalons est à la fois un artiste et un écrivain. Il a compris l'œuvre si complexe de Bernard Palissy, et il a su en faire ressortir tout ce qui contenait un enseignement, tout ce qui recélait une beauté. L'extrême modicité du prix de l'ouvrage le mettra dans toutes les mains; et sa lecture fera faire de nombreux pèlerinages au Louvre où se voient les « rustiques figulines », et au Muséum d'histoire naturelle où vivent les modèles préférés, animaux et feuillages, de Bernard Palissy.

XVIII

LA COMÈTE

L'attention de tout l'Observatoire est en ce moment dirigée sur la comète qui brille dans notre ciel depuis plusieurs jours. M. Bigourdan l'aperçoit dans la nuit du 22 au 23 juin et en calcule les éléments. M. Wolf en fait l'étude physique, et M. Thollon l'étude spectroscopique.

Cette comète avait été vue dans l'autre hémisphère, à Rio-Janeiro, le 29 mai ; aussi était-on prévenu de son arrivée. L'état nuageux du ciel fit perdre quelques jours de la visibilité de l'astre ; et l'Observatoire de Kiel, plus favorisé par le beau temps, le vit deux heures avant nous.

C'est la seconde fois que cette comète est observée. Elle fut vue d'abord le 9 septembre 1807, en Italie, par un moine, et observée à Marseille, huit jours plus tard, par Pons. Elle était visible à l'œil nu et remarquable par l'intensité de sa lumière, par l'étendue de son noyau et par la longueur de sa queue. William Herschel en étudia la composition à l'aide de son puissant télescope. On put l'observer jusqu'au 27 mars 1808. L'orbite en fut calculée par l'Allemand Bessel, que M. Faye a appelé « le plus grand astronome de son temps ».

Demi-grand axe	143,86
Distance aphélie [1]	286,07
Excentricité	0,9955

1. La distance périhélie indique le plus grand rapprochement de la comète au soleil, la distance aphélie son plus grand éloignement. Ces distan-

23 juin.

24 juin.

Différents aspects de la comète 1881.

Ce qu'il y a de curieux, c'est que la durée de la révolution devait être de 1,714 ans ; mais on avait prévu qu'elle pouvait s'élever à 2,157 ans ou s'abaisser à 1,404 ans. Puis Bessel refit ses calculs, et, tenant compte de nouvelles perturbations, assigna à sa comète une période de 174 ans. Elle reparaît donc cent ans plus tôt que ne le permettait la prédiction. On apportait, paraît-il, alors la plus étrange négligence dans les calculs, au point même de ne pas tenir compte des différences d'une *minute*. On va sans doute maintenant déterminer les causes des perturbations, ou plutôt les erreurs qui ont si mal annoncé le retour de l'astre.

M. Tisserand signale une comète non cataloguée mais citée dans l'ouvrage de Struyck, *Vervolg van de Beschryving der Staatoterren* (Amsterdam, 1755), qui aurait été vue au cap de Bonne-Espérance en 1733, juste soixante-quatorze ans avant 1807.

Quoiqu'on n'ait pu en calculer les éléments, et quoiqu'elle n'ait pas été observée en Europe après son passage au périhélie, l'identité de la période et l'apparition de la comète dans l'hémisphère sud permettent de supposer que c'est la même que nous voyons actuellement. M. Mouchez a appelé sur ce fait l'attention de M. Oudemans, le savant astronome d'Utrecht, parce que les Hollandais, anciens possesseurs du cap de Bonne-Espérance, trouveront peut-être dans leurs archives des documents qui permettront d'utiliser cette ancienne observation.

Quoi qu'il en soit, notre comète paraît devoir rester parmi les comètes à longue période, c'est-à-dire parmi celles dont les orbites elliptiques s'étendent au delà de l'orbite de Neptune ; mais dans cette immense catégorie,

---

ces sont exprimées en parties d'une unité choisie arbitrairement, mais celle que l'on s'accorde à adopter est la distance moyenne de la terre au soleil.

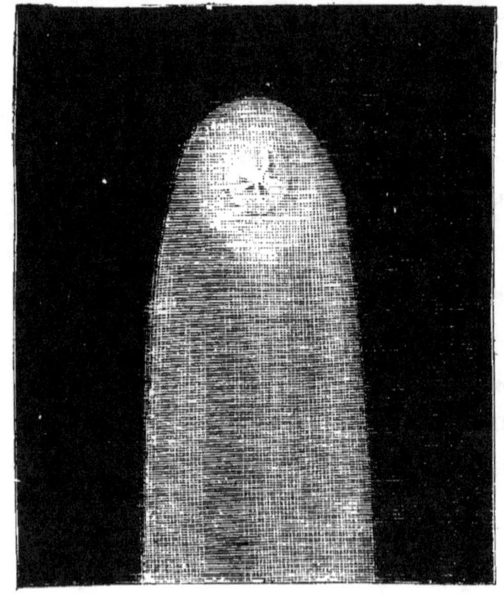

26 juin.

29 juin.

Différents aspects de la comète 1881.

elle se trouve une de celles qui ont les plus petites distances aphélies, ce qui conduit à diminuer infiniment le rapport énorme indiqué par Bessel. La comète d'Olbers, qui a une révolution à peu près semblable, a comme distance aphélie 34,055.

Si les calculs sont vrais, — mais on vient de voir qu'il y a bien des chances pour qu'ils soient faux, — il y a des comètes dont la révolution comprendrait plusieurs milliers d'années. Ainsi la première comète de 1780 (numéro 91 du catalogue), découverte par Messier le 26 octobre, doit avoir une révolution de 75,838 ans. Des observations plus récentes et qui par conséquent ont dû être mieux faites sont arrivées à des résultats encore plus considérables. La comète découverte à Paris par Mauvais, le 7 juillet 1844 (numéro 167 du catalogue), a été observée jusqu'au 10 mars 1845. Elle a été vue de part et d'autre de son périhélie, et M. Plantamour en a calculé avec beaucoup de soin les éléments elliptiques. Il a trouvé une durée de révolution de 100,000 ans.

Les orbites des comètes sont donc des ellipses plus ou moins allongées dont le soleil occupe l'un des foyers.

Les comètes à très longue révolution, après être venues à une distance du soleil moindre que le rayon de l'orbite terrestre, s'en éloignent à plusieurs milliers de fois de ce rayon. Elles se trouvent alors à une plus grande distance de la terre que les étoiles a du Centaure, a de la Lyre, Sirius, Arcturus, la Chèvre.

Mais ces éloignements ne sont rien, comparés à ceux des comètes à *éléments paraboliques*. Ces comètes ont des ellipses dont les grands arcs paraissent tellement considérables, qu'on les considère comme infinis.

La grande comète de 1853 est une comète à éléments paraboliques. Le 27 février, au moment de son passage ou

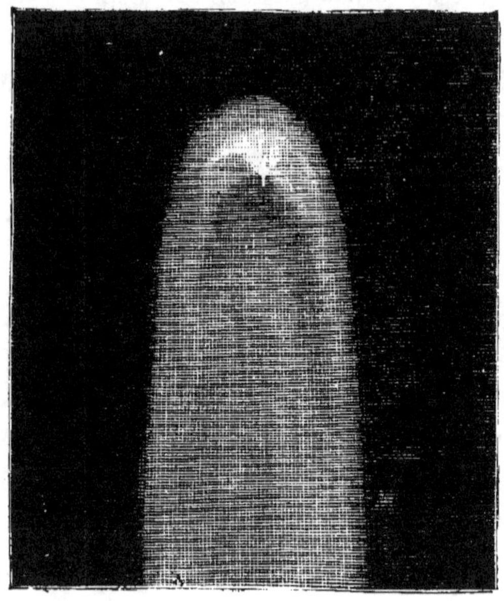

30 juin.

1er juillet.

Différents aspects de la comète 1881.

périhélie, elle était si rapprochée du soleil, que de surface à surface il y avait au plus treize mille lieues entre les deux astres.

Par contre il y a des comètes dont la révolution est de très courte durée. Telle est la comète périodique d'Eucke, découverte par Pons, à Marseille, le 26 novembre 1818, qui accomplit son trajet elliptique en douze cents jours, soit trois ans trois dixièmes. C'est l'observateur prussien dont elle porte le nom qui a calculé cette durée. Son orbite ne dépasse pas celui de Jupiter. La comète de Gambart a une révolution de six ans trois quarts. Elle va au delà de Jupiter. Le 22 novembre 1843, M. Faye a découvert une comète dont la période est de sept ans et demi et dont l'orbite dépasse aussi celle de Jupiter.

Toutes les orbites de ces comètes périodiques s'entrelacent les unes avec les autres et avec celles des planètes ; mais, comme les plans de ces orbites sont diversement inclinés sur le plan de l'écliptique, les ellipses, loin de se couper, passent à des distances assez grandes les unes des autres.

On appelle *comètes intérieures* celles dont l'aphélie se trouve en deçà de l'orbite de Neptune, la dernière planète connue du système solaire.

Tout le monde a pu constater que la comète b de 1881 est visible à l'œil nu. Il y en a beaucoup dans ce cas, ce qui a permis aux anciens de les observer et même d'en tirer de funestes présages. Le ciel n'a commencé à être exploré avec les télescopes et les lunettes qu'au commencement du dix-septième siècle. Dans les quatorze premiers siècles de notre ère, il y a eu, tant en Europe qu'en Chine, quatre cent sept comètes visibles à l'œil nu. Le seizième siècle en a fourni vingt-trois ; le dix-septième en compte douze, dont deux seulement dans les cinquante premières années. Au dix-

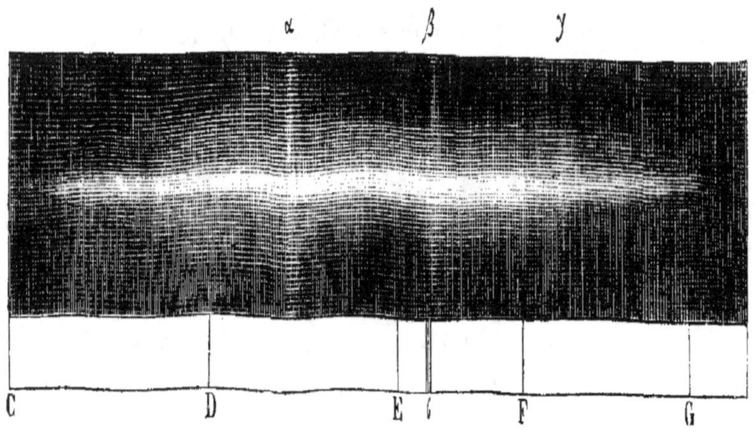

Spectre normal de la comète, 24 juin 1881.

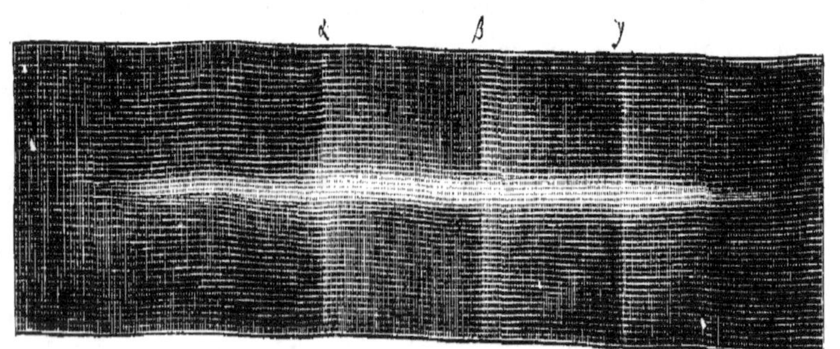

Spectre normal de la comète, 1er juillet 1881.

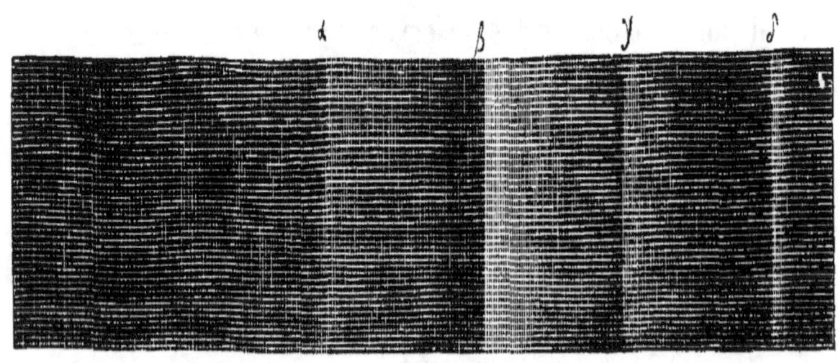

Spectre normal de la flamme d'alcool.

huitième siècle, il n'en parut que huit. Notre époque paraît devoir être assez riche : elle présente les comètes de 1807, 1811, 1819, 1835, 1843, 1858, 1874. Celle de 1881 marquera dans le souvenir de tous ceux qui l'ont vue.

Certaines comètes sont visibles en plein jour ; mais les exemples en sont assez rares. L'historien Justin rapporte qu'une comète se montra pendant soixante-dix jours, l'année de la naissance de Mithridate, cent trente-quatre ans avant J.-C.

« Le ciel, dit-il, paraissait tout en feu, la comète en occupait la quatrième partie, et son éclat était supérieur à celui du soleil; elle employait quatre heures à se lever, autant à se coucher. »

La comète de l'an 43 avant Jésus-Christ, qui était pour les Romains l'âme métamorphosée de César, était visible le jour à l'œil nu.

Des observateurs modernes ne permettent pas de douter de l'éclat merveilleux de certaines comètes. La comète de 1743, célèbre par ses queues multiples, était, d'après Chéseaux, le 1er février, plus lumineuse que Sirius, la plus brillante étoile. Un mois après elle se voyait en présence du soleil. En se plaçant d'une manière convenable, de façon à ne pas être ébloui par la lumière solaire, le 1er mars, plusieurs personnes l'aperçurent, même sans lunettes, à une heure après midi.

La comète du commencement de 1843 a été aperçue en plein midi à une distance de moins de 2 degrés du soleil.

La comète actuelle est bien loin de ces splendeurs. Il n'y a du reste que huit comètes qui aient été *vraiment* vues en plein jour.

La comète de 1807 ou de 1881 porte le numéro 120 du catalogue, ce qui veut dire qu'elle a été découverte la 120e. Celle qui porte le n° 1 a été observée l'an 136 avant Jésus-Christ.

Selon M. Faye, c'est probablement Uranus qui, à une

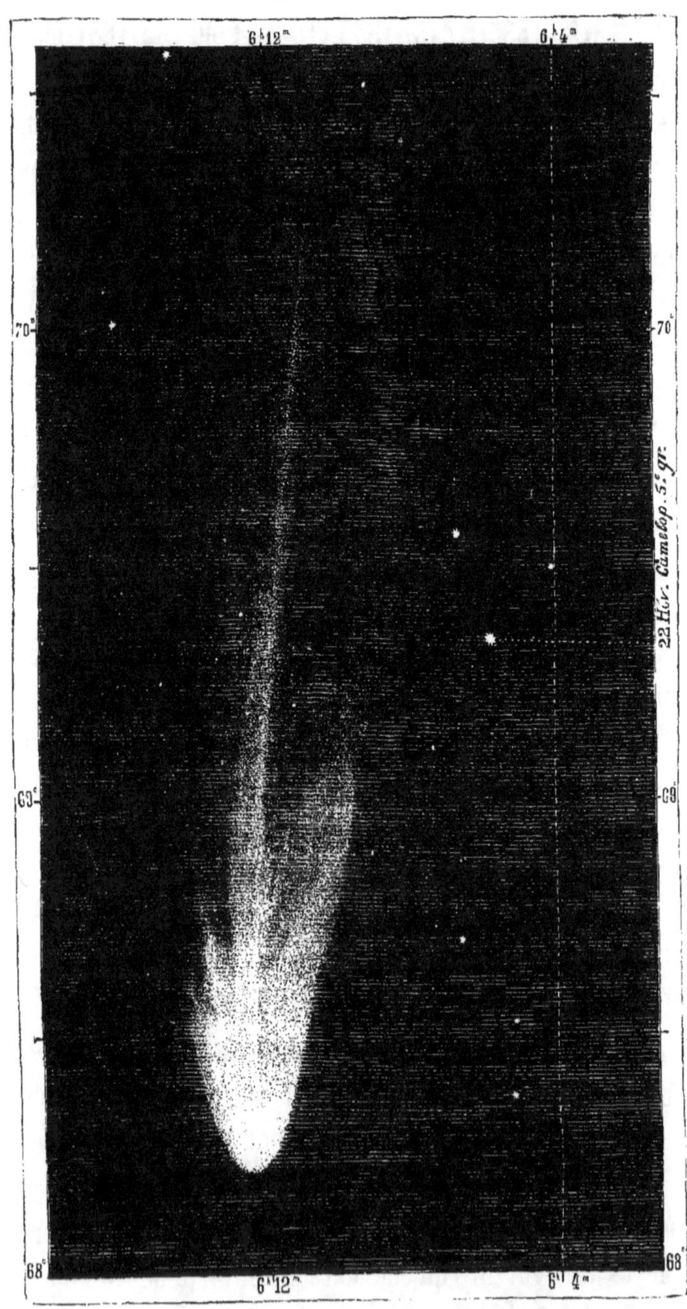

Fac-similé d'une photographie de la grande comète *b* 1881, obtenue à
l'observatoire de Meudon le 1ᵉʳ juillet 1881, à 0ʰ37 matin ; pose, 30 minutes.

époque inconnue, a, par son attraction, fait cadeau au système solaire de la comète actuelle.

On sait que le *noyau* de la comète est le point lumineux plus ou moins éclatant qui s'aperçoit ordinairement vers son centre, et que la nébulosité qui l'entoure porte le nom de *chevelure*. On n'est pas encore fixé sur la consistance des noyaux ; les uns se comportent comme des corps diaphanes ; ils sont en général mal déterminés ; mais cependant on a pu établir le diamètre réel de quelques-uns. Le noyau de la comète de 1798 (n° 112 du catalogue) n'avait que onze lieues de diamètre ; celui de la troisième comète de 1845 (n° 171 du catalogue) mesurait 3,200 lieues.

La nébulosité des comètes paraît ordinairement circulaire, et l'intensité de sa lumière va en augmentant depuis le bord assez mal défini jusqu'au centre.

« En dehors du contour circulaire qui définit la nébulosité, dit Arago, on aperçoit quelquefois un, deux et même trois anneaux lumineux fort larges, séparés les uns des autres par des intervalles comparativement obscurs ou dans lesquels la lumière est à peine sensible. Il est aisé de concevoir que ce qui paraît un anneau circulaire en projection doit, en réalité, être une enveloppe sphérique. On aura une idée assez nette de cette composition compliquée du cométaire en imaginant dans notre atmosphère, et à trois hauteurs différentes, trois couches continues de nuages qui feraient le tour entier du globe. Il faudrait seulement, pour rendre la comparaison tout à fait exacte, supposer ces trois couches diaphanes et leur conserver néanmoins les propriétés optiques spéciales qui les distinguent aujourd'hui de l'air interposé entre elles, c'est-à-dire une grande puissance réfléchissante. »

Pour la comète de 1807, les épaisseurs des enveloppes lumineuses étaient de 12,000 lieues.

La nébulosité de la grande comète de 1811 avait un diamètre de 450,000 lieues.

Aujourd'hui que l'astronomie dispose de l'analyse spectrale, l'étude physique des comètes va certainement faire de grands progrès. C'est pourquoi la communication de M. Wolf à l'Académie nous offre un intérêt tout spécial.

La comète de Coggia (1874), la seule comète visible sur l'horizon de Paris depuis plusieurs années, avait été déjà étudiée par ce procédé si fécond.

M. Wolf et M. Rayet l'ont suivie tout le temps qu'elle a passé dans notre ciel; d'abord télescopique, elle s'est développée rapidement; mais elle a échappé aux astronomes au moment où son étude devenait le plus intéressante. Ils ont pu néanmoins présenter à l'Académie les dessins qu'ils avaient faits de ses formes successives, ainsi que les résultats de l'analyse de sa lumière.

L'étude de la comète de 1881 complète l'étude de la comète de 1874.

« La comète actuelle, dit M. Wolf, nous arrive déjà très développée après son passage au périhélie. Les transformations du noyau et de ses enveloppes sont extrêmement rapides, comme le montrent les dessins que nous en avons faits, M. Bigourdan, M. Guaénaire et moi. Nous aurons l'honneur de présenter ces dessins à l'Académie dès qu'ils seront mis en état d'être placés sous ses yeux. Au grand télescope, la segmentation de la tête, que Boud a trouvée dans la comète de Donati, était nettement visible le vendredi 24 juin; les instruments plus petits ne la montraient pas.

« La nouvelle comète représente donc la deuxième période du développement d'un de ces astres curieux, dont nous avons vu la première seulement dans la comète de Coggia. Son étude va nous permettre de suivre la transformation des enveloppes et de compléter ce que la comète de 1878 a déjà appris.

« Au point de vue de l'analyse spectrale, nous pouvons dès maintenant corriger une conclusion prématurée qui pourrait se déduire de nos observations de la comète de Coggia en 1874. Elle nous a offert, à partir du 19 mai, le spectre continu et presque linéaire du noyau, traversé par les trois bandes brillantes caractéristiques de la lumière des comètes (je les ai retrouvées dans plus d'une dizaine de ces astres). Mais, le 13 juillet, veille de la dernière observation possible, les trois bandes avaient presque disparu, tandis que le spectre du noyau était devenu beaucoup plus vif.

« Faut-il conclure de là que le gaz incandescent, hydrogène carboné ou autre, auquel sont dues ces bandes, disparaît à mesure que la comète se développe, pour faire place à la lumière propre ou empruntée du noyau? L'observation de la nouvelle comète nous l'apprend. Elle s'élève rapidement, à partir de l'horizon, dans la même région du ciel où la comète de Coggia s'abaissait pour disparaître trop tôt au-dessous de l'horizon. Or, le vendredi 24 juin, son spectre observé au même instrument qui nous a servi en 1874 se réduisait presque au ruban continu donné par le noyau ; la nébulosité ne donnait qu'une bande large et très pâle, bien terminée du côté le plus réfrangible, diffuse d'autre part; les autres bandes des comètes n'existaient pas ou, du moins, on ne pouvait qu'en soupçonner l'existence au voisinage du noyau. Mais, hier dimanche, 26 juin, la comète est déjà loin de l'horizon, et, quand le ciel est pur, les trois bandes brillantes apparaissent avec une grande netteté. La bande verte surtout est vive, plus longue que les deux autres et nettement limitée du côté le moins réfrangible (longueur d'onde, 516). De ce côté, elle

semble bordée d'un espace obscur, comme dans le spectre de la comète de Coggia. Comme dans celle-ci, le rouge
est la seule nuance bien visible dans le spectre du
noyau, et il est un peu dilaté. Les observations ultérieures
nous apprendront si ces bandes continueront à se développer. »

Pour l'éclat, beaucoup de personnes sont tentées de
comparer la comète à une étoile de première grandeur.
En réalité, son éclat intrinsèque est assez faible. En dé-
plaçant légèrement le télescope, M. Wolf a eu l'occasion de
voir le spectre d'une étoile de cinquième à sixième grandeur : le trait de feu qui le forme était au moins aussi
brillant que le spectre du noyau.

Le directeur de l'Observatoire ayant mis à la disposition
de M. Thollon l'équatorial de quatorze pouces, cet astronome a pu faire, pendant les nuits des 24, 25 et 26 juin,
des études spectroscopiques sur la comète ; il a obtenu les
résultats suivants :

Le noyau de la comète donne un spectre continu
assez brillant, sur lequel on ne distingue ni bandes ni
raies.

La nébulosité qui entoure le noyau laisse voir trois bandes qui se détachent sur un fond formant spectre continu.
L'une d'elles est très visible. Les autres sont faibles. Leur
position a été mesurée avec beaucoup de soin.

Le spectre de bandes fourni par la comète ressemble
à celui que donne la flamme bleue de l'alcool. Cette identité ne résulte pas seulement de l'aspect des bandes, de
leurs rapports d'intensité, mais encore de leur position absolue.

Le spectre de la comète est donc le spectre du carbone ou de l'un de ses composés. La seule différence
constatée, c'est que la bande violette donnée par l'al-

cool ne se voit pas dans le spectre de la comète, et l'absorption de l'atmosphère suffit à rendre compte de la différence.

Cette identité du spectre de l'astre avec celui de l'alcool a fait dire à la *Nature :* « Et l'on s'étonne que les années à comètes soient les années à bon vin ! »

XIX

CHIMIE PHYSIOLOGIQUE

Les ptomaïnes.

Une simple définition serait insuffisante pour faire comprendre à la fois la nature de ces corps nouveaux appelés ptomaïnes en raison de leur instabilité et l'importance sociale de leur découverte.

Tout progrès réalisé en médecine légale a des conséquences considérables en rendant moins facile la production de ces erreurs judiciaires si tristement irrémédiables et qui révoltent à un aussi haut degré la conscience humaine,

Rien ne saurait faire mieux comprendre l'intérêt de premier ordre qui s'attache à la découverte des ptomaïnes, que la conviction qui s'impose, que ces substances nouvelles ont dû provoquer des erreurs dont les conséquences pour les individus et les familles qui en ont été victimes ont été terribles.

Heureusement, depuis quelques années la médecine légale, grâce à la pression de l'opinion publique vivement surexcitée par des travaux particuliers, grâce aussi au zèle et au bon vouloir de ceux qui ont la charge de l'enseigner, est entrée dans une voie véritablement scientifique.

Les travaux que nous allons analyser en sont la preuve, et ils font le plus grand honneur aux savants dont les noms seront si souvent répétés dans cet article.

Un individu meurt : à tort ou à raison, des soupçons s'élèvent sur la légitimité de sa mort, et une enquête est ordonnée. Cette enquête donne des résultats positifs ou négatifs. Dans le premier cas (le second ne nous intéressant pas), l'autorité judiciaire délègue un médecin avec mission de procéder d'abord à l'examen extérieur du cadavre, et ensuite à l'autopsie. Cette opération elle-même peut éclairer l'autorité sur la nature des causes de la mort ou bien ne fournir aucun renseignement. C'est alors que se trouve établie la nécessité de pousser l'analyse plus profondément, et c'est au chimiste que l'on s'adresse.

La tâche de celui-ci est complexe et délicate, et, pour la mener à bien, il faut à la fois qu'il possède une instruction spéciale très complète et une grande habileté dans le manuel opératoire que seule une longue expérience peut donner.

Quels étaient jusqu'ici les termes du problème à résoudre? L'individu avait été empoisonné ou était mort naturellement. C'est seulement si la première hypothèse se trouvait réalisée que l'analyse pouvait donner un résultat; elle devait rester muette, ou du moins on le pensait, dans l'hypothèse d'une mort naturelle. Il restait maintenant au chimiste à déterminer quelle était la nature du poison. Deux méthodes générales peuvent conduire à ce résultat, suivant que l'on se propose de rechercher un toxique d'origine minérale ou d'origine végétale. Pour dégager le poison minéral des combinaisons dans lesquelles il a pu s'engager au sein des tissus ou des liquides de l'économie, on détruit la matière organique par voie chimique ou par voie ignée, et dans les résidus de cette opération on caractérise le toxique minéral à l'aide des réactions qui lui sont propres. Cette recherche, si bien conduite qu'on puisse le souhaiter, peut ne donner que des renseignements négatifs ; il reste au chimiste à établir si l'intoxication n'a pas été produite par un poison d'origine végétale. La méthode suivie tout à l'heure n'est plus applicable dans l'espèce. En effet, les principes actifs tirés des végétaux ne résisteraient point aux procédés de destruction de la matière organique, et disparaîtraient avec elle ; il faut donc recourir à l'emploi de dissolvants spéciaux pour extraire les principes actifs des végétaux. La plupart de ces principes actifs sont des alcaloïdes, ainsi nommés parce qu'ils possèdent, en dépit de leur origine végétale, des propriétés communes avec les alcalis minéraux. Une fois éliminés de leur gangue par la méthode inaugurée par Stass, les alcaloïdes sont caractérisés par des réactions délicates, et même, si cela est nécessaire, par des expériences physiologiques.

Jusqu'à ces derniers temps on avait cru que chaque fois qu'un alcaloïde était extrait du corps humain, cette substance y avait été introduite soit en nature, soit à l'état de combinaison avec le végétal dont elle dérive. A part certains alcaloïdes préparés dans les laboratoires et non encore employés dans l'empoisonnement criminel, on ne connaissait pas d'autres alcaloïdes que ceux retirés des végétaux. Donc, chaque fois que l'on trouvait un alcaloïde on était autorisé à conclure à un empoisonnement naturel ou artificiel.

Tel était l'état de la question lorsque A. Gautier, professeur agrégé à la Faculté de médecine de Paris, et Selmi (de Bologne) appelèrent simultanément l'attention du public savant, le premier sur la formation spontanée d'alcaloïdes vénéneux aux dépens des matières albuminoïdes putréfiées, le second en montrant que l'on pouvait trouver dans des cadavres humains des alcaloïdes vénéneux ou fixes ou volatils développés spontanément sous l'influence de la putréfaction. Ces deux découvertes, bien que contemporai-

nes, avaient eu, on le voit, des points de départ différents.
Selmi s'attacha à ses recherches et fut assez heureux, dans
un procès criminel en Italie dans lequel il fut chargé de contrôler l'expertise chimique, pour démontrer que c'était à
tort que les experts chargés de l'analyse des viscères du général X. avaient conclu à l'existence de la delphinine, et que
l'alcaloïde qu'ils avaient extrait était une ptomaïne présentant, il est vrai, les principaux caractères de la delphinine,
mais s'en éloignant par certains autres.

Comme il est facile de le comprendre, la découverte de
Selmi eut un retentissement considérable. Niée par les uns,
affirmée par les autres, elle provoqua un étonnement général et serait peut-être tombée dans l'oubli si les principaux
intéressés, les chimistes experts, préoccupés à bon droit de
cette nouvelle difficulté surgissant dans leurs délicates fonctions, ne s'étaient donné pour mission de vérifier les travaux
du chimiste italien. En 1880, M. Brouardel, professeur de
médecine légale à la Faculté de médecine de Paris, publia, en
collaboration avec M. Boutmy, un premier travail sur les ptomaïnes. De leurs expériences, les deux savants concluaient
d'abord qu'il peut se former au cours de la décomposition
cadavérique certaines substances présentant les caractères
généraux des alcaloïdes organiques et que, par conséquent,
l'existence des ptomaïnes était incontestable. Non seulement
l'existence des ptomaïnes était mise hors de doute, mais
encore Brouardel et Boutmy prouvaient par différentes réactions qu'elles présentaient des caractères distinctifs, tant
au point de vue chimique qu'au point de vue toxique. Sans
avoir pu encore établir d'une façon précise la nature des
conditions qui présidaient à la formation des ptomaïnes, ces
observateurs avaient néanmoins reconnu que chaque cas de
putréfaction ne paraissait pas toujours donner naissance à
des ptomaïnes différentes et que l'on pouvait retrouver le

même alcaloïde dans des cadavres d'individus dont le corps s'est putréfié dans des conditions absolument différentes.

Brouardel et Boutmy avaient établi de plus, qu'en dépit de leur nom certaines ptomaïnes avaient, à un degré variable, la propriété de résister même à la chaleur et, de plus, que les ptomaïnes toxiques pour les animaux l'étaient également pour l'homme. Ce n'était pas assez d'avoir contrôlé l'existence des ptomaïnes, l'introduction de ces éléments perturbateurs dans la toxicologie soulevait de redoutables complications. Il fallait, en effet, trouver un moyen scientifique et pratique de différencier les ptomaïnes des alcaloïdes végétaux. Sans ce moyen il eût été pour ainsi dire presque impossible, à l'avenir, à un chimiste expert de conclure à un empoisonnement en présence d'un alcaloïde.

Sans avoir complètement résolu le problème, Brouardel et Boutmy l'ont cependant singulièrement simplifié, et si les chimistes experts sont toujours tenus à la plus sévère prudence, ils ont au moins maintenant une réaction qui leur permettra de différencier, dans la plupart des cas, les alcaloïdes végétaux des alcaloïdes cadavériques.

Partant de cette idée que les ptomaïnes se forment le plus ordinairement à l'abri du contact de l'air, ils ont pensé que cette sorte de substance pouvait, pour cette raison, être apte à opérer certains phénomènes de réduction chimique.

Après plusieurs tâtonnements, Brouardel et Boutmy se sont adressés au cyanoferride de potassium, que les ptomaïnes ramènent instantanément à l'état de cyanoferrure, tandis que sauf la morphine et l'atropine, qui sont douées de propriétés réductrices, les alcaloïdes végétaux restent sans action sur ce réactif. Voici du reste leur *modus faciendi* : la base retirée du cadavre par la méthode de Stass est purifiée autant que possible, puis transformée en sulfate. On étend fortement la dissolution de ce sel, puis on ajoute quelques gouttes dans une petite quantité de cyanoferride de potassium dissous et déposé sur un verre de montre. Si la base est une ptomaïne, il suffira de verser une goutte de perchlorure de fer étendue dans le verre de montre pour obtenir un précipité bleu de Prusse ; si, au contraire, on est en présence d'un alcali végétal ordinaire, il ne se fera pas de bleu de Prusse.

Brouardel et Boutmy tiraient de leurs expériences cette conclusion, peut-être un peu trop absolue, que chaque fois qu'une base trouvée dans un cadavre ne serait ni de la morphine ni de l'atropine, et qu'elle agirait sur le cyanoferride, cette base serait une ptomaïne.

On était en droit de se demander si les alcaloïdes végétaux, pendant leur passage à travers l'économie, n'éprouvaient point certaines modifications susceptibles de les rapprocher des ptomaïnes. Brouardel et Boutmy ont résolu la question en intoxiquant des animaux avec des alcaloïdes purs qu'ils ont pu caractériser par des réactifs chimiques.

Peu de temps après la publication de Brouardel et Boutmy, A. Gautier (17 mai 1881) vérifia d'une façon générale l'exactitude de la réaction donnée par ses collègues ; mais en même temps il démontra qu'un grand nombre d'alcaloïdes artificiels très vénéneux se comportaient, sous l'influence du ferrocyanure de potassium et des persels de fer, à la façon des ptomaïnes ; mais, ainsi que l'ont fait observer avec raison Boutmy et Brouardel, jusqu'ici ces alcaloïdes artificiels n'ont pas fait leur apparition en toxicologie : ils n'infirment donc pas d'une façon absolue l'exactitude de la réaction différentielle donnée par eux.

Non seulement la découverte des ptomaïnes est d'une importance capitale au point de vue de la médecine légale, mais elle ouvre encore de vastes et nouveaux horizons à la physiologie et à la pathologie.

Il était important de déterminer les conditions qui président à la formation des ptomaïnes dans la putréfaction des corps et de rechercher si la production de ces alcaloïdes était la conséquence nécessaire de la putréfaction ou bien s'ils pouvaient également prendre naissance pendant la vie.

On voit, par cette simple exposition, combien cette question, née d'hier, va susciter de recherches du plus haut intérêt : nous devons nous féliciter de voir ce problème entre les mains d'hommes capables d'en pousser la solution aussi loin qu'il sera nécessaire. Brouardel et Boutmy avaient cru remarquer que les ptomaïnes semblaient naître de préférence lorsque la putréfaction s'opérait à l'abri du contact de l'air et résulter de l'union de certains hydrogènes carbonés avec l'azote provenant des tissus ou des liquides animaux, quand l'oxygène de ces matières et leur carbone disparaissent à l'état d'acide carbonique. Ces deux expérimentateurs, ayant analysé les gaz qui se produisent dans l'acte de la putréfaction à ses différentes périodes, ont constaté :

1° Que l'oxygène disparaissait au fur et à mesure que la putréfaction avançait ; 2° qu'il y avait une diminution de 50 0/0 dans les proportions d'azote et d'hydrogène carboné ; 3° que les ptomaïnes se formaient au fur et à mesure que les éléments ci-dessus nommés devenaient latents, et ils ont pensé que l'hydrogène carboné concourait probablement, soit à l'état de méthyle, de phényle, de toluyle, etc., à la formation de corps parmi lesquels se trouvaient les ptomaïnes. Les faits suivants donnent plus de poids à l'hypothèse de Brouardel et Boutmy : c'est que les alcalis végétaux dans lesquels on introduit par méthylation ou phénylation les hydrogènes carbonés, méthyle ou phényle, ont également la propriété de réduire le cyanoferride de potassium. Ces faits sembleraient donc indiquer que les ptomaïnes qui agissent sur le cyanoferride, comme le font les bases méthylées ou phénylées, contiennent, comme ces dernières, du méthyle, du phényle, etc.

Comme nous l'avons indiqué plus haut, il était de la plus haute importance de rechercher si ces ptomaïnes pouvaient se produire pendant la vie. Les expériences réalisées jusqu'à ce jour nous paraissent probantes et tendent à démontrer que sous l'influence du surmenage ou de certains états morbides, il peut se former des ptomaïnes dans l'économie. Déjà, en Italie, Luzzana avait signalé la présence des ptomaïnes chez les animaux surmenés, et en Allemagne on avait isolé du pus de certains individus atteints de septicémie une base particulière à laquelle on avait donné le nom de pepsine.

Depuis, Brouardel et Boutmy ont signalé des faits intéressants. Ainsi une femme meurt après avoir fait un avortement suspect. L'autopsie est faite deux jours après et montre une métro-péritonite au début ; l'analyse chimique à laquelle il est procédé permet de constater que la femme a subi une intoxication par la vératrine. Mais, outre la vératrine, on trouve également une quantité considérable d'un alcaloïde ayant les caractères d'une ptomaïne. L'analyse chimique avait été faite aussi rapidement que possible dans un temps assez rapproché de la mort, pour qu'il paraisse difficile de croire que cette ptomaïne ait pu se développer en aussi grande abondance en un si court espace de temps. Il semblerait donc que, dans certaines maladies, plus particulièrement dans les affections septiques, il puisse se former pendant la vie des alcaloïdes analogues aux ptomaïnes.

Reprenant cette question à un point de vue plus général, A. Gautier vient d'en étendre singulièrement les limites et de jeter une vive lumière sur un certain nombre de faits jusque-là restés obscurs. D'après les recherches de notre compatriote, les ptomaïnes peuvent se rencontrer en proportions plus ou moins grandes dans les produits normaux excrétés par l'économie.

C'est ainsi que l'on peut retirer de l'urine normale, comme l'a démontré en 1880 le docteur G. Pouchet, un alcaloïde très oxydable à chloroaurate et chloroplatinate bien cristallisés et déliquescents. Cet alcaloïde a des propriétés toxiques énergiques ; il tue les animaux en laissant le cœur en systole et en provoquant les phénomènes de tétanisation et de stupeur ; il présente en outre les caractères généraux des ptomaïnes. Ce principe actif est accompagné dans les urines normales d'une substance azotée incristallisable, très vénéneuse.

La présence de ces deux substances dans l'urine permet de croire qu'elles se produisent en plus grande quantité dans l'état de maladie. Lorsque la sécrétion urinaire se ralentit, ou vient à être tarie, il y a accumulation dans le sang de ces matières toxiques, et si l'économie, par une sorte de révolte, par une crise, comme disaient les anciens médecins, c'est-à-dire par une sudation abondante, une débâcle intestinale ou le rétablissement du flux urinaire, ne parvient pas à se débarrasser de ces produits, la mort survient rapidement. Il y a dans ces faits des indications de thérapeutique générale qui ne sauraient être négligées.

A. Gautier a tenté de rapprocher les ptomaïnes de venins avec lesquels elles présentent plus d'un point de contact.

Déjà, en 1865, à la Société de biologie, P. Bert avait établi que dans le venin de l'abeille xylocope existe une matière présentant les caractères généraux des alcaloïdes et susceptible de donner des cristaux avec les acides. Depuis, A. Gautier est parvenu à retirer d'une petite quantité de venin du trigonocéphale et surtout du naja de l'Inde (*cobra capello*) deux matières alcaloïdiques donnant des chloroplatinates, des chloroaurates solubles et bien cristallisés. Ces substances jouissent des propriétés générales des ptomaïnes et réduisent, comme elles, le cyanoferride de potassium.

Tout récemment, le même chimiste vient de faire une découverte étonnante qui relie, pour ainsi dire, entre elles les deux parties de cette question. Poursuivant les idées qu'il avait déjà émises sur l'existence des substances vénéneuses dans les produits normaux d'excrétion, il s'est demandé si les glandes salivaires ne produisaient point chez les animaux supérieurs des substances toxiques analogues au venin des serpents.

Il a trouvé, en effet, dans la salive humaine normale une substance très toxique, surtout pour les oiseaux, qu'elle stupéfie profondément, substance soluble et non albuminoïde, dont l'activité résiste à la température de 100° c.

Elle est principalement formée d'un alcaloïde vénéneux à chloroplatinate et chloroaurate solubles et incristallisables, de la nature des alcaloïdes cadavériques.

A. Gautier émet en conséquence cette idée générale qu'à l'état physiologique ou morbide il se forme dans l'économie des substances alcaloïdiques ou non, résidus de la vie des tissus, très actives sous un petit volume, pouvant normalement ou anormalement s'accumuler dans le sang ou être sécrétées par telle ou telle glande. On peut d'ailleurs s'expliquer leur genèse, dit A. Gautier, en observant qu'il suffit d'enlever à la molécule de l'albumine un certain nombre de molécules d'ammoniaque, d'acide carbonique et d'hydrogène, tous produits gazeux dégagés pendant la putréfaction, pour retomber sur la formule des bases pyridiques et hydropyridiques, ainsi que sur les dérivés triméthylés de la glycéramine, bases qui présentent, d'après Gautier, le plus d'analogie avec les ptomaïnes. Certains champignons vénéneux, tels que la fausse oronge, renferment un principe actif, la muscarine, dont les propriétés physiologiques et chimiques se rapprochent de celles des ptomaïnes.

La découverte des ptomaïnes jette, de plus, une grande lumière sur certains faits qui jusqu'ici étaient restés inexpliqués ou n'avaient reçu qu'une interprétation erronée ; on sait depuis longtemps que les viandes altérées, et surtout la charcuterie, peuvent produire des accidents d'intoxication très graves, souvent mortels. Il n'est pas douteux maintenant que ces accidents soient produits par des ptomaïnes. Brouardel et Boutmy en ont, du reste, donné la démonstration en retirant des viscères d'une personne empoisonnée par de l'oie farcie une ptomaïne semblable à celle que renfermait l'oie dont l'ingestion s'était montrée si dangereuse.

Même lorsque les viandes sont préparées tout récemment, elles peuvent présenter des propriétés toxiques extrêmement énergiques. Or, comme jusqu'ici on n'avait pas pu rattacher la cause à l'effet, on avait accepté comme démontrée l'influence des vases dans lesquels la viande avait été préparée ; c'est ainsi que s'est établie la légende des propriétés nocives des vases de cuivre, contre laquelle a si vigoureusement protesté le docteur Galippe. Les accidents qui se sont produits à Lille, à Montmorency, dans lesquels le cuivre a été incriminé et non retrouvé, doivent être attribués au développement des ptomaïnes. Les phénomènes toxiques provoqués par l'ingestion de ces viandes, très fraîches en apparence, sont tellement rapides et tellement violents, que les malades paraissent bientôt être dans un état désespéré. Lors de l'accident survenu dans la vallée de Montmorency, à la suite de l'ingestion de galantine très régulièrement préparée, soixante ou quatre-vingts personnes pensèrent mourir. Le charcutier fùt inquiété ; mais l'expertise ne donna que des résultats négatifs, et peu à peu cette affaire tomba dans l'oubli.

Comme on le voit, cette question des ptomaïnes présente un intérêt multiple; née d'hier, elle a déjà pris un développement considérable grâce aux hommes de mérite qui s'en occupent. Il faut s'attendre à voir ces recherches acquérir par la suite une grande influence sur la direction des études biologiques.

XX

ANATOMIE

Histoire de l'embryologie.

L'embryologie est une science toute récente. Mais elle n'en a pas moins de lointaines origines. Les phénomènes qu'elle embrasse sont en effet, à notre point de vue subjectif, les plus merveilleux phénomènes de la vie et les plus émouvants que le regard de la raison humaine soit journellement appelé à contempler. Et naturellement ils sont dans la relation la plus étroite avec nos conceptions sur les origines des êtres.

M. Mathias Duval, en inaugurant le cours qu'il professe avec tant de succès dans la chaire de Broca, à l'école d'anthropologie, a fait un historique de l'embryologie et déterminé quels rapports la relient à l'anthropologie plus intimement qu'avec aucune autre science.

Ses deux premières leçons ont été publiées dans la *Revue d'anthropologie* (1881, p. 10-60). Il ne remonte pas dans son historique au delà de la période moderne. Et le fait est qu'au delà on ne rencontre rien de bien positif, aucune idée basée sur des observations précises. Un travail du regretté Ch. Daremberg, publié tout récemment [1], nous montre cependant que dans l'antiquité on avait, sur le mécanisme

____

1. *Théories des philosophes grecs sur la génération* (*Revue scientifique* du 1er juin 1881, p. 447).

de la transmission de la vie, des vues infiniment plus en rapport avec la nature et les lois des choses, que celles du moyen âge et des temps modernes.

Trop souvent le raisonnement suffisait aux anciens « pour créer l'anatomie, la physiologie et la science si délicate de l'embryogénie. » Mais, du moins, ne partaient-ils pas de principes abstraits invérifiables et faisaient-ils intervenir presque toujours les forces naturelles sous les formes qu'ils connaissaient ou croyaient connaître, sans recourir de parti pris à l'action capricieuse de puissances supra-terrestres.

Ils ont eu, sur l'origine et la nature de la semence, les opinions les plus différentes et même, si l'on veut, les plus bizarres ; mais du moins n'y a-t-il rien de fabuleux et de métaphysique dans la manière dont ils l'ont envisagée. La plupart la faisaient dériver des centres nerveux. Pour Démocrite, elle venait de toutes les parties du corps, et notamment des plus importantes, des chairs, des os et des fibres ; et pour Leucippe et Zénon, elle était arrachée de l'âme. Pour tous ou à peu près, sa puissance formatrice était corporelle, participait du pneuma ou de l'air, l'âme elle-même était un corps.

Et nous disons bien, sa *puissance formatrice*, car c'est bien, pour eux, d'une formation graduelle, d'une évolution qu'elle était le point de départ et la source. Nous voyons sans doute Empédocle, par exemple, avancer que les membres du rejeton sont déjà disposés dans la semence de la femelle et dans celle du mâle, et qu'ils se réunissent à la suite de l'acte de la génération. Mais en général ils considèrent que toutes les parties de l'embryon sont formées peu à peu par la combinaison ou le développement des éléments primaires de la semence.

Ils ont, en effet, longtemps discuté la question de savoir

quelle partie paraissait la première dans le fœtus. Et ils
l'ont résolue dans des sens différents.

Pythagore aurait professé, suivant Porphyre, que c'était
la moelle qui était la première formée. Alcmœon aurait soutenu que c'était la tête, la tête étant le principe qui régit
toute l'économie animale ; Anaxagore, que c'était le cerveau,
siège de tous les sens ; Démocrite, le ventre et la tête,
parce que ces parties tiennent beaucoup de vide ; Empédocle et les médecins, le cœur, d'où partent les artères et
les veines et qui renferme la vie de l'homme, etc.

Les doctrines sorties des conceptions du moyen âge et
qui ont dominé jusque dans les temps modernes furent tout
à l'opposé de celle-là. Jusqu'au commencement de ce siècle
on nia en quelque sorte toute espèce de science du développement, l'embryon comme organisme différent de l'organisme adulte, vivant avec d'autres organes que l'adulte
et présentant un corps autre que celui du corps de l'animal
adulte, en professant en un mot la doctrine de la *préexistence des germes.*

D'après cette doctrine, le petit n'était qu'un adulte en miniature : il était préformé depuis l'origine de ses premiers
ancêtres ; il n'avait qu'à grossir pour devenir apparent, et
toutes ses parties préexistantes n'avaient qu'à augmenter
de volume. Elle trouvait, il faut le dire, sa justification dans
quelques faits mal observés. Ainsi, en écartant, par exemple, les deux moitiés latérales, les deux cotylédons d'un ha-
ricot, on trouvait une petite plante en miniature avec un rudiment de racine et deux feuilles primitives. La physiologie et l'anatomie des plantes trop peu avancées n'avaient
pas encore révélé que cette plante en miniature, cet embryon végétal se formait graduellement aux dépens d'une
cellule primitive dite « ovule ». On s'arrêtait à l'examen de
de la graine mûre. Aromatari, médecin de Venise, auquel

M. Mathias Duval fait remonter son historique, et qui publia ses observations à ce sujet, en 1625, en concluait à la préformation de la jeune plante dans l'organe générateur de la plante mère. Il fut ainsi le père de la théorie de la préexistence des germes. Swammerdam, si célèbre par ses découvertes microscopiques, étendit d'ailleurs bientôt cette théorie aux animaux, ou plutôt aux animaux ovipares. Il avait, en effet, trouvé dans la chrysalide le futur papillon tout formé, avec ses ailes, ses pattes rudimentaires, n'ayant plus besoin que de croître et de s'étaler ; il avait en conséquence vu dans la chenille une chrysalide rudimentaire, et dans l'œuf une chenille en miniature.

Enfin presque en même temps on ramenait la reproduction des vivipares au même type que celle des ovipares. Harvey, auquel on doit la découverte de la circulation, proclamait le fameux principe *Omne vivum ex ovo*.

La démonstration de ce principe était réservée à Régnier de Graaf. Cet observateur découvrit sur l'ovaire des mammifères des vésicules qui portent son nom. Il les considéra comme des œufs. Elles ne sont que l'enveloppe de l'œuf. Mais dès lors l'identité du mode de reproduction chez les ovipares et les vivipares parut évidente. Et, dit M. M. Duval, « la doctrine de la préexistence des germes, ne rencontrant plus d'obstacle pour s'appliquer à tous les animaux, devint générale : ce fut l'époque de son triomphe le plus complet. »

Par une singulière coïncidence, Malpighi lui-même fut amené à lui donner l'appui de faits observés par lui-même. Cet illustre anatomiste a fait avec une grande exactitude, dans son traité *de Formatione pulli in ovo incubato*, la description de l'apparition du petit poulet dans la cicatricule de l'œuf incubé. Or, cette formation est extrêmement rapide. Après vingt et un jours d'incubation l'animal est en état de *bêcher sa coquille* et d'aller affronter la vie extérieure. Et sur un œuf ouvert le second jour ou même parfois à la fin du premier, on voit déjà un point agité de mouvements rhythmiques : c'est le *punctum saliens* d'Aristote, c'est le cœur exécutant déjà ses contractions.

Malpighi voulut remonter à l'origine de cette formation. Il examina un œuf non couvé. Et il y reconnut encore les premiers délinéaments d'un embryon. Il n'y avait plus en apparence à résister à la doctrine courante.

L'embryon paraissait décidément préformé dans l'œuf.

Naturellement on a eu, depuis, l'explication de l'observation exacte, mais mal interprétée de Malpighi. La température de 37° centigrades est la plus favorable au développement de la cicatricule en embryon ; mais des températures bien inférieures, celles de 35, de 30 et même de 28°, peuvent suffire. C'est pourquoi, en été, il n'est pas rare de rencontrer dans les œufs des embryons ayant déjà une extrémité caudale et une extrémité céphalique.

Or, l'œuf étudié par Malpighi était pondu depuis vingt-quatre heures. Et il a été étudié en Italie, au mois d'août, dans un moment de grande chaleur, au témoignage de Malpighi lui-même, qui dit : *Magno vigente calore observabam.* Une chaleur notée comme remarquable au mois d'août en Italie dépassait certainement 30°.

Mais on sait combien les idées courantes, en dominant les esprits, nuisent à l'interprétation impartiale des faits que l'on observe.

L'observation de Malpighi tourna donc entièrement au profit de la théorie de la préexistence des germes.

« Le petit être qui n'avait qu'à grossir était inclus dans l'œuf et, par suite, dans l'organisme producteur, comme celui-ci avait été inclus dans le corps de son générateur, et successivement ainsi de génération en génération, en remontant jusqu'au premier individu créé. C'est ce qu'on appela l'*emboîtement des germes*, emboîtement à l'infini : car la première poule créée aurait contenu successivement inclus les uns dans les autres les germes de toutes les générations de poules à venir. De même la première mère du genre humain avait été créée avec tous les germes des futures générations humaines inclus et emboîtés dans son sein. Au lieu d'études embryologiques, c'est-à-dire d'observations anatomiques et de recherches expérimentales, l'esprit humain était livré, à ce sujet, aux spéculations métaphysiques et théologiques ; d'après l'âge de la terre, évalué alors à cinq ou six mille ans environ, on calculait le nombre de germes que la première femme avait dû porter successivement inclus et emboîtés dans ses ovaires. » Et l'on voyait se livrer à ces calculs fantastiques les physiologistes les plus renommés de l'époque, notamment Haller, qui prétendait retrouver sur l'embryon de l'homme les traces microscopiques des poils qui ombrageront le visage de l'adulte, et sur le jeune faon embryonnaire la miniature des bois qui orneront la tête du cerf.

La découverte faite dans les dernières années du dix-septième siècle par un étudiant de Dantzig, Louis Hamm, des spermatozoïdes, ne vint rien changer à la doctrine. Car on voulut reconnaître en eux tous les organes d'un petit animal : une bouche, un tube digestif et même des circonvolutions intestinales. Seulement, quelques-uns leur firent jouer le premier rôle et ne regardèrent plus l'œuf que comme un nid, un réceptacle incubateur où ils se développaient.

Les premières observations précises, les premières découvertes d'embryologie n'ébranlèrent elles-mêmes aucunement la doctrine de la préexistence ou de la préformation des germes. Elles remontent à 1759 et à 1768, et sont

dues à G.-F. Wolff. Proclamé aujourd'hui père de l'embryologie, Wolff, né à Berlin en 1733, soutint, en 1759, à vingt-
six ans, sa thèse inaugurale intitulée *Theoria generationis*.
Il s'efforçait dans ce travail de remonter à l'origine de l'embryon ; « il étudiait la figure veineuse du blastoderme,
c'est-à-dire les réseaux qui parcourent l'aire transparente
et l'aire opaque du blastoderme ; il montrait que ces réseaux ne préexistent pas ; que primitivement le blastoderme est uniformément configuré à la place qu'il doit
occuper et qu'à un moment donné on y voit apparaître des
épaississements (appelés depuis les *îlots de Wolff*), qui émettent bientôt des prolongements allant ultérieurement se re-
joindre et s'anastomoser d'un îlot à l'autre. »

Ce réseau sanguin est, à son début, extérieur au corps
de l'embryon. Étudiant ce corps même, Wolff rechercha,
quelques années après, dans son traité *de Formatione intestinorum* (1768), le mode de formation première de son
tube digestif.

Ce traité est véritablement fondamental, car il contient
des notions aujourd'hui bien répandues, qui ont été le
point de départ et la base de tous les travaux des embryologistes. « Wolff y démontre que le blastoderme se compose de deux feuillets, l'un superficiel, l'autre profond ; que
ce dernier, d'abord plat et étalé, se recourbe, se transfor-
mant par involution en une gouttière ; que les bords de
cette gouttière se rapprochent, se soudent, et que finalement il en résulte un tube clos, le tube intestinal, dont les
deux extrémités s'ouvrent ultérieurement pour constituer
la bouche et l'anus. »

Il était par là bien prouvé que les parties de l'embryon
ne préexistent pas ; qu'elles se forment successivement, et
que, de détails en détails, elles viennent s'apposer l'une à
l'autre ; qu'il y a en un mot *épigenèse* (EPI, sur, et GENNAO, se

former), suivant le nom même que prit plus tard le mode de formation découvert par Wolff.

Cependant, ces démonstrations, ignorées ou méconnues, ne suffirent pas encore à renverser la théorie opposée de la préformation de l'embryon. Et jusqu'au commencement de notre siècle le nom même de Wolff resta dans la plus profonde obscurité.

En 1812 seulement, Meckel, qui comprit la haute importance de son traité *de Formatione intestinorum*, en publia une traduction allemande.

Et dans le même temps, un biologiste de haut mérite, Dollinger, de Wurzbourg, résolut de poursuivre les mêmes recherches : dès 1814, il publia un travail sur « l'embryologie du cerveau ». Un jeune savant, Pander, vint alors associer ses efforts aux siens, ainsi qu'un artiste distingué, l'habile graveur d'Alton. De ces trois hommes dévoués à la même cause, Pander est le plus connu. C'est à lui que revient le mérite d'avoir établi la constitution du blastoderme en trois feuillets ; un feuillet externe, un feuillet interne et un feuillet moyen ou vasculaire. Et, bien qu'il ait fait remonter à Wolff les premières indications à ce sujet, la théorie du blastoderme et de ses feuillets fut dénommée sous le nom de « théorie des feuillets de Pander ». Car il eut la chance et l'honneur, que partagèrent d'ailleurs Dollinger et d'Alton, de former un élève qui réussit à donner à l'embryologie sa constitution comme science bien définie. Nous voulons parler du célèbre E.-K. de Baer, auquel on vient d'élever à Riga une statue comme à l'un des fondateurs de l'anthropologie en Allemagne, car il finit par se consacrer presque entièrement à cette science. Ses grands travaux d'embryologie furent publiés de 1828 à 1837. M. Mathias Duval en indique ainsi la filiation et l'importance historique : « Ce que Wolff avait fait pour le tube intestinal, de Baer le fit pour le système nerveux et les organes des sens ; il démontra qu'une partie du feuillet externe prend la forme d'une gouttière longitudinale (gouttière médullaire) ; que les bords de cette gouttière se rapprochent, arrivent au contact, se soudent, et qu'il en résulte ainsi un tube bientôt indépendant, mais rattaché par ses origines au feuillet externe du blastoderme ; ce tube n'est autre chose que la « moelle épinière », ou, pour mieux dire, « l'axe nerveux cérébro-spinal » ; car, tandis que ses parties postérieures restent sous la forme d'un tube (moelle épinière avec son canal central), sa partie antérieure se dilate en une série de renflements compliqués (ventricules cérébraux), d'où dérivent les diverses masses nerveuses encéphaliques. Ce mode de développement à l'aide d'un feuillet qui se plie en gouttière, puis circonscrit une cavité par soudure des bords de la gouttière, de Baer le démontra également pour l'*amnios*. Il découvrit, de plus, la *corde dorsale*, premier rudiment du squelette vertébral. Enfin l'œuf des mammifères, cet œuf que Harvey avait deviné, que de Graaf avait été si près de rencontrer dans l'ovaire, mais dont il n'avait vu que l'enveloppe, c'est de Baer qui en constata le premier l'existence, et la science a consacré sa découverte en donnant le nom d'*ovule de Baer* à l'élément anatomique femelle, à l'œuf des vivipares en général, à celui des mammifères et de la femme en particulier. »

Parmi les embryologistes contemporains nous aurions plusieurs noms à citer. L'importance de leurs recherches ingénieuses a été assez mise en relief dans les discussions réitérées sur la production des monstres, dans lesquelles s'est distingué notamment M. Dareste, ainsi que par les leçons professées depuis longtemps au Collège de France par M. Balbiani sur l'embryogénie comparée. Ce sont évidemment les comparaisons instituées entre le développement embryologique des divers animaux qui leur ont assigné leur vraie place dans l'ensemble des sciences et le rôle considérable qu'elles vont jouer. Car après nous avoir montré que les êtres les plus élevés ne se compliquent et ne s'élèvent que graduellement pendant leurs phases embryonnaires, ses recherches nous ont fait voir par les comparaisons que tous les êtres ont le même point de départ et ne s'écartent qu'en s'arrêtant à des phases différentes et en subissant des modifications ultérieures spéciales. Elles servent journellement à déterminer les rapports réels des différents animaux, et même les homologies fondamentales de leurs parties. Elles sont venues presque à point fournir la preuve générale la plus convaincante du transformisme, et celui-ci, par sa vogue méritée, en a encore rehaussé l'éclat. Enfin, lorsque Hæckel a voulu faire l'histoire des espèces, retracer l'évolution ou la *phylogénie* (phulè, tribu ; génos, développement) des séries animales, c'est à elles qu'il a demandé tous les éléments de preuve, c'est à l'histoire de l'évolution embryonnaire de l'être individuel, à l'*autogénie* qu'il a dû recourir.

M. Mathias Duval l'expose en excellents termes que le défaut d'espace nous empêche seul de reproduire intégralement :

« Une connaissance plus approfondie du développement de chaque être a montré que la série des formes successives revêtues par l'organisme individuel, depuis l'œuf jusqu'à son entier développement, est une répétition en miniature de la série des degrés de l'échelle animale, c'est-à-dire selon l'hypothèse évolutionniste, qui se trouve par cela même démontrée, une répétition de la longue suite de transformations subies par les ancêtres du même organisme depuis les temps les plus reculés jusqu'à nos jours. »

Mais que de traits généraux encore incertains! que de points particuliers obscurs ! Le champ de l'embryologie est donc immense. Et nulle science, si ce n'est elle-même lorsqu'elle traite plus particulièrement de l'homme, n'offre un intérêt philosophique plus grand.

XXI

CHIMIE

Les travaux de Henri Sainte-Claire Deville.

Les travaux mémorables de Henri Sainte-Claire Deville l'avaient placé depuis longtemps déjà au premier rang des chimistes de notre temps. D'autres savants, par la grandeur de leurs découvertes, auront les mêmes titres que lui à la reconnaissance de la postérité ; mais aucun peut-être n'obtiendra l'immense popularité dont son nom a été entouré, ni une plus grande somme d'affections. Dans le cours de sa carrière à l'Ecole normale, comme maître de conférences et comme chef du laboratoire qu'il a créé et rendu célèbre ; à la Sorbonne, comme professeur et examinateur ; dans les grandes Compagnies industrielles qui avaient tenu à honneur de l'appeler dans leurs conseils pour profiter de ses lumières, Henri Sainte-Claire Deville a été constamment en contact avec un grand nombre de personnes appartenant à toutes les classes de la société. On peut dire que par l'estime qu'inspiraient sa science et son caractère, par l'enjouement et la grâce de son esprit, et surtout par la bonté de son cœur, il s'est fait partout des amis dévoués, reconnaissants, auxquels il a donné et dont il a reçu jusqu'à son dernier jour des preuves d'une constante affection. Sa mort a donc été un deuil profond pour tous ceux qui l'ont connu et qui l'ont accompagné en si grand nombre à sa dernière demeure.

M. Pasteur, avec toute l'autorité de sa parole et de son talent,
a été l'éloquent interprète de leurs douloureux sentiments ;
mais, après ce premier hommage, il en est un autre qui ne
pouvait lui être rendu sur sa tombe et que nous voudrions
lui rendre ici. C'est de rappeler avec quelques détails les
plus importants des travaux qui lui ont valu la considération
élevée des chimistes de notre temps, ses maîtres ou ses
émules, et lui assurent dans l'avenir la gloire durable de
son nom.

Étienne-Henri Sainte-Claire Deville est né le 11 mars
1818, dans l'île danoise de Saint-Thomas des Antilles, où
son père était alors consul de France. Mais c'est à Paris,
au collège Rollin, qu'il fit ses études en même temps que son
frère Charles, géologue éminent que l'Académie des sciences
a perdu il y a quelques années, et qui avait seulement quelques années de plus que lui.

Son esprit était largement ouvert ; mais ses goûts le portaient surtout vers la chimie et les sciences naturelles. Aussi,
tout en poursuivant ses études médicales, il se livrait, dans
un petit laboratoire particulier qu'il s'était fait construire
rue Monsieur-le-Prince, à des recherches de chimie qui
dénotent une vocation véritable. Ses *Recherches sur l'essence de térébenthine* datent de 1839. Il avait alors vingt
et un ans. Il les a continuées en 1840, et, en 1841, une
commission de l'Académie des sciences, composée de Thénard, Pelouze et de M. Dumas, rapporteur, résumait ainsi
les recherches du jeune savant : « Les difficultés du sujet
« abordé par l'auteur, le soin consciencieux apporté à toutes
« ses expériences, et la nouveauté de quelques-uns de ses
« résultats, ont déterminé la commission à proposer à l'Aca-
« démie d'insérer son mémoire dans le Recueil des savants
« étrangers. »

C'était une rare distinction pour un savant de cet âge ;

mais nous ne nous serions pas arrêtés sur ce mémoire, qui n'a qu'une faible importance dans l'œuvre du futur maître, si l'on n'y voyait apparaître déjà, comme le fait ressortir avec précision M. Dumas, certaines qualités maîtresses de Henri Sainte-Claire Deville, le *soin consciencieux* apporté à

Henri Sainte-Claire Deville.

toutes ses recherches et l'*habileté à vaincre les difficultés*, dont il a donné tant de preuves dans sa vie. Nous allons voir bientôt son esprit inventif et se développer et acquérir une puissance que peu de savants ont surpassée.

En 1841, il continue ses recherches de chimie organique et publie une « Note sur l'essence d'élémi », des recherches

sur les résines, *Etude sur le baume de Tolu*, où il découvre
et étudie avec sa précision habituelle un hydrocarbure devenu l'un des corps les plus importants de la chimie organique, le *toluène*, homologue immédiatement supérieur de
la benzine et qui en possède les propriétés essentielles. C'est
avec un mélange de ce toluène et de benzine qu'on a produit plus tard cette magnifique matière colorante si connue
sous le nom de *fuschine*, la prémière de ces innombrables
matières colorantes que la chimie a su tirer des goudrons
de houille. Comme on le voit, ce sont les recherches de chimie organique qui l'attirent au début de sa carrière. Berzélius et les chimistes du commencement de ce siècle semblaient avoir épuisé le champ de la chimie minérale, tandis
qu'au contraire les travaux de M. Chevreul sur les corps gras
et surtout de M. Dumas sur les éthers avaient donné à la
chimie organique un essor prodigieux qui ne s'est pas encore ralenti. Les découvertes de M. Dumas, de Regnault,
de Pelouze et des plus jeunes chimistes qui marchaient
sur leurs traces, Laurent, Gerhardt et Cahours, pour ne
parler que de nos compatriotes, montraient toute la fécondité des nouvelles études. Il y avait là de quoi séduire une
nature ardente, énergique et éprise de gloire comme la
sienne. Il s'était donc précipité avec ardeur dans la voie qui
conduisait à tant de régions inexplorées. Ses premiers essais marquaient déjà sa place parmi les maîtres futurs de
la chimie organique ; il va cependant bientôt abandonner ses
études et devenir le chef incontesté de la chimie minérale.

En 1844, l'Université, pour arriver à une décentralisation
scientifique bien désirable pour le pays, essayait d'augmenter le nombre des Facultés des sciences dans de grandes
villes de province. Mais la principale difficulté était de
trouver un personnel enseignant parmi les savants peu nombreux qui consentaient à quitter Paris. Il fallait de toute

nécessité recourir à de jeunes talents. Thénard, qui administrait avec autant de discernement que de justice les sciences physiques au conseil supérieur de l'Université, se connaissait en chimistes : il envoya Henri Sainte-Claire Deville, déjà docteur ès sciences et docteur en médecine, à Besançon, en qualité de doyen, en lui donnant des collègues tels que le regretté Delesse et M. Puiseux, jeunes et pleins d'avenir comme lui, et qui sont devenus plus tard ses confrères à l'Académie.

Le jeune doyen (il avait alors vingt-six ans) allait bientôt voir sa science mise à l'épreuve pour la solution d'une de ces questions délicates qui intéressent à un haut degré l'hygiène de nos grandes villes. Il s'agissait d'analyser les eaux du Doubs et des sources voisines de la ville de Besançon, et de juger de leur valeur au point de vue de l'alimentation publique. Ses études ne l'avaient pas préparé à de telles recherches. La chimie organique n'emploie, en effet, que des méthodes simples et peu nombreuses pour le dosage des éléments des corps qu'elle étudie et qui se forment dans les réactions provoquées par le chimiste sur des matières déjà connues. La véritable difficulté de ces recherches — et elle est très grande — consiste, en réalité, à dégager les combinaisons que l'on veut analyser des mélanges souvent complexes qui se produisent dans les opérations où elles se sont formées. Au contraire, en chimie minérale, une substance parfaitement définie et de composition relativement simple, peut être très difficile à analyser par le défaut de méthodes propres à séparer les éléments qui la constituent. En fait, l'analyse minérale est un métier difficile et ingrat, cependant indispensable à apprendre pour quiconque veut aborder avec succès l'étude des composés minéraux.

C'est ce que Deville avait admirablement compris, et il

n'était pas homme à reculer devant de telles difficultés. Non seulement il traitait, suivant les désirs du conseil municipal de Besançon, la question particulière soumise à son examen, mais dans un beau mémoire publié en 1847 « Sur la composition des eaux potables », il faisait connaître une méthode, nouvelle en plusieurs points, d'analyse des eaux des fleuves et des sources, et démontrait en même temps, de la façon la plus précise, la présence constante dans ces eaux de la silice et des azotates alcalins qu'on n'y avait rencontrés que dans quelques circonstances particulières. C'est une observation dont la grande importance au point de vue de l'action fertilisante des eaux a été mise depuis en relief par M. Boussingault. Dans le cours de ces longues et patientes recherches, Deville avait eu l'occasion de réfléchir longuement aux difficultés et aux lenteurs de l'analyse minérale, et il s'était préoccupé d'y remédier, sinon d'une manière générale, au moins en ce qui concerne l'analyse des principaux minéraux qui composent l'enveloppe solide de notre globe. La première condition et l'on peut dire la seule indispensable d'une méthode de recherches, c'est l'exactitude. Henri Sainte-Claire Deville ne l'a jamais oublié ; mais ce qui caractérise celles qu'il a imaginées, c'est la réunion de l'exactitude, de l'élégance et de la rapidité. Les essais commencés dans cette voie ne furent menés à bonne fin que quelques années plus tard, dans son laboratoire de l'École normale ; sa méthode, dite *de voie moyenne*, permet de séparer facilement avec une grande précision les divers éléments qui entrent dans la composition des silicates, même les plus complexes. Dans leurs recherches minéralogiques, MM. Fouqué, Lechartier et Grandeau, ses élèves, ont employé et contribué à vulgariser cette remarquable méthode.

Mais nous avons anticipé sur la vie de Deville. Son

mémoire « sur de nouveaux procédés d'analyse chimique »
date de 1852, et c'est en 1849 qu'il a réalisé dans son
laboratoire de Besançon la préparation de l'acide azotique
anhydre. Ce travail a eu sur sa vie scientifique la plus heureuse influence : il mérite à tous égards de nous arrêter
un instant.

L'acide azotique et tous les acides monobasiques, c'est-
à-dire ceux qui ne donnent avec les bases qu'une seule
espèce de sels, n'avaient jamais pu être obtenus à l'état
anhydre, tandis qu'il est facile d'obtenir à cet état les
acides donnant plusieurs espèces de sels, tels que les acides sulfuriques, phosphoriques, etc. Cette propriété de ne
former qu'une seule espèce de sels avait-elle pour corol-
laire nécessaire de rendre leur déshydratation impossible ?
Gerhart et d'autres chimistes le pensaient alors. Mais
Henri Sainte-Claire Deville était peu sensible à des arguments tirés d'une théorie contestable, et, par une réaction
simple mais exigeant une incomparable habileté, il isolait
l'acide azotique anhydre en cristaux aussi beaux que ceux
du sucre candi.

Quelque temps après, par une juste conpensation bien
due à son puissant esprit, Gerhart, amené à une conception plus juste de la nature des acides anhydres par cette
découverte, avait la gloire d'imaginer une méthode générale de préparation des acides monobasiques de nature
organique que la méthode de Deville ne permettait pas
d'obtenir.

Mais revenons à Deville. En 1851, M. Balard, appelé au
Collège de France, laissait vacante la place de maître de
conférence à l'École normale, où il avait inauguré un enseignement vraiment scientifique de la chimie. Deville fut
appelé à lui succéder. Il y arrivait plein d'ardeur, sans se
préoccuper de l'extrême modicité du traitement attaché à

ses fonctions, quoiqu'à cette époque des revers de fortune et des charges de famille eussent pu faire, à d'autres moins énergiques et moins désintéressés que lui, une loi de conserver une position plus lucrative. En quelques années, il avait installé un grand laboratoire, le premier que nous ayons eu en France, alors que l'Allemagne avait déjà doté depuis longtemps les universités de ses petites villes d'immenses laboratoires et de puissants instruments de travail.

Aujourd'hui que les pouvoirs publics, mieux inspirés, pourvoient avec une sage libéralité aux besoins toujours croissants de la science, on s'imaginerait difficilement les difficultés de toute espèce que Deville a eu à surmonter pour obtenir ses premiers instruments de travail et pour arracher aux ministres d'alors un budget de travail qui paraîtrait aujourd'hui dérisoire.

En possession de ressources de laboratoire plus étendues, qui lui permettaient de multiplier et de varier ses essais, Henri Sainte-Claire Deville vit bientôt que, contrairement à l'opinion généralement reçue alors, la plupart des sujets de chimie minérale, autrefois traités avec supériorité par Berzélius, Vauquelin, Gay-Lussac, Thenard et tant d'autres chimistes célèbres, étaient loin d'être épuisés. Seules les méthodes anciennes avaient usé leur puissance, mais des méthodes nouvelles couvenablement appliquées conduisaient à des résultats aussi importants qu'inattendus. A partir de 1854 se succèdent alors ses mémorables recherches sur l'*aluminium*, sur le *bore* et le *silicium ;* sur les *métaux du platine* et sur plusieurs métaux réfractaires tels que le *nickel*, le *cobalt* et le *manganèse ;* sur la *reproduction des espèces minérales*, etc., qu'il a publiées soit seul, soit en collaboration avec plusieurs des élèves qu'il a formés dans son laboratoire, MM. Debray, Troost et Caron.

Nous n'insisterons ici que sur le plus populaire de ses travaux, sur la découverte des propriétés utilisables de l'aluminium.

L'aluminium est plus abondant dans la nature que le fer ; c'est son oxyde qui forme la majeure partie de l'argile ; mais il est bien plus difficile à isoler. Ainsi, tandis que le fer est connu depuis une haute antiquité, l'aluminium n'a été isolé qu'en 1827, par Vohler, à l'aide d'une méthode remarquable et dont l'invention est un grand titre de gloire de cet illustre chimiste. Toutefois, son mode d'opérer ne lui avait fourni le nouveau métal que dans un état de division et de mélange qui le rendait particulièrement altérable.

En se plaçant dans de meilleures conditions, Henri Sainte-Claire Deville obtint du premier coup le véritable métal, malléable et ductile, presque aussi inaltérable que l'argent, mais doué d'une densité bien plus faible que celle des métaux communs. Cette légèreté unique lui assurait des applications spéciales si on parvenait à le produire en grand à un prix raisonnable.

Cette perspective donnait à la découverte de Deville une importance particulière. Incité de divers côtés, encouragé par le chef de l'État, craignant de voir passer en d'autres mains l'honneur de sa découverte, Henri Sainte-Claire se mit aussitôt à la recherche de procédés économiques de préparation de l'aluminium.

La tâche était particulièrement difficile. On ne peut isoler ce métal de certaines de ses combinaisons que par les métaux alcalins ; au moment où Henri Sainte-Claire Deville entreprenait ses recherches, le seul métal alcalin bien connu, le potassium, coûtait 900 francs le kilog. ; il était d'un maniement dangereux et ne donnait en aluminium qu'un faible rendement.

Le premier kilogramme de ce métal a coûté certainement plus de trente mille francs. Aujourd'hui, l'aluminium
est descendu à un prix inférieur à 100 francs, qui lui
assure, ainsi qu'à son alliage le bronze d'aluminium [1],
une consommation plus certaine, et le potassium est remplacé par le sodium, plus facile à préparer et produisant
un même effet chimique que le potassium, sous un poids
moindre, avec un prix peu élevé (16 fr. le kilogr.).

Ce perfectionnement considérable dans la préparation
du sodium a été un immense service rendu aux chimistes.
Ils ont pu, depuis cette époque, effectuer avec ce puissant
réactif une foule d'opérations qui ont eu sur la marche
de la science une heureuse influence.

On a souvent appelé avec raison Henri Sainte-Claire Deville le chimiste du feu; il a apporté, en effet, des perfectionnements dans l'art de produire de hautes températures, qui mériteraient une étude spéciale.

Nous rappellerons en particulier que le platine et ses
congénères, plus réfractaires encore que lui, sont fondus
en masse aussi grande qu'on le veut, dans les appareils
simples et puissants qu'il a imaginés avec M. Debray, son
collaborateur dans ces longues, pénibles et dangereuses
recherches « sur le platine et les métaux qui l'accompa-
gnent » qui ont occupé plus de dix années de leur vie.
Nous ne pouvons résumer un tel travail; nous rappellerons
seulement que la commission internationale du mètre a
choisi pour la matière de ses étalons de mesure, mètre et
kilogramme, les alliages de platine et d'iridium qu'ils ont
découverts dans le cours de ces recherches.

Mais nous avons hâte d'arriver aux travaux de M. Sainte-
Claire Deville qui se rapportent à la chimie générale. Son

---

1. Les propriétés du bronze d'aluminium, alliage du cuivre et de ce métal,
ont été découvertes par M. Debray.

mémoire « sur les densités de vapeurs à haute température », exécuté en collaboration avec M. Troost, fait époque dans l'histoire de la détermination si importante des densités de vapeurs. Leur méthode, originale à plus d'un titre, complète heureusement celle de M. Dumas. Elle est employée aujourd'hui dans tous les laboratoires de recherches à la détermination de la densité de vapeurs des substances peu volatiles, vaporisables sans décompositions de 350 degrés à 1,400 degrés. Les densités réelles du soufre, du sélénium, du tellure et des métaux volatiles, tels que le cadmium et le zinc, peuvent être maintenant déterminées dans des ballons de porcelaine aussi facilement que l'avait été celle de l'eau dans un ballon de verre.

On sait comment les anomalies que l'on croyait exister dans la composition des acides hydrogénés de la famille du soufre ont disparu à la suite de ces importantes déterminations.

La théorie de la dissociation est sans contredit la plus belle découverte de Deville. Il n'est pas inutile de rappeler comment elle s'est fait jour dans son esprit avant de prendre place parmi les vérités scientifiquement démontrées.

La combinaison de l'hydrogène et de l'oxygène donne de l'eau en même temps qu'un énorme dégagement de chaleur capable de fondre le platine. Cependant Grove démontre qu'à une température inférieure à celle de sa fusion le platine, plongé brusquement dans l'eau, la décompose en ses éléments hydrogène et oxygène, sans éprouver lui-même d'altération. On expliquait à cette époque l'expérience de Grove par un effet spécial du platine, une *force catalytique*. Mais pour Henri Sainte-Claire Deville, qui n'a jamais accepté dans son enseignement cette idée de forces occultes, une telle explication n'était que l'aveu de l'impuissance où l'on était d'assigner à ce phénomène sa véritable cause.

D'un autre côté, il remarquait que la combinaison des corps, en dégageant de la chaleur, donne naissance à un produit différent par ses propriétés de ses composants et dont il contient cependant toute la partie pondérable. C'était pour lui un changement d'état comparable à celui qui se manifeste quand la vapeur d'eau passe à l'état d'eau liquide en abandonnant une quantité considérable de chaleur. Il devait donc y avoir un rapprochement nécessaire entre ces deux ordres de phénomènes considérés alors comme absolument distincts.

Pour rester dans l'exemple choisi, remarquons avec lui que l'eau, liquide à la température ordinaire, émet des vapeurs dont la tension varie avec la température et croît avec elle. De même, la vapeur d'eau chauffée au delà d'une certaine température doit se décomposer partiellement en ses éléments, et en proportion d'autant plus forte que la température s'élève.

Pour une température donnée, la décomposition serait limitée, de même que la vaporisation de l'eau ; il y aurait, en un mot, une *tension de dissociation* qui limiterait le phénomène de la décomposition de l'eau, comparable à la *tension de vaporisation* qui limite la production de vapeur.

En élevant suffisamment la température, on arriverait à décomposer totalement l'eau, comme on arrive à vaporiser complètement ce corps. Dans certaines limites de température, la vapeur d'eau doit donc exister dans un état de décomposition variable qui augmente si l'on chauffe davantage, ou qui diminue jusqu'à cesser quand on abaisse suffisamment la température. Ce mode de décomposition, en complète opposition avec les idées reçues alors [1], explique facilement l'expérience de Grove ; mais il fallait en démon-

---

1. On admettait sans preuves que chaque corps avait une température fixe de décomposition.

trer la réalité ; c'est ce qu'il a fait non seulement pour l'eau, mais encore pour l'acide carbonique, l'oxyde de carbone et pour bien d'autres composés. Nous ne pouvons décrire ici les ingénieuses et délicates méthodes à l'aide desquelles il a constaté ce groupement mobile des éléments de ces corps, soumis à l'influence des hautes températures.

Nous ne décrirons pas davantage celle de ses élèves, Debray, Troost, Hautefeuille, Isambert et Ditte, qui ont contribué aussi pour leur part à préciser et à développer la théorie de la dissociation ; mais nous voudrions par quelques exemples montrer la lumière que la découverte de Deville jette sur les plus grands phénomènes de la nature.

Si l'atmosphère ne contient une quantité à peu près constante d'acide carbonique, comme l'a démontré récemment M. Reiset (3 dix-millièmes environ du volume), cela tient à l'état de dissociation du bicarbonate de chaux contenu dans la masse énorme d'eaux douces ou salées qui couvrent une partie considérable de notre globe.

Toute diminution dans la quantité d'acide carbonique de l'atmosphère est immédiatement compensée par une décomposition du bicarbonate de chaux, et celle-ci s'arrête quand la pression de l'acide carbonique atmosphérique a pris une valeur en rapport avec la température des lieux où s'opère le phénomène. Une augmentation notable, au contraire, entraînerait rapidement la dissolution d'une portion plus grande du carbonate de chaux du sol et sa transformation en bicarbonate avec rétablissement de la pression normale.

L'Océan devient donc un régulateur de la proportion de l'acide carbonique contenu dans l'atmosphère, grâce au jeu naturel de la dissociation, comme l'a montré récemment M. Schlœsing.

La respiration des animaux met aussi en jeu ce phéno-

mène. Le bicarbonate alcalin du sang, séparé seulement par
une membrane de l'air introduit dans le poumon par le jeu
de la respiration, se dissocie jusqu'au moment où cet air
devient assez riche en acide carbonique pour limiter sa décomposition, qui s'effectue à travers les membranes à peu
près comme elle le ferait à l'air libre. Cet air, singulièrement
enrichi en acide carbonique, est expulsé, puis remplacé par
celui de l'atmosphère, où la décomposition des bicarbonates recommence sans jamais s'épuiser, puisque le jeu naturel de l'organisme durant la vie est de produire dans la
profondeur des tissus de l'acide carbonique qui passe à
l'état de bicarbonates.

C'est à M. P. Bert qu'on doit cette remarquable application de la dissociation aux phénomènes de la vie, application
qu'il a faite pour l'oxygène comme pour l'acide carbonique
du sang.

Mais le mécanisme de la dissociation s'étend au delà du
monde où nous vivons.

Nous savons que le soleil contient la plupart des éléments
des combinaisons terrestres. Sans pouvoir préciser la température à laquelle ces éléments y sont portés, nous pouvons dire qu'elle dépasse tellement celles que nous produi-
sons dans nos laboratoires, qu'on doit y supposer tous les
corps possibles à l'état de dissociation très avancée, s'ils ne
sont pas complètement décomposés. Si donc aucune cause
extérieure ne vient réchauffer le soleil, cet astre devra se
refroidir; mais son refroidissement ne s'effectuera pas
comme celui d'un corps solide incandescent qui rayonnerait
de toutes parts sa chaleur. Il contient en puissance une
provision incalculable de chaleur, qui se manifestera successivement, au fur et à mesure que, par une perte de sa
chaleur actuelle, les combinaisons réalisables entre les éléments séparés s'effectueront. La dissociation de ces éléments

deviendra, si l'on veut, de moins en moins complète, mais en fournissant d'énormes quantités de chaleur qui répareront successivement la chaleur perdue.

Assurément ces problèmes sont plutôt posés que résolus ; mais leur importance est telle, que ce sera dans l'avenir une grande gloire que d'avoir contribué à les poser et à les élucider. Le progrès que le temps amène avec lui diminue l'importance des résultats scientifiques purement pratiques ; il augmente au contraire celle des lois naturelles, telles que celle de la dissociation, en en étendant davantage les applications. C'est pour cela que le nom de Deville restera dans l'histoire de la chimie contemporaine à côté de ceux de Dumas, Wurtz et Berthelot, inventeurs et chefs d'école incontestés comme lui.

XXII

HISTOIRE NATURELLE GÉNÉRALE

L'hylozoïsme moderne.

L'hylozoïsme, c'est-à-dire la doctrine qui considère la matière comme vivante et animée, a été professé par les plus anciens physiciens de la Grèce. Chez les modernes, l'historien de cette doctrine, M. Jules Soury, dans une thèse récemment soutenue à Paris, et que nous allons analyser, constate les progrès que cette conception des choses a faits depuis le dix-septième siècle jusqu'à nos jours [1]. Il serait long d'énumérer tous les physiciens et tous les physiologistes contemporains qui inclinent vers l'hylozoïsme ou qui confessent ouvertement cette doctrine. Dans l'impossibilité où l'on est de comprendre comment, à un moment de la durée, certains êtres, tels que les plantes et les animaux, composés d'éléments inorganiques, hydrogène, oxygène, carbone, azote, etc., ont pourtant manifesté des propriétés d'ordre biologique, on a imaginé de transporter à ces éléments de l'air, de l'eau et de la terre, au moins en puissance et à l'état latent, ces mêmes propriétés vitales qui s'épanouissent chez les êtres vivants, et qui croissent en intensité et en délicatesse avec les progrès de l'organisation.

1. *De hylozoismo apud recentiores*. Lutetiæ Parisiorum, 1881, in-8° de 130 pages.

Le mouvement d'idées que nous signalons a reçu, non des philosophes mais des savants, son impulsion première, et aujourd'hui comme au dix-septième siècle, ce sont encore les savants, non les philosophes, qui les propagent dans toutes les directions. L'un des plus illustres physiciens de notre temps, Tyndall, se demandait naguère s'il ne conviendrait pas de refondre toutes nos définitions de la matière et de la force. Car, ajoutait-il, si la vie et la pensée sont comme l'épanouissement de la matière et des forces de l'univers, toute définition de celle-ci qui omet ces propriétés fondamentales de la substance est de tous points incomplète.

Enfin, après avoir rendu la sensibilité et la conscience à nos frères inférieurs, aux animaux et, dans une certaine mesure, aux plantes, on reconnaît communément qu'il est impossible de décider si un corps excitable, c'est-à-dire capable de réagir à la suite d'excitations extérieures, ne sent rien. Des sensations et des mouvements, voilà bien les deux manifestations fondamentales de la vie de relation. Mais, des sensations, nous ne connaissons que les nôtres ; nous ne jugeons que par les mouvements qu'il y a d'autres substances vivantes que nous dans l'univers. Par conséquent, toutes les fois qu'un corps naturel réagit contre une excitation du dehors, — lorsqu'un bâton de soufre ou une barre de métal se dilate à la chaleur et se contracte au froid, — ils manifestent qu'ils sont sensibles à leur manière. Y a-t-il sensation ?

Nous ne pouvons le savoir. Mais si ces corps (et tous les corps) réagissent à leur manière, le moyen de ne pas incliner à croire que la sensibilité est une propriété commune à toute la matière, à quelque état qu'on l'observe, et que, si la matière vivante est plus sensible, c'est que sa composition chimique est plus complexe, sa constitution moléculaire plus instable ?

Et, s'il y a partout de la sensibilité dans la nature, on doit admettre qu'il existe aussi partout de la conscience à quelque degré, de la conscience à l'état diffus et confus, car ces vagues lueurs de la conscience apparaissent déjà chez les êtres vivants les plus rudimentaires, chez les protozoaires et les monères elles-mêmes.

Le besoin le plus impérieux de la spéculation philosophique à notre époque, c'est de supprimer l'opposition traditionnelle du corps et de l'âme, de la matière et de l'esprit, non certes pour nier leur existence, ni pour ramener arbitrairement l'un à l'autre, mais pour les considérer comme les deux aspects d'un seul et même fait, comme l'apparence objective et subjective d'un seul et même phénomène, comme les deux modes d'une seule et même substance, qui ne nous semblent autres que parce que nous les connaissons différemment. Cette doctrine, exclusive du matérialisme et du spiritualisme, et de tout dualisme, c'est le monisme. Toutefois, c'est moins le monisme de Spinoza que celui de Leibnitz, le monisme atomistique, qui domine aujourd'hui chez les naturalistes.

Pour expliquer l'origine de la vie et de ses propriétés psychiques sans sacrifier l'unité de l'être, sans supposer, avec les scolastiques, à côté et au-dessus de la matière, « des âmes séparées, » on a donc dû étendre aux derniers éléments de la matière, considérée comme la substance, comme l'être unique et universel, les propriétés supérieures que manifestent les êtres composés précisément de ces mêmes éléments. Si l'agrégat est sensible, la sensibilité doit être en puissance dans les parties qui le constituent. Ainsi on admet que toute matière est sensible, au moins en puissance, et que, sous certaines conditions, cette sensibilité latente passe de la puissance à l'acte. La sensibilité atomique serait en quelque sorte une force de tension qui n'attendrait que l'occasion pour se transformer en force vive. Cette obscure tendance, cette aptitude à sentir, et partant à appéter et à se mouvoir d'après certains choix inconscients, semble bien paraître dans les atomes, dans les molécules et surtout dans les plastidules, c'est-à-dire dans les parties élémentaires des cytodes et des cellules organiques. Conçu de cette façon, l'atome n'est plus cette petite masse solide et étendue (pourtant indivisible par définition!) que les physiciens et les chimistes ont admise par hypothèse.

Puisque, en outre des propriétés mécaniques, physiques et chimiques, on attribue aux atomes des propriétés vitales, telles que celles de sentir, d'appéter et de se mouvoir spontanément, le moyen de ne pas songer aux monades de Leibnitz? Ainsi que les monades, les atomes de l'hylozoïsme doivent être conçus comme doués d'états internes, d'un rudiment d'organisation, d'une certaine capacité d'éprouver du plaisir ou du déplaisir, bref, d'une conscience plus ou moins confuse et obscure.

Ces imaginations, insistons-y, ne sont pas des rêveries de philosophe platonicien ou panthéiste : parmi ceux qui leur trouvent quelque vraisemblance, ou même davantage, les noms de Francis Glisson, de Tyndall, de Naegeli, de Preyer, de Zoellner et d'Haeckel, sont bien connus des physiciens et des physiologistes. Avant Glisson, un autre médecin célèbre, Daniel Sennert, le rénovateur de l'atomistique en Allemagne, avait considéré les atomes comme animés. L'illustre anatomiste Thomas Willis réagissait vers le même temps, en Angleterre, contre l'opinion qui voit dans la matière un être inerte et passif ; il revendiquait pour les atomes la capacité de se mouvoir par soi-même et enseignait qu'ils sont essentiellement actifs. Mais c'est surtout le compatriote de Th. Willis, Francis Glisson, qui, en s'attachant à mettre en lumière ce qu'il nomme les trois facultés primordiales de la nature, la perception, l'appétition et le mouvement, a le plus contribué, quoique indirectement, à restaurer l'hylozoïsme chez les modernes. Glisson est, en effet, le précurseur de Leibnitz touchant l'idée du dynamisme et de la vie de la nature, — dynamisme, hâtons-nous de le dire, qui n'exclut nullement le mécanisme.

Contemporain de Descartes, de Huyghens, de Newton, de tous ces immortels géomètres et physiciens du dix-septième siècle qui ont établi la conception mécanique de l'univers, Leibnitz ne voulut jamais admettre dans l'organisme l'existence d'un principe contraire au mécanisme ; il tenait que, dans les corps, tout peut s'expliquer mécaniquement, c'est-à-dire intelligiblement, et que, grâce à une harmonie préétablie (théorie que la science de nos jours a reprise en la modifiant), les corps agissent comme s'il n'y avait pas d'âmes, les âmes comme s'il n'y avait pas de corps.

Pour Leibnitz, on le sait, « il n'y a rien d'inculte, de stérile, de mort dans l'univers » ; il ne connaît point ces « masses vaines, inutiles et dans l'inaction dont on parle ». Il y a de l'action partout. *Vis agendi rebus inest.* Point de corps sans mouvement, point de substance sans effort ; toute la nature est pleine de vie. Ni forces plastiques ni archées ne sont donc nécessaires pour animer le vaste mécanisme de l'univers. Ce mécanisme n'est pour Leibnitz que l'aspect objectif du dynamisme de la nature. C'est que ses atomes, les atomes avec lesquels il construit l'univers, comme Démocrite avec les siens, sont des monades, des sources indéfectibles d'action, des centres de force, substances simples, sans étendue ni figure réelles, ne pouvant ni commencer ni périr naturellement, douées de vie, de perception et d'appétit, sortes de points métaphysiques

substitués aux points physiques de l'ancien atomisme.
Loin d'être propres à l'âme humaine, ces propriétés générales d'activité interne, de perception et d'appétit se rencontrent, Leibnitz l'avait bien vu, à des degrés divers (et il
y a une infinité de degrés dans les monades) chez les animaux, les végétaux et les minéraux, la moindre partie de
ce que nous appelons la matière contenant un monde de
créatures. Fort du principe de la continuité, Leibnitz n'i-
maginait pas qu'il pût exister un état de la matière dans
lequel ces dernières parties fussent absolument dénuées de
ces propriétés vitales de perception et d'appétit qui jettent
un éclat si vif, quoique toujours relatif, chez les organismes
supérieurs.

Quelle que soit l'importance de la monadologie leibnit-
zienne pour la théorie de l'hylozoïsme, force nous est de
renvoyer le lecteur au livre de M. Jules Soury, qui a particulièrement étudié Leibnitz au point de vue des idées et des
doctrines scientifiques de notre temps. Notons seulement,
avant de jeter un rapide regard sur les naturalistes du
dix-huitième et du dix-neuvième siècle, que dans l'élabo-
ration de ces idées Leibnitz lui-même a avoué de quel
secours lui avaient été les expériences de Swammerdam,
de Malpighi et de Leuwenhœk pour comprendre que la
plante et l'animal et tout autre être ne commencent pas
lorsque nous les voyons paraître, mais dans les semences
des plantes et des animaux existe déjà non seulement le
corps, mais ce qu'on appelle son âme, et que la « génération apparente n'est qu'un développement et une espèce
d'augmentation ». Et ce développement est tout interne,
car chaque monade est un monde fermé qui se suffit à soi-
même dans l'accomplissement de ses fonctions, un « auto-
mate incorporel ». On le voit, par une rencontre qui peut
d'abord étonner, mais qui s'explique par la nature des

études de Leibnitz et par l'époque où il a vécu, les principes et les conséquences de cette conception métaphysique du monde se réduisent au petit nombre de concepts
fondamentaux de l'atomisme et de l'automatisme, bref, de
la conception mécanique de l'univers. Seulement, comme
il ne pouvait rendre raison de la vie et de la sensibilité au
moyen d'atomes matériels, insensibles et inertes, Leibnitz
les a transformés, ces atomes, en atomes spirituels, vivants,
actifs par eux-mêmes, et il a doué ces automates incorpo-
rels de perceptions et d'appétits.

Malgré ce qu'il peut devoir à Glisson, Leibnitz est bien,
chez les modernes, le père de cette philosophie de la nature, de plus en plus répandue aujourd'hui chez les physiciens et les physiologistes, qui étend et transporte aux
dernières particules des choses les propriétés vitales et
psychiques, propriétés qu'il semble impossible de faire sortir de combinaisons de corpuscules insensibles et sans vie.

Nous ne pouvons insister ni sur Locke, qui déclarait qu'il
nous est impossible de savoir « si un être purement matériel pense ou non », mais à qui il ne répugnait pas d'admettre que les corpuscules de la matière fussent doués
de quelque degré de perception, de sentiment et de pensée ; — ni sur Newton, qui, après avoir cherché toute sa
vie à expliquer la gravitation au moyen de la pression d'un
milieu matériel, d'un éther cosmique, finit par incliner à
croire que la gravitation était une force élémentaire, im-
manente, de la matière, et par douer les atomes d'une
sorte d'instinct ou d'appétit qui les fait tendre les uns
vers les autres ; — ni, enfin, sur Boerhaave, qui parle
presque comme Empédocle, dans ses *Éléments de chimie*, des amours des atomes de l'or pour les atomes de
l'eau régale.

Les pages consacrées par M. Jules Soury à Maupertuis

témoignent d'une prédilection particulière pour ce géomè-
tre, pour ce philosophe trop oublié ; car, tandis que les
Allemands saluent dans ce Malouin un précurseur de Kant,
de Schopenhauer et de Hartmann, des partisans de l'hylozoïsme reconnaissent hautement que leur doctrine ne sera
jamais exposée avec plus de profondeur et d'éloquente con-
cision que par l'auteur du *Système de la nature* (1751).
Maupertuis professe qu'il est nécessaire d'attribuer « quelque principe d'intelligence », c'est-à-dire quelque chose de
semblable à ce que nous appelons désir, aversion, mémoire, aux plus petites parties de la matière, aux éléments. Si l'on objecte que l'organisation distingue une
plante ou un animal d'un grain de sable, Maupertuis demande comment l'organisation, qui n'est qu'un arrange-
ment des parties, peut faire naître une sensation, une perception, une pensée. Point d'adversaire plus pénétrant du
dualisme cartésien de la matière et de l'esprit. Si l'étendue
et la pensée ne sont que des propriétés, dit-il, avec toute
raison, elles peuvent, quoique distinctes, appartenir toutes
deux à un même sujet dont la nature propre nous est inconnue. La perception étant une propriété essentielle des
éléments, elle doit former, comme eux, une même somme
dans l'univers. La diversité acquise ou innée de perception
des éléments est très grande. Mais l'analogie nous autorise
à conclure non seulement de ce qui se passe en nous à ce
qui se passe chez les animaux, mais à descendre jusqu'aux
zoophytes, aux végétaux, aux minéraux et aux métaux, sans
qu'on puisse dire où s'arrête cette analogie décroissante.
Bref, Maupertuis a doué d'intelligence les parties ultimes
de la matière ; il comparait à des *instincts* la tendance
qu'ont les éléments à s'assembler et à s'unir pour former
des corps déterminés, et il fut ainsi amené à voir en eux des
animaux rudimentaires, sortes d'animalcules qui étaient,

par exemple, aux insectes ce que ceux-ci sont aux animaux supérieurs.

Diderot fut très frappé de cette « espèce de matérialisme la plus séduisante » : il admettait aussi dans les éléments « une sensibilité sourde », une « sensation semblable à un toucher obtus et sourd ». En un mot, il estimait, lui aussi, que la sensibilité est une propriété générale de la matière. Dans l'univers, tout lui semblait être, comme à Leibnitz, *in nisu*. Comme les monades, toute molécule était par elle-même une force active et consciente.

L'origine de tout, c'était cette molécule active et vivante.

Dès le milieu du dix-huitième siècle on confondait déjà ces molécules organisées de la matière, telles qu'elles se présentent chez Maupertuis et chez Diderot, avec les molécules organiques de Buffon et de Needham. En réalité, les molécules organiques de Buffon sont déjà des agrégats des dernières particules animées de Maupertuis. Ainsi que quelques philosophes allemands contemporains, Buffon pensait qu'au lieu de matière organisée et de matière brute, on doit parler de matière vivante et de matière morte, la matière brute n'étant que de la matière morte, détritus de ce qui a vécu, — ce qui implique que, conformément à la doctrine de l'hylozoïsme, il n'y a point de matière brute inorganique non vivante. Trompé par les expériences vicieuses de Needham, Buffon, on le sait, croyait même que les molécules organiques pouvaient se grouper de manière à former des organismes, tels que les anguillules de la farine. Mais les idées de Buffon et de Needham à ce sujet furent bientôt ruinées par les expériences de Spallanzani et par les raisonnements de Bonnet.

Bourguet, dans ses *Lettres philosophiques sur la formation des sels et des cristaux* (1772), ne faisait pas difficulté d'admettre que tout est organique dans la nature, le règne minéral autant que le végétal. Cet organisme, disait-il, consiste en corpuscules d'une petitesse presque infinie, doués chacun d'une activité vitale. Ainsi les molécules triangulaires du cristal, les molécules cubiques du sel, les molécules pyramidales de l'alun, sont des corps organisés de diverses classes, qui varient entre elles autant que celle des plantes, des insectes, des poissons, des oiseaux.

Après Maupertuis, toutefois, personne n'a poussé plus loin que J.-B. Robinet les conséquences et les déductions de l'hylozoïsme. Pour Robinet, tout vit dans la nature, tous les êtres sont essentiellement organiques, sous quelque forme qu'ils se présentent, eau, terre, feu, air, plante, animal, pierre ou métal, et, avec la vie, il leur attribue les fonctions de nutrition, de la croissance et de la reproduction. La source prochaine de cette doctrine, son origine historique, c'est encore Leibnitz, comme Robinet en témoigne. Nous passerons donc outre, en notant toutefois que l'érudition et les vastes lectures de ce philosophe n'ont malheureusement pu préserver son imagination des écarts les plus fâcheux.

Otto Frédéric Muller, le plus illustre précurseur d'Ehrenberg, Crusius, le baron de Gleichen, ne sont pas oubliés, non plus que Cabanis, qui, frappé des découvertes microscopiques de ces savants, se demandait si la sensibilité animale, l'instinct des plantes, les affinités électives et la gravitation n'avaient pas lieu en vertu d'une espèce d'instinct universel, inhérent à toutes les parties de la matière? Comme plus tard Claude Bernard, il s'élevait contre des philosophes et des physiologistes qui n'admettent de sensibilité que là où se manifeste nettement la conscience des impressions. La sensibilité n'existe pas moins, que le moi l'aperçoive ou non, — le moi, c'est-à-dire la vie générale de l'animal, la résultante des innombrables vies particu-

lières qui le constituent. Bref, il y a sensibilité sans sensation.

Les *molécules actives* de Robert Brown, qui passionnè-
rent si fort l'attention de l'Europe savante dans les premières années de ce siècle, ont trouvé chez l'auteur un historien exact et curieux des moindres détails. Aussi bien, à
partir de cette époque, l'intérêt croît naturellement avec la
précision des méthodes, l'étendue des recherches et la critique plus acérée des savants contemporains. Il faudrait
un nouvel article pour analyser les doctrines et les théories
relatives à l'hylozoïsme de Preyer, de W. Thomson, de
Helmholtz, de Tyndall, d'Haeckel, de Naegeli, de Preuss, le
dernier descendu dans l'arène. Pour beaucoup, sans doute,
le principal intérêt de la monographie de M. Jules Soury
sera dans cette dernière partie.

Et, en effet, les penseurs du dix-septième et du dix-
huitième siècle sont loin d'avoir épuisé toutes les combinaisons possibles d'idées touchant l'hylozoïsme. W. Thomson et Helmholtz, sans parler de Tyndall, de Preyer et
d'Haeckel, ont montré une fois de plus quel puissant poète,
admirable artiste il y a dans tout vrai savant. Il leur sera
facile de reconnaître leurs pensées sous le latin élégant et
clair de l'auteur. Nul doute que ces rares esprits ne louent
M. J. Soury d'être demeuré jusqu'à la fin un critique, un
historien sympathique, sans doute, mais très sceptique
au fond.

XXIII

AGRICULTURE

Enquête sénatoriale sur le repeuplement des eaux.

Il est certain que les eaux de la France se dépeuplent et que le poisson y devient moins abondant. Il est également certain que l'on pourrait trouver, tant dans les eaux maritimes que dans les eaux douces convenablement aménagées, d'immenses ressources pour l'alimentation publique. Préoccupés de cette situation, un certain nombre de sénateurs ont proposé à la haute Assemblée d'ouvrir une enquête ayant le double but de rechercher : 1° l'état actuel des eaux fluviales et maritimes de la France au point de vue des produits de la pêche ; 2° les meilleurs procédés de repeuplement des eaux et les mesures à prendre pour maintenir leur fertilité. Cette commission, présidée par M. Charles Robin, membre de l'Institut, a terminé la première partie de sa tâche ; elle a résumé dans plusieurs rapports l'état actuel des choses. Ces rapports renferment un grand nombre de documents importants qu'il convient d'analyser parce que la nécessité de mesures sérieuses à prendre en ressort de la manière la plus évidente.

I

L'état des eaux douces doit d'abord appeler l'attention. Leur ensemble comprend environ 14,000 kilomètres de voies navigables, fleuves ou canaux, 3,000 kilomètres de rivières flottables, et 250,000 kilomètres de cours d'eau non navigables ni flottables.

Il résulte de toutes les dépositions reçues dans l'enquête, de tous les rapports des ingénieurs, que tous les cours d'eau sont appauvris, mais non dans les mêmes proportions. Ceux non navigables ni flottables, dont la pêche appartient aux riverains, paraissent complètement ruinés ; mais les rivières navigables ou flottables, dont la pêche appartient à l'État, sont moins dépeuplées. Les lacs naturels des régions montagneuses ne sont plus, en général, aussi poissonneux qu'autrefois ; la truite y est devenue rare, le brochet et la perche y prédominent, tandis que les autres espèces tendent à disparaître. Quant aux étangs, bien que leur nombre diminue sans cesse par suite des dessèchements opérés par les agriculteurs, ils occcupent encore une surface d'environ 200,000 hectares ; la presque totalité est consacrée à l'élève de la carpe, de la tanche, du brochet, et parfois de la perche ; les étangs alternants, c'est-à-dire tenus en eau pendant plusieurs années, puis mis à sec et cultivés plus ou moins longtemps, sont ceux qui paraissent le plus rémunérateurs.

Quoique la consommation du poisson en France ne soit pas considérable, qu'elle dépasse rarement la moyenne de 3 à 4 kilogrammes par habitant dans les grandes villes, les cours d'eau du pays ne suffisent pas pour alimenter les marchés. M. le sénateur George constate, dans le résumé de l'enquête, qu'une bonne partie de l'approvisionnement de Paris et des villes du Nord vient de la Hollande, de l'Allemagne et de l'Angleterre, et que dans les départements du Sud-Est et de l'Est, la Suisse et même l'Italie envoient du poisson jusque sur le marché de Dijon.

C'est que, tant pour les espèces sédentaires que pour les espèces migratrices les plus recherchées, il y a une diminution énorme dans les rivières de France. Voici les faits.

Pour les espèces sédentaires, aucune n'a disparu ; mais les suivantes sont beaucoup plus rares : la truite, l'ombre, la lotte, la carpe de rivière, le chevaine, le barbeau ; au contraire, sur plusieurs points on constate une augmentation du nombre des brochets et des perches. Quant aux poissons migrateurs, les résultats sont pires. Le saumon a complètement disparu d'un très grand nombre de rivières secondaires des bassins de la Loire et du Rhin ; il ne se rencontre que rarement dans la Moselle et la Meuse, où jadis il était abondant ; enfin, même dans les fleuves et les rivières profondes où les barrages ne les arrêtent pas, le nombre des saumons a considérablement diminué. Il en est de même pour l'alose, la lamproie et surtout l'esturgeon. Quant à l'anguille, elle se trouve encore dans tous nos cours d'eau ; mais, sur beaucoup de points, on se plaint de sa diminution. Il faut ajouter que l'écrevisse, naguère abondante dans beaucoup de bassins principalement en sols calcaires et siliceux, a disparu d'un certain nombre de cours d'eau pour des motifs divers.

Les causes de ce dépeuplement sont multiples. En première ligne il faut indiquer comme la principale cause et la plus active, la pêche avec des engins ou par des procédés prohibés, le braconnage de nuit, et surtout la pêche en temps de frai. Il y a une vingtaine d'années, en 1862, le service de la surveillance de la pêche a été enlevé à l'administration des forêts et confié à celle des ponts et chaussées ; malheureusement, on n'assura pas à ce service les ressources nécessaires pour développer la surveillance qui devait devenir d'autant plus active et plus sévère, que le nombre des pêcheurs devenait plus considérable et que le prix de vente du poisson s'accroissait sans cesse. La surveillance est donc absolument insuffisante non seulement sur les rivières, mais encore dans les transports et sur les marchés, où les règlements sont complètement méconnus.

L'aménagement industriel des cours d'eau est encore une cause de dépeuplement. Beaucoup d'usines y déversent des déjections corrosives chargées de détritus nuisibles qui empoisonnent les eaux souvent sur une grande étendue. Il faut en dire autant du rouissage du chanvre dans les cours d'eau, surtout à l'époque des basses eaux d'été.

Les dérivations des eaux pour les besoins agricoles peuvent venir ensuite parmi les causes de diminution de poisson. La construction des canaux d'arrosage forme des pièges pour les poissons, et leur mise à sec alternative fait périr ceux qui y ont pénétré.

Le curage des ruisseaux et la taille des bords à arête vive détruisent les retraites et les frayères naturelles : il en est de même du faucardement des herbes, lorsque cette opération est faite au printemps. Les herbes des rives sont très utiles, indispensables même à certaines espèces, soit pour les abriter, soit pour les nourrir, directement par leurs produits végétaux, indirectement par les insectes qui y vivent et dont elles favorisent la production.

En ce qui concerne spécialement les espèces migratrices, la cause principale de leur diminution est dans l'absence des échelles à poissons dans les barrages qui sont si nombreux dans les fleuves et les rivières. Les barrages étanches verticaux, dont la hauteur dépasse 1 mètre ou

1 m. 50, arrêtent les poissons et ferment complètement les cours d'eau dans lesquels ceux-ci pourraient et devraient remonter.

La construction des échelles entrait dans le programme indiqué aux Ponts et chaussées ; de nombreux projets ont été proposés ; mais les travaux n'ont été exécutés que sur des points isolés, sans ensemble ; les échelles construites n'ont pas atteint le dixième de ce qui était nécessaire, de sorte que les résultats ont été à peu près nuls.

Après avoir constaté ces faits, la commission d'enquête du Sénat est arrivée à cette conclusion, que la première et la plus urgente de toutes les mesures à prendre est l'organisation d'un service sérieux de la surveillance des eaux et de la police de la pêche. En outre, il y aurait lieu de faire des règlements nouveaux relativement à l'usage des cours d'eau non navigables ni flottables, afin de faire disparaître les inconvénients qui viennent d'être signalés.

Quant aux mesures propres à assurer la reproduction et la conservation des poissons dans les cours d'eau, il serait opportun de prendre de nouvelles dispositions pour protéger les frayères naturelles et en créer d'artificielles, et d'organiser des moyens directs de repeuplement consistant en bassins d'alevinage et en établissements de pisciculture. Nous reviendrons plus loin sur cette partie des conclusions.

II

L'enquête a porté aussi sur les eaux marines. Lorsque l'on songe à l'immense étendue des mers, il paraît tout d'abord absolument impossible que l'homme puisse exercer une action quelconque sur les conditions de la production des poissons, dans les profondeurs insondables où le frai peut être déposé. Mais, par suite d'une pêche sans merci ni trêve exercée sur le littoral, il ne paraît pas extraordinaire que les animaux marins, troublés dans leurs habitudes, sans cesse pourchassés, abandonnent le littoral et se retirent plus au large où les bateaux des pêcheurs ne peuvent pas les suivre. D'un autre côté, il est certaines espèces de crustacés et de mollusques qui vivent toujours sur les roches ou dans le sable des côtes, et dont une chasse permanente peut amener la diminution.

C'est à ces points de vue que l'enquête sénatoriale a pu méttre en relief des faits importants.

En ce qui concerne le littoral de l'Atlantique, de Dunkerque à Bayonne, on constate d'abord que le poisson amené sur les marchés est en plus grande quantité qu'autrefois, mais que si l'on prend chaque bateau isolément, il faut, pour pêcher la même quantité de poissons, passer plus de temps et se donner plus de peine ; le nombre et le tonnage des bateaux se livrant à la pêche sont plus considérables, et il leur faut aller plus loin pour faire des pêches lucratives.

En outre, il y a eu des modifications dans les procédés de pêche ; on emploie aujourd'hui des engins plus puissants, notamment des chaluts armés de fortes chaînes, qui draguent les fonds et qui, près des côtes, détruisent le frai et les petits poissons, sans aucun profit pour personne.

Sur un certain nombre de points, on constate que la plupart des poissons pêchés sont moins beaux qu'autrefois ; c'est encore une conséquence de l'augmentation du nombre des pêcheurs, qui entraîne elle-même une reproduction moins abondante, puisque les poissons sont enlevés à la mer avant qu'ils aient atteint leur complet développement.

Enfin les pêcheries sédentaires établies sur une grande

étendue du littoral, forment un des engins les plus destruc-
teurs ; elles arrêtent tout poisson, grand et petit, sur un
vaste espace de grèves, et elles laissent mourir le petit sur
le sable dès que la mer se retire. Parfois les petits poissons sont détruits de cette manière en si grande quantité,
que les riverains les enlèvent à pleines charretées pour
fumer leurs champs.

Beaucoup de poissons viennent frayer dans les eaux
basses et plus chaudes du littoral, dans les algues qui en
couvrent le fond. Or, les cultivateurs d'une grande partie
du littoral ont l'habitude de couper les herbes marines
pour s'en servir comme amendements. Ces coupes se font
sans aucun souci du poisson, et elles entraînent chaque
année la destruction d'une grande quantité d'œufs et d'alevins.

Il est d'autres causes encore inconnues qui exercent une
action sur les poissons vivant ou voyageant en grandes
bandes. C'est ainsi que, depuis deux ans, les bancs de sar-
dines sont devenus d'une rareté extrême, sur les côtes de
la Bretagne et de la Vendée ; ce fait a entraîné des pertes énormes pour des milliers de pêcheurs qui trouvaient
dans la pêche de la sardine leur pain quotidien pendant
plusieurs mois.

Il est aussi un fait qu'il faut signaler : la chasse à ou-
trance à la langouste et à l'huître a amené une rapide diminution de ces deux espèces recherchées. Certains bancs
d'huîtres jadis célèbres ne donnent presque plus rien. Il
est vrai que, sur plusieurs points, la production huîtrière
a été créée de toutes pièces et a fait la fortune de ces
centres heureux. Des opérations analogues sont faites,
dans plusieurs localités, pour la langouste, par la création
de réservoirs spéciaux à la reproduction de ces crustacés.
D'importants travaux ont été faits sur la pisciculture ma-

rine, et au point de vue économique, c'est-à-dire de la production de la richesse, ils ont produit d'excellents résultats.

C'est sur ces travaux, ainsi que sur la surveillance et la réglementation des engins de pêche, sur celles de la coupe des herbes marines, qu'il faut principalement compter pour accroître les ressources de la pêche marine. Quant à éditer des interdictions temporaires de la pêche sur certaines étendues de la côte, il n'y faut pas songer ; les pertes qui en résulteraient pour les riverains dont la pêche est l'unique occupation seraient loin d'être compensées par les avantages que ces interdictions pourraient amener, avantages qui sont même hypothétiques.

Ce qui vient d'être exposé s'applique aussi à la Méditerranée. Des causes analogues ont produit les mêmes effets que dans l'Océan; ceux-ci y sont même peut-être plus sensibles.

III

Ce n'est pas ici le lieu de refaire l'histoire des études relatives à l'incubation artificielle des poissons, à la création des établissements de pisciculture, aux essais de repeuplement de plusieurs rivières, etc. Mais il faut rappeler les deux noms qui resteront comme les créateurs de la science et de l'industrie de la reproduction des poissons avec l'intervention de l'homme : ce sont ceux de Coste et de Remy. Les expériences et les travaux de Coste, qui a si admirablement complété la découverte du modeste pêcheur des Vosges, sont devenus partout classiques. La collecte des œufs, leur fécondation artificielle, l'éclosion, l'entretien des alevins, sont autant d'opérations qui sont devenues faciles, et il suffit d'un tour de mains sans difficultés pour les réussir.

Lorsque ces travaux furent connus il y a maintenant trente ans environ, un grand enthousiasme s'empara de tous les esprits, et tout le monde espéra y trouver la base d'une multiplication sans bornes de la population des rivières et des cours d'eau. Le grand établissement d'Huningue fut créé dans le département du Haut-Rhin; on espérait qu'il donnerait chaque année, par millions, les alevins nécessaires au repeuplement de toutes les rivières. Des vicissitudes diverses ont marqué l'existence de cet établissement, pour lequel aucun sacrifice n'avait été refusé jusqu'en 1870, époque à laquelle il est tombé entre les mains des Allemands. Des essais nombreux et de tous genres ont été faits à Huningue, des quantités considérables d'alevins ont été créées. Ces alevins ont été distribués de tous côtés ; les insuccès ont été plus nombreux que les succès.

En définitive, après des débuts très heureux, la pisciculture est restée sur place en France, en ce qui concerne les eaux douces, depuis le jour où Coste en a établi les lois : durant les dix dernières années notamment, rien n'a été fait. Il serait cependant injuste de ne pas rendre justice aux résultats obtenus par quelques propriétaires isolés qui se sont mis à l'œuvre avec une ardeur persévérante. C'est surtout dans les régions montagneuses, notamment dans le Puy-de-Dôme, la Savoie et la Franche-Comté, que le succès a couronné ces efforts.

Pendant que les choses se passaient ainsi en France, les leçons de Coste n'étaient pas perdues pour beaucoup d'autres pays. L'Angleterre, la Hollande, l'Allemagne, la Suède, l'Italie, la Suisse, la Russie, les mettaient en pratique : elles traversaient l'Atlantique, et aux États-Unis elles trouvaient des applications multiples. De telle sorte qu'il est arrivé ce fait, que le pays d'où sont parties les idées fécondes sur la reproduction des poissons compte aujourd'hui au dernier rang de ceux qui les appliquent. La grande exposition des pêches qui a eu lieu, en 1881, à Berlin, a mis en relief les progrès accomplis ; elle a montré que partout les principes établis en France il y a trente ans ont eu des conséquences fécondes.

Il appartenait au gouvernement de la République de rappeler l'attention sur cette grave question ; l'administration de l'agriculture a cherché les moyens de vulgariser partout les applications de la pisciculture. Un des disciples de Coste, M. Chabot-Karlen, ancien régisseur de l'établissement d'Huningue, a été chargé d'une mission spéciale dans les fermes-écoles et auprès des professeurs départementaux d'agriculture, en vue de leur indiquer les bases d'un enseignement pratique de la pisciculture et de trouver les moyens de l'organiser sur les divers points du territoire. En même temps qu'il poursuit cette mission avec un zèle qui lui a valu d'être appelé le Parmentier des poissons, M. Chabot-Karlen vient de publier un *Calendrier du pisciculteur* qui est le fruit de trente ans d'études sur cette question spéciale.

Un point capital que l'on aime à trouver dans ce livre, c'est qu'il faut débarrasser la pisciculture pratique de tout l'attirail dont elle a été entourée et qui lui donne l'apparence d'un travail absolument inaccessible aux simples agriculteurs. Les tamis, les boîtes trouées et ensablées, les auges émaillées et grillées, etc., tout cela est utile dans les laboratoires, indispensable même ; mais dans les champs, il faut faire de la pisciculture naturelle. Le ruisseau encaillouté, l'imitation la plus servile de la frayère naturelle, voilà ce qui réussit le mieux avec les plus faibles dépenses.

Les œufs fécondés de poissons peuvent y être déposés, d'après M Chabot-Karlen, à raison de 5,000 par mètre carré : il faut seulement former avec soin les rigoles afin d'empêcher les rats, les oiseaux, les poissons carnassiers, d'exercer leurs ravages : des barrières placées en amont suffisent généralement. C'est d'après ce système qu'a été créé dans la Grande-Bretagne le célèbre établissement des frères Astworth, à Stormonfield, qui a acquis une si grande renommée. Nous parlons, bien entendu, de la pisciculture industrielle, celle faite pour repeupler les cours d'eau en vue du gain à en retirer. C'est celle que tous les riverains peuvent faire sur les cours d'eau non navigables ni flottables et pour les étangs, de manière à en obtenir un plus grand revenu.

Si la mission confiée à M. Chabot-Karlen atteint son but, — et cela n'est pas douteux, — elle aura pour résultat la création d'un grand nombre de frayères qui assureront la multiplication rapide des poissons et le repeuplement des cours d'eau. C'est sur les espèces dont la chair est le plus estimée, c'est-à-dire acquiert le plus haut prix sur les marchés, que ces essais doivent principalement porter ; et en première ligne il faut citer la truite et le saumon. Car par une coïncidence heureuse, ce sont celles dont la croissance est la plus rapide, et par conséquent celles qui sont le plus lucratives.

Quant à l'État, aurait-il, en dehors de cette diffusion des principes de la pisciculture rationnelle, un rôle spécial à remplir ? et ce rôle devrait-il consister dans l'organisation d'un nouvel établissement succédant à celui d'Huningue ? Il est hors de doute qu'un ou plusieurs établissements de ce genre seraient d'une grande utilité, tant pour concourir au repeuplement des grands fleuves qui appartiennent à l'État que pour fournir des œufs fécondés à l'industrie privée. L'enquête nous apprend qu'un atelier de pisciculture a été constitué au barrage de l'Orne, sur la Mayenne, et qu'un laboratoire et des bassins d'alevinage viennent d'y être créés. Un établissement plus considérable va être établi, dans les

Vosges, sur le grand réservoir du canal de l'Est, à Bouzey, près d'Épinal. Des études sont faites aussi pour l'établissement d'autres ateliers de pisciculture, notamment dans la Savoie, sur le lac Léman à Thonon ; dans les Basses-Pyrénées, sur le gave de Pau, et dans la Haute-Vienne ; mais aucune décision n'a encore été prise. Il est important de constater l'état actuel des choses afin de pouvoir, plus tard, signaler les résultats qui seront obtenus dans ces diverses voies.

XXIV

HYGIÈNE INDUSTRIELLE

Le grisou.

Le grisou est un mélange complexe de gaz dont les proportions sont assez variables ; l'hydrogène protocarboné ou gaz des marais en forme le fond essentiel ; l'hydrogène bicarboné, l'air, l'acide carbonique, l'oxygène, l'azote, s'y montrent en quantités bien moindres, souvent inappréciables. L'hydrogène sulfuré, le sulfhydrate d'ammonique, ont été reconnus aussi quelquefois dans les milieux grisouteux. Malgré la présence de ces différents corps, presque toujours, en examinant les propriétés du grisou, c'est l'hydrogène protocarboné que l'on a en vue.

La pesanteur spécifique de ce gaz est 0,555. Quand il est libre il se répand ordinairement, étant plus léger que l'air, le long des toits des galeries, ou se loge dans les excavations qui forment ainsi de véritables nids de grisou ou, comme on les appelle, des *sacs de grisou.* Suivant M. Devaux, les sacs de grisou se trouvent surtout aux crochons et aux changements brusques de pente. Leur peu de volume les expose parfois à être manqués par les sondages dont on fait précéder les avancements suspects. Certains grès contiennent assez de gaz pour déterminer l'éboulement des parois non muraillées dans les puits. Le grisou peut même se répandre jusqu'à la surface de la terre. A Liège, en 1857 et en 1859, la température du sol s'est élevée sur un certain point jusqu'à 50 degrés par une combustion lente du grisou.

Dans l'opinion de la très grande majorité des praticiens, le grisou préexiste à l'état gazeux, enfermé sous une pression plus ou moins élevée dans les pores du massif de charbon ou des roches encaissantes; mais un certain nombre d'ingénieurs, s'appuyant sur plusieurs observations, inclinent à le considérer comme le produit de la dissociation au dernier moment de composés liquides ou même solides très volatils qui seraient contenus dans la houille. Il faut dire toutefois que cette hypothèse ne résulte pas jusqu'ici de faits chimiques scientifiquement constatés dans un laboratoire.

Lorsque le dégagement du grisou est un peu abondant à un front de taille, on le perçoit facilement à un petit bruissement particulier que les mineurs appellent le *chant du grisou*. On peut comparer ce bruit à celui de la pluie ou encore d'une bouilloire pendant les instants qui précèdent l'ébullition. C'est le décrépitement d'une multitude de parcelles de houille détachées par la pression des bulles de gaz qui tendent à s'échapper des pores de la roche.

Le grisou, en effet, sort du massif avec tous les indices d'une pression souvent considérable. Les fronts de taille de certaines houillères se gonflent, se gauchissent et éclatent ou s'exfolient. Parfois on est obligé d'établir pour la nuit un troussage avec des étais et des planches pour éviter que le gonflement ne fasse éclater la houille en petits morceaux. M. Chausselle ayant entrepris, en 1867, de maintenir par un radier de 0ᵐ,60 d'épaisseur une salle grisouteuse, a vu cette maçonnerie se désorganiser sous la pression et donner passage à des torrents de gaz. M. de Marsilly dit que la houille dégage souvent deux ou trois fois son volume de gaz. Celui-ci, d'après la loi de Mariotte, s'y trouverait donc soumis à une pression de deux ou trois atmosphères, en calculant comme s'il eût rempli exactement le volume du combustible. Mais comme il n'en occupe que les pores, sa pression doit être bien plus considérable. Dans certains cas, une pression de cinq atmosphères exercée sur la surface de la houille n'empêchait pas le dégagement du grisou.

Quoique le gaz des marais paraisse ordinairement insoluble dans l'eau, même alcaline, on a vu cependant des jets d'eau, provenant d'une mine de houille inondée, dégager du grisou qui éteignait une lampe Mueseler et prenait feu en donnant une longue flamme. L'épuisement ayant été achevé, on put constater, d'après l'inspection des parois, que la partie supérieure de la cavité envahie par les eaux n'avait pas été noyée et avait dû, par suite, rester remplie d'air et de grisou sous la pression effective de 17 mètres d'eau, c'est-à-dire à la pression réelle de 2 atmosphères 7 qui avait facilité la dissolution du gaz.

Le grisou ne présente qu'une affinité vraiment importante : c'est celle qu'il a pour l'oxygène et qui constitue précisément le danger qu'il fait courir aux exploitations. L'hydrogène protocarboné est, en effet, un corps combustible dont les deux éléments sont susceptibles de s'unir avec l'oxygène pour former de l'eau et de l'acide carbonique. Un volume de gaz mis en rapport dans des conditions convenables avec deux volumes d'oxygène produit deux volumes de vapeur d'eau qui se condensent, et un volume d'acide carbonique.

Cette combinaison peut avoir lieu de deux manières différentes : avec une flamme bleue légère et transparente, ou avec une violente explosion. Dans ce dernier cas, l'atmosphère formée de grisou et d'air préalablement mélangé en proportions convenables subit le contact, non pas seulement d'un corps solide incandescent, qui ne suffirait pas en général pour déterminer l'explosion, mais d'une flamme gazeuse.

Si le grisou se trouve dans l'air dans une proportion moindre que 3 ou 4 centièmes, la lampe n'indique pas sa présence. Pour cette quantité, elle s'environne d'une auréole bleuâtre et devient fuligineuse. A 6 p. 100, la flamme est très longue et l'auréole très vive ; à 7 ou 8 centièmes l'inflammation se propage avec lenteur.

On voit parfois le feu courir aux faîtes des galeries, menaçant d'une catastrophe s'il vient à rencontrer des régions où la proportion de grisou soit encore plus élevée. L'explosion est alors instantanée, et c'est vers 12 à 14 p. 100 qu'elle atteint le maximum d'énergie. Au-dessus de ce chiffre, l'explosion n'a plus lieu, et à mesure que le grisou devient plus abondant, l'atmosphère devient asphyxiante et la lampe s'éteint.

Avec les conditions actuelles d'aérage des puits, l'asphyxie ne peut se produire que dans des cas exceptionnels. Au siècle dernier, au contraire, elle constituait un danger spécial pour le mineur. Ainsi, dans les houillères de White-haven, il ne se passait guère de semaine où il n'y eût à enregistrer un cas d'asphyxie. Les hommes n'y travaillaient jamais seuls et devaient périodiquement s'appeler et se répondre. M. Paul Bert dit que les effets asphyxiants sont alors absolument les mêmes que pour un air simplement désoxygéné au delà d'une certaine proportion.

Ce qu'il y a donc de véritablement terrible dans le grisou, ce sont les explosions et les incendies souterrains auxquels ils donnent lieu encore si fréquemment. Les effets sont alors affreux. La plus grande catastrophe de ce genre est celle de Oaks-Colliery (12 décembre 1866), qui fit 361 victimes. 122 hectares de travaux étaient effectués sur une seule couche de 2 m. 40, inclinée sur l'horizon de 4 degrés 30 minutes et formée d'une houille grasse, à longue flamme, exploitée par grandes tailles montantes avec éboulement. Une première explosion anéantit 334 hommes. Les ingénieurs et le reste des ouvriers disponibles descendirent, au nombre de 27 ; mais ils furent frappés par un second coup de feu. Dix-sept détonations se succédèrent pendant six jours, sans qu'il fût possible de faire aucune nouvelle tentative pour rentrer dans les travaux avec le personnel des mines voisines, malgré son zèle. On crut cependant entendre une voix au fond du puits ; on put descendre et sauver encore un homme, le seul qui eût été retiré vivant.

La catastrophe du puits Gabin à Saint-Etienne, le 4 février 1876, compte 189 victimes.

Les ouvriers sont brûlés, projetés et brisés contre les parois. On dit souvent que les victimes ont *avalé le feu.* L'intérieur des poumons est désorganisé. La mort est parfois rigoureusement instantanée ; car des hommes ont été retrouvés dans la position de travail qu'ils avaient au moment du coup de feu. Il n'y a donc pas eu asphyxie, puisque dans l'asphyxie il y a toujours lutte. L'énorme compression statique exercée par l'atmosphère sur toute la surface pulmonaire provoque sans doute un afflux de sang au cœur et une syncope mortelle.

Il arrive que des hommes qui ont survécu à l'explosion sont empoisonnés par l'oxyde de carbone dégagé dans les produits de la combustion.

Les boisages sont renversés, des éboulements se produisent ; l'aérage est interrompu. Les guidonnages peuvent être déviés, et la descente des cages devient souvent impossible. Une épaisse colonne de fumée et même parfois des flammes livides s'échappent par l'orifice des puits.

Le personnel des mines n'ayant que trop l'expérience de ces sinistres, le sauvetage s'organise rapidement ; et l'on arrive quelquefois à arracher à la mort des infortunés enfouis depuis plusieurs jours.

Par tous les moyens possibles on cherche à combattre les funestes influences du grisou. Comme on le sait, une loi votée sur l'initiative de MM. Paul Bert, Bertholon, Chavassieu, Raymond, a institué une commission chargée d'étudier cette grande question. M. Haton de la Goupillière, ingénieur en chef des mines, a résumé dans un rapport important les travaux de cette commission. Elle a tenu trente-sept séances à l'Ecole des mines ; elle a fait exécuter des expériences dans les laboratoires de l'Ecole des mines, de la Sorbonne et de l'usine à gaz de la Villette ; elle a inspiré des travaux dans les mines françaises et étrangères. Les diverses sous-commissions ont embrassé les sujets d'études suivants :

1° Lampes de sûreté et questions qui s'y rattachent, telles que l'inflammation du grisou et les moyens de déceler sa présence ;

2° Poussières explosives de houille ;

3° Ventilation et études qui s'y rapportent, notamment celles qui concernent les appareils anémométriques ;

4° Composition chimique du grisou ;

5° Appareils respiratoires et recherches physiologiques auxquelles ils donnent lieu ;

6° Réglementation des mines à grisou en France et à l'étranger ;

7° Etude méthodique de plus de quatre cents accidents survenus en France depuis un grand nombre d'années ;

8° Missions en Angleterre, en Belgique et en Allemagne pour étudier sur place les questions les plus intéressantes, et en particulier pour apprécier jusqu'à quel point certaines dispositions insérées dans les règlements sont effectivement passées dans la pratique courante.

Toute la question vitale des mines se réduit à deux points : l'air et la lumière. Il faut que, par un système de ventilation bien entendu, des torrents d'air renouvellent sans cesse l'atmosphère viciée par la respiration des hommes et des chevaux, par la combustion des lampes, par la poussière, par la fumée de la poudre, par l'altération des matières végétales et animales, par la formation d'une grande quantité de vapeurs d'eau, par la présence de l'acide carbonique et surtout du redoutable grisou.

Il est bien plus difficile d'aérer convenablement une mine qu'on pourrait le croire tout d'abord. On se heurte souvent aux limites étroites de l'insuffisance ou de l'excès. La ventilation excessive, qui est la moins à craindre, peut faire sortir les flammes des lampes de leur tamis et glacer les ouvriers ; on l'a même accusée d'être la cause de certains coups de feu. Mais cette accusation a été vivement combattue par la commission.

On n'est donc pas d'accord sur la quantité d'air qu'il est nécessaire d'introduire par unité de temps dans les travaux. Voici néanmoins quelques chiffres donnés à cet égard par M. Schoudarff. Un bon aérage ne doit pas laisser la perte en oxygène dépasser la proportion de 1,5 p. 100, le développement d'acide carbonique 0,5, et celui d'hydrogène protocarboné 0,6. Les trois chiffres qui mesurent dans chaque cas particulier ces divers genres d'altération constituent la *température chimique* de la mine. Les deux influences essentielles qui contribueront à les déterminer sont évidemment le chiffre de la population souterraine, hommes et chevaux, et l'importance du dégagement du grisou.

En ce qui concerne le premier élément, un homme absorbe avec sa lampe, d'après M. Schoudarff, 50,5 litres d'*oxygène par heure*, en dégageant 38,5 litres d'acide carbonique. Un cheval absorbe 100 litres d'oxygène et développe 90 litres d'acide carbonique. M. Callon indique des chiffres sensiblement différents : 12 à 13 litres *d'air par minute* pour l'homme, et trois fois plus pour le cheval.

M. Demanet indique pratiquement 25 mètres cubes par homme et par heure, à savoir, 14 pour l'ouvrier, 7 pour sa lampe, 4 pour le fait des miasmes. Ces chiffres supposent l'absence du grisou. La quantité d'air destinée à diluer ce gaz vient en sus.

Le dégagement du grisou est considéré comme proportionnel au tonnage de l'extraction. L'instruction administrative de 1872 adopte cette base, en réclamant un nombre de mètres cubes d'air par seconde variant entre un vingtième et un dixième du nombre de tonnes extraites par 24 heures.

L'aérage naturel est·le premier système de ventilation qui se présente. Il consiste à utiliser les différences de niveau que présentent les divers orifices au jour pour obtenir un défaut d'équilibre entre les colonnes d'air qui se correspondent de l'un à l'autre de ces niveaux dans l'atmosphère extérieure et à l'intérieur de la mine. Les températures seront en général différentes, et par suite les densités ; mais la température extérieure variant avec les saisons dans de larges proportions, et celle de la mine ne changeant que très peu, il y aura interversion des rôles d'une saison à l'autre entre la colonne lourde et la colonne légère, par conséquent renversement du courant. L'inconvénient capital de ce système, c'est qu'à un moment donné la mine se trouve sans aérage. Aussi est-il bon de ne l'employer que comme auxiliaire.

On provoque artificiellement la différence de température trop lentement amenée par la saison, au moyen de foyers spéciaux appelés foyers d'aérage. Les *toque-feux* sont les plus anciens.

Les ventilateurs mécaniques des mines sont extrêmement nombreux. Il y en a à bras, à vapeur, à volume constant, à force centrifuge. On installe l'appareil au débouché d'un puits ou d'une galerie, que l'on ferme de manière que la communication de l'intérieur avec l'extérieur ne puisse avoir lieu qu'à travers le mécanisme.

Le ventilateur peut être aspirant ou foulant.

Les appareils soufflants compriment les soufflards et les fumées des incendies, tandis que l'aspiration appelle ces produits délétères dans les travaux. Cependant, si un accident empêche le ventilateur soufflant de fonctionner, la pression diminue et surexcite la sortie du gaz ; tandis que s'il s'agit d'une avarie au ventilateur aspirant, la pression en se rétablissant augmente et s'arme contre le grisou.

Les moyens accessoires de ventilation sont la pluie artificielle, les manches à vent, l'air comprimé, les jets d'air, les chasses au grisou, etc.

Les moyens d'éclairage des mines à grisou se réduisent à six, dont quelques-uns sont fort surannés : rouet à silex, lueur barométrique, phosphorescence, éclairage électrique, canalisation, lampes à treillis. Ce sont ces dernières qui constituent encore le moyen le plus pratique.

Avant leur inventeur, on avait coutume, avant que les ouvriers ne se rendissent dans leurs chantiers, d'aller porter dans les tailles et dans les vieux travaux la flamme d'une chandelle pour constater la présence du gaz. Les hommes chargés de ce soin étaient enveloppés de linges mouillés, et, rampant le long des galeries en élevant leurs bras chargés de la chandelle, mettaient le feu aux accumulations peu considérables de grisou. Mais si le gaz était trop abondant pour être brûlé sans danger, les explorateurs en observaient l'intensité avec une grande habileté ; élevant d'une main la chandelle après l'avoir mouchée avec soin, l'ouvrier s'avançait en lui faisant écran avec l'autre main, de manière à agiter la flamme le moins possible et à pouvoir en constater plus facilement les altérations. Quand il arrivait sur un point où le gaz s'était logé, il voyait la flamme s'allonger et prendre une teinte bleuâtre plus ou moins prononcée, suivant que le grisou était plus ou moins pur. Comme le grisou afflue plus ou moins rapidement vers le toit des galeries, où sa densité, inférieure à celle de l'air, l'emporte toujours, il était important de conserver tout son sang-froid et de savoir à temps abaisser la chandelle avec une lenteur calculée lorsqu'on s'apercevait que la flamme prenait un aspect dangereux. Ce procédé barbare d'inspection des puits n'existe plus.

La lampe de Davy est basée sur le refroidissement qu'une toile métallique suffisamment serrée apporte aux gaz chauds en ignition.

Ce refroidissement est tel, que la flamme ne peut traverser la toile. Si donc on environne le porte-mèche d'un tube en treillis fermé par un toit semblable, la combustion du mélange détonant n'aura lieu qu'à l'intérieur du tamis. Si le feu remplit tout le tamis, celui-ci rougit, et l'on ne peut en attendre la même action préservatrice. Cependant la flamme ne se transmet pas au dehors sans l'intervention d'un courant d'air. Malheureusement, le treillis empêche la lampe de répandre toute sa lumière. On a imaginé de le remplacer par des enveloppes de cristal; mais la fragilité du verre ne permet pas de les adopter sans restrictions. L'enveloppe de verre existe dans la plupart des lampes avec le tamis, n'ajoutant rien à l'éclairage, mais présentant une garantie de plus. La lampe est pourvue en outre d'une cheminée intérieure en métal dont le but est de forcer l'air entré à travers les mailles du tamis qui règne au-dessus de l'enveloppe de verre à descendre jusque sur la flamme afin d'alimenter la combustion, pour remonter ensuite dans la cheminée en raison du tirage qui s'y établit. Un diaphragme en toile métallique se trouve en outre, pour plus de sûreté, placé sur son passage à la base du treillis autour de la cheminée.

On a ajouté à ces parties essentielles des accessoires qui ont donné lieu à une quantité innombrable de lampes portant chacune le nom de leur inventeur. En France, les lampes considérées comme les meilleures sont celles de Mueseler, et de Dubrulle. On emploie encore la lampe de Davy ; mais la commission la repousse comme ne présentant pas les conditions de sécurité qu'on est en droit d'exiger maintenant.

La lampe à tamis donne, avons-nous dit, peu de lumière. Aussi les ouvriers, qui finissent toujours par oublier le danger au milieu duquel ils vivent, cherchent-ils souvent à la décoiffer pour voir plus clair ou simplement pour allumer leur pipe. On a dû recourir, pour les défendre contre eux-mêmes, aux modes de fermeture les plus compliqués. M. Villiers, directeur des houillères de Saint-Étienne, a employé pour ses fermetures des pistons de fer doux à ressort noyés dans le corps de la lampe et empêchant qu'on les extraye autrement qu'à l'aide de forts électro-aimants mis en jeu par le lampiste à l'aide d'une pédale et d'une machine de Gramme. M.Aillot a imaginé une vis de 1,200 tours destinée à lasser la patience de l'ouvrier, tandis qu'une répétition d'engrenages en vient rapidement à bout à la lampisterie. La lampe Dinan est soudée à chaque fois. Il est interdit aux ouvriers d'abandonner leur lampe, ne fût-ce qu'un instant. Chacun est muni de la sienne. C'est le maître mineur qui doit instruire les nouveaux ouvriers du maniement de la lampe.

L'emploi de lampiste est naturellement un des plus importants de la mine.

Les travaux de la commission ont abouti, sur toutes les questions relatives au grisou, à des conclusions scientifiques d'où se tirent des conseils pratiques. Mais elle s'est gardée de les libeller sous forme réglementaire. Elle était commission scientifique chargée d'examiner un problème : ce qu'elle a fait. Son rôle ne pouvait être de se substituer à l'administration, qui devrait beaucoup emprunter au remarquable ensemble de travaux qu'elle a publiés.

XXV

GÉOGRAPHIE

**Constitution géologique, faune et flore des grandes îles
du sud-ouest de l'Océanie.**

Il n'est pour ainsi dire pas de voyageur qui ait visité les
îles de la Polynésie depuis leur découverte, qui a laissé
tant de souvenirs enchanteurs, sans se prendre d'une sorte
d'attachement mélancolique pour la population de la plupart d'entre elles. On les a étudiées sous tous leurs aspects. Et hommes, animaux, plantes de ces régions si lointaines nous sont devenus, par les mille récits journaliers
des navigateurs, des naturalistes et même des romanciers,
de connaissance presque familière. Le problème de l'origine des Polynésiens particulièrement a été bien des fois
agité. On le croyait, ces temps derniers, à peu près définitivement résolu. Dans tous les traités on n'admet qu'une
hypothèse possible, et les Polynésiens sont si bien regardés
comme descendant des Malais, qu'on les désigne couramment sous le nom de Malayo-Polynésiens.

Or, M. Lesson, qui a fait son premier voyage autour du
monde avec Dumont-d'Urville sur l'*Astrolabe* et a visité
successivement Terre-Neuve et le Canada en 1825, l'Océanie
et la Malaisie de 1826 à 1829, Terre-Neuve pour la seconde
fois, les Antilles et les Guyanes en 1835, le Mexique
en 1837, l'Amérique du Sud (Brésil, Plata, Chili, Pérou,

Bolivie, Océanie et Californie) en 1839, et enfin, à partir
de 1843, pendant plusieurs années, différentes îles polynésiennes : les Marquises, Tahiti, etc., M. Lesson vient de
publier, avec le concours de M. L. Martinet, un volumineux
ouvrage [1] où il combat de front toutes les idées courantes
sur les origines polynésiennes. Sa thèse, largement développée, se résume dans les propositions suivantes :

1° Il n'existe en Polynésie comme en Mélanésie que deux
races primitives distinctes : la race jaune ou polynésienne,
et la race noire ou mélanésienne. Ces deux races qui, à
une époque reculée, se sont mélangées dans plusieurs îles
limitrophes, ne se mélangent plus guère de nos jours que
dans les plus orientales des îles Fiji. Dans l'Archipel indien,
au contraire, les mélanges sont si variés, qu'il est presque
impossible de les distinguer avec certitude ;

2° La plupart, sinon toutes les îles de la Malaisie ou
Archipel indien, ont été presque certainement occupées
dès le début par une race noire différant de celle de la Mélanésie ; mais il est douteux que les Polynésiens proprement dits aient été précédés par une race noire dans les
îles qu'ils occupent aujourd'hui ; !

3° Les Malais et les Javanais n'appartiennent pas à des
races primitives, fondamentales : ils sont des métis produits primitivement par le mélange de la race jaune polynésienne avec la race noire première occupante des îles
malaisiennes ;

4° Les Polynésiens ne descendent ni des Malais, ni des
Javanais : malgré quelques analogies, presque tous les principaux caractères des premiers diffèrent de ceux des seconds ;

1. *Les Polynésiens, leur origine, leurs migrations, leur langage,* par le
docteur Lesson. — Ouvrage rédigé d'après les manuscrits de l'auteur, par
Ludovic Martinet. (Paris, Leroux. — T. I, un vol. gr. in-8°, 1880.)

5° Les Polynésiens ne descendent pas davantage des populations désignées aujourd'hui sous le nom de malaisiennes ; la grande ressemblance existant entre eux et les Malaisiens provient de ce que les Polynésiens se sont rendus dans la Malaisie, déjà en grande partie occupée par la race noire, à une époque antérieure à l'existence des Malais et des Javanais ;

6° Les Polynésiens proviennent d'une race distincte qui, dans la contrée d'origine, de même que dans toutes les iles où elle a été se fixer, se donne un même nom, à peine modifié par le temps, l'éloignement et l'isolement, le nom de Maori.

Leur pays d'origine serait donc l'Ile du Milieu, de la Nouvelle-Zélande.

Nous ne voulons pas discuter ici ces propositions, où il y a d'ailleurs beaucoup à prendre, quoiqu'elles ne nous paraissent pas toujours absolument satisfaisantes. Il sera assez temps de s'en occuper lorsque leurs auteurs les auront complètement développées.

Nous ne voulons pas non plus traiter directement aucune question ethnologique.

MM. Lesson et Martinet font intervenir accessoirement les conditions du sol, de la flore, de la faune de la Polynésie, et en particulier de la Nouvelle-Zélande qui est leur objectif. « Cependant, nous dit l'un d'eux, s'il est impossible d'admettre l'existence d'un continent submergé ayant occupé presque toute la surface de l'océan Pacifique, il est admissible au contraire de regarder les îles de la Nouvelle-Zélande comme ayant été anciennement rattachées à des terres australes plus ou moins étendues. Cette hypothèse serait conciliable avec les traditions si nettes et si précises des habitants de la Nouvelle-Zélande. Ce qui milite en sa faveur, c'est non seulement la faune et la flore, entièrement spéciales, mais aussi la géologie de cet archipel isolé dans les régions australes et sans rapports directs avec les terres environnantes. La Nouvelle-Zélande, en effet, appartient à une formation géologique fort ancienne, tandis que la plupart des îles de la Polynésie semblent être de formation récente. La Nouvelle-Zélande ne dépend donc pas réellement de la Polynésie, quoiqu'on l'y rattache généralement à cause du langage. »

C'est de ces considérations accessoires que nous allons nous occuper. Un autre voyageur, au surplus, M. le capitaine Jouan, qui a également visité à plusieurs reprises l'Océanie, a voulu présenter un tableau complet de l'état actuel de nos connaissances sur la géographie, la géologie, la zoologie, la botanique, l'ethnologie, etc., des îles du Pacifique, et il vient de faire paraître un résumé condensé de son ouvrage [1]. Il nous sera facile en le suivant de fournir à nos lecteurs quelques-uns des éléments accessoires qui leur permettront de juger les hypothèses sur les origines des Polynésiens.

Une première distinction est facile à faire au point de vue géologique entre la partie occidentale et la partie orientale de l'Océanie. Dans la première, composée d'îles en général beaucoup plus grandes, et même d'un véritable continent, on retrouve des roches sédimentaires et volcaniques semblables à celles des autres continents. Dans la seconde, on ne retrouve que des îles très petites dont les assises sont exclusivement volcaniques ou coralligènes.

Dans la Nouvelle-Guinée, encore presque inexplorée, on sait, par la forme des montagnes qui s'élèvent à 3 et peut-être 4,000 mètres en arrière de la côte, par les galets que roulent ses ruisseaux, que son massif central est de nature

---

1. *Les îles du Pacifique*, 1 vol. in-32 (Germer-Baillière, 1881).

granitique. Des explorateurs appartenant aux colonies anglaises de l'Australie ont récemment visité sa partie méridionale. Ils y ont trouvé des plaines étendues, bien arrosées. Et tout fait présumer qu'il y existe une grande variété
de terrains.

Rienzi a rapporté des îles Salomon le tibia fossile d'un
grand mammifère et une dent de mastodonte, ainsi que les
débris d'un dronte, oiseau qui vivait encore à l'île Bourbon
au dix-huitième siècle.

Ce grand mammifère, qu'il n'est vraiment pas admissible de regarder comme un mammouth, comme le suggère
M. Jouan, et cette dent de mastodonte nous surprennent
grandement, pour ne rien dire de plus. Cependant, dans la
Nouvelle-Calédonie, qui se trouve immédiatement au sud,
M. Filhol a découvert au milieu, croit-on, des terrains
sédimentaires de l'ouest, un débris fossile d'un grand pa-
chyderme qui « apporterait, en quelque sorte, une preuve
que, dans les âges reculés, la Nouvelle-Calédonie était
jointe à d'autres terres. » Quelles terres, sinon les terres
néo-guinéennes?

La Nouvelle-Calédonie doit son relief, qui ressemble à
une crête montagneuse très tourmentée, à une formation
serpentineuse. Dans sa partie nord-est, on rencontre en
lits puissants des schistes ardoisiers et des calcaires cristallins qui se présentent en grandes masses au bord de
la mer, sous l'apparence de roches noires, dentelées et
caverneuses.

La Nouvelle-Zélande présente avec la Nouvelle-Calédonie
des analogies sous le rapport de sa position comme de sa
constitution.

Les phénomènes volcaniques y ont joué un rôle particulièrement important. L'Ile-du-Milieu présente une chaîne
montagneuse qui la parcourt du sud-ouest au nord-est

dans toute sa longueur, élevant à 4,000 mètres ses som-
mets aigus couverts de neige. Cette chaîne, qui se pro-
longe dans l'Ile-du-Nord, est formée par des schistes très
contournés, redressés presque verticalement de chaque côté
de la ligne de faîte, et à la base desquels on trouve le granit. Or, la Nouvelle-Calédonie est constituée par une chaîne
semblable. L'une et l'autre seraient donc les restes d'un
même relief montagneux dont les *Norfolk* seraient une partie intermédiaire.

Mais jusqu'à présent on n'a pas trouvé de débris de
mammifères à la Nouvelle-Zélande, tandis que les îles Salomon, comme nous l'avons vu, en auraient fourni, ainsi que
la Nouvelle-Calédonie. Ce n'est là d'ailleurs qu'un argu-
ment négatif ; d'autant plus que les terres néo-zélandaises
nourrissaient de gigantesques oiseaux de l'ordre des Stru-
thions (*Dinormis*, *Palapteriæ*, *Aptornis*, *Harpagornis*), dont
quelques-uns ont disparu depuis longtemps. Et bien des
géologues ne doutent aucunement que jusque vers la fin
de l'époque tertiaire il existait un grand continent qui em-
brassait à la fois l'Australie, la Nouvelle-Guinée, la Nouvelle-Calédonie, la Nouvelle-Zélande. D'autre part, il est
bien certain que les îles malaises ont été reliées à l'Asie
jusqu'à une époque peut-être encore plus rapprochée [1].

La distribution géographique des plantes et des animaux
nous apprend-elle quelque chose de plus explicite ?

La végétation de l'Océanie tropicale se compose d'espèces identiques ou analogues à celles de l'Inde équatoriale
ou du grand archipel d'Asie. Très riche dans l'Ouest, elle
perd peu à peu et notablement de sa magnificence en allant
vers l'Est. Une grande partie de ses arbres et de ses plantes,
dont les graines flottent sur l'eau (*Cocos nucifera*, *Hibiscus*

1 Les îles polynésiennes et toutes les îles de l'Est, d'origine récente,
sont au contraire des formations isolées.

alliaceus, Barringtonia, etc.), se rencontrent d'ailleurs dans toute la zone intertropicale autour du globe.

La colonisation européenne l'a littéralement transformée en quelques parties. A la Nouvelle-Zélande, par exemple, des haies d'aubépine, de troëne, d'ajoncs et de genêts entourent des champs de blé, des herbages où s'étalent des pâquerettes et des renoncules. « Dans la plaine de Christchurch, dit M. Filhol, on a beau chercher, on ne trouve plus une plante polynésienne : l'on peut se croire en pleine Beauce. » — « Il nous arrivait souvent, aux environs de la ville d'Auckland, ajoute à son tour M. Jouan, de croire que nous avions sous les yeux un paysage triste du Finistère ou du Morbihan. »

La majeure partie des plantes phanérogames propres à cet archipel rappellent d'ailleurs du premier coup d'œil celles des zones tempérées.

On rencontre seulement au nord des espèces des régions chaudes : un palmier, quelques Pandanées, le taro, la patate douce, etc. Mais, selon Dumont-d'Urville, tout le reste de la flore « a cela de commun avec celle des terres équatoriales, que les plantes annuelles y sont rares et peu nombreuses, les végétaux ligneux et même arborescents, prédominants ». Sur 632 plantes qui y ont été récoltées par le révérend Taylor, 89 se retrouvent dans la partie méridionale de l'Amérique, distante de 1,500 lieues ; 77 sont communes à l'Australie, à l'Amérique du Sud et en partie à l'Europe ; 60 sont européennes (cela a frappé les premiers explorateurs), et le reste, 406, est particulier à la contrée.

Les neuf dixièmes de sa surface sont couverts de fougères.

La présence de plantes européennes ne peut guère s'expliquer que par une sorte de parallélisme dans l'évolution d'espèces voisines soumises aux mêmes influences. Les 406 espèces qui, sur 632, sont particulières à cette terre, nous prouvent assez son long isolement ; et sa végétation ne nous révèle pas assez nettement, du moins d'après ce que l'on en dit, des relations plus étroites et plus prolongées avec la Nouvelle-Calédonie.

La végétation de ce dernier archipel participe cependant aussi, mais déjà bien moins, de la végétation des zones tempérées. On y voit en effet les grands conifères, tels que les *Dammara*, les *Podocarpus*, les *Dacrydium*, qui forment encore sur les montagnes et dans les vallées de la Nouvelle-Zélande, *notamment dans l'île du Nord*, de nombreuses forêts, et qui couvraient, il y a encore peu de temps, jusqu'aux bords de la mer. On y voit aussi de nombreuses fougères qui atteignent 10 mètres de haut.

Un fait domine toute la zoologie de la plupart des îles océaniennes, c'est la rareté ou même l'absence des mammifères.

Les Européens y ont importé des animaux domestiques, des bœufs, si nombreux aux Hawaï que leurs peaux y sont devenues l'objet d'un commerce important, des chevaux, abondants à la Nouvelle-Zélande, des chèvres, communes en maints endroits, etc. Mais les navigateurs du dernier siècle ne trouvèrent dans la Polynésie tropicale que des porcs, des chiens et une petite espèce de rat, et encore les deux premières espèces n'existaient pas partout. En allant vers l'ouest, on rencontre un quatrième genre, la chauve-souris. De grandes roussettes frugivores se montrent déjà aux îles Tonga, Samoa, Fidji. La Nouvelle-Calédonie et la Nouvelle-Zélande en possèdent chacune deux espèces. Le premier de ces archipels a en outre deux Rhinolophes. Cette faune s'accroît encore, en remontant vers le nord-ouest, de Kangourous, de Phalangers aux îles Salomon et à la Nouvelle-Guinée, du Babiroussa aux Moluques, etc.

La Nouvelle-Calédonie et la Nouvelle-Zélande ne possédaient le porc ni l'une ni l'autre. Leur faune presque identique se réduisait pour les mammifères à deux chauves-souris, au chien et au rat. La Nouvelle-Zélande avait même en moins deux rhinolophes. La pauvreté en mammifères est d'autant plus significative, que cet archipel a plus de 300 lieues de long sur 40 de large, un climat tempéré et toutes les altitudes jusqu'à plus de 4,000 mètres. Elle démontrerait, si cela était nécessaire, que l'homme n'y est arrivé que bien longtemps après son isolement. Et c'est l'homme, sans aucun doute, qui y a amené le rat et le chien.

Le grand genre rat, qui compte plus de 150 espèces, comprend les seuls mammifères terrestres qui soient répandus sur toute la surface du globe. Or, son centre de dispersion serait visiblement le nord de l'Inde, où il est représenté par les espèces les plus grandes, les plus variées, les plus nombreuses.

L'étude de ses migrations offre donc le plus vif intérêt. Dans un travail récent, dont un résumé vient d'être publié par la *Revue scientifique* [1], M. Trouessant présente à ce propos des observations bien propres à éclairer notre sujet :

« Le double instinct qui pousse les rats, non seulement, dit-il, à devenir les commensaux de l'homme, mais encore à émigrer avec lui, explique peut-être la présence, à la Nouvelle-Zélande et dans les archipels de l'Océanie, de plusieurs espèces que les naturalistes modernes considèrent comme distinctes. Le *Mus maorium* (Hutton) de la Nouvelle-Zélande, le *Mus huegelii* des îles Fiji, ont pu

---

1. *La distribution géographique des rongeurs vivants et fossiles* (*Revue scientif.*, du 16 juillet 1881).

accompagner les Polynésiens, sur leurs pirogues, dans leurs anciennes migrations à travers l'océan Pacifique. Rien ne prouve qu'une étude plus approfondie du genre *Mus* ne fasse pas retrouver sur le continent de l'Inde, ou dans quelqu'une des grandes îles de la Malaisie, la souche primitive de ces races polynésiennes, ainsi qu'on l'a déjà reconnu d'une façon incontestable pour plusieurs d'entre elles. »

« Un certain nombre de véritables rats répandus sur le continent australien, ajoute M. Trouessant, ont sans doute la même origine ; mais il n'en est pas de même des genres *Hapalotis*, *Uromys*, *Pogonomys*, *Echisthrix*, ni surtout du *G. Hydromys* dont les caractères sont assez tranchés pour qu'on en ait fait une sous-famille distincte des *Murinæ* sous le nom d'*Hydromynæ*. La présence de ces rongeurs en Australie est digne de remarque : ils y représentent seuls avec les chauves-souris les mammifères monodelphes, au milieu d'une faune presque exclusivement composée de didelphes et d'ornithodelphes. Ces types monodelphes, en petit nombre et appartenant tous précisément à cette famille des *Muridæ* dont l'aptitude à émigrer est un des caractères propres, nous font supposer que si leur introduction sur le continent australien a dû précéder de beaucoup l'apparition de l'homme, elle est du moins postérieure aux grandes perturbations géologiques qui ont cantonné dans cette région les Kangourous, les Dasyures, les Ornithorhynques et les Échidnés, probablement vers la fin de la période secondaire.

« C'est par le nord, à une époque relativement récente, par la voie de Timor, Célèbes, les Moluques et la Nouvelle-Guinée, que les rongeurs monodelphes ont pu pénétrer en Australie, et l'on trouve la preuve de cette communication dans le peu de profondeur du détroit de Torrès et de la mer des Moluques, et dans ce fait que par une sorte d'échange réciproque un certain nombre de Marsupiaux (les *Couscous*) se sont propagés jusqu'aux Célèbes.

« On peut faire remonter approximativement l'introduction de ces rongeurs en Australie à l'époque éocène. Ce qui est certain, c'est qu'ils constituent des genres distincts et n'ont plus de représentants aujourd'hui dans la région indienne. »

Nous craindrions d'émettre des conclusions aussi catégoriques sur les relations anciennes de la Nouvelle-Zélande. Que cet archipel ait un certain nombre d'oiseaux calédoniens et une faune ichthyologique en rapports étroits avec celle de la Nouvelle-Calédonie et de la Nouvelle-Guinée, cela ne prouve pas grand'chose. Cela ne permet cependant pas d'affirmer que sa faune et sa flore « soient entièrement spéciales ». Et à la tournure que prennent tous les faits que nous venons de rapporter, la Nouvelle-Zélande nous apparaîtrait comme une dépendance lointaine des terres néo-calédoniennes et néo-guinéennes, dépendances elles-mêmes plus ou moins anciennement détachées de la Malaisie, mais nullement comme un centre de formation particulier isolé depuis longtemps et réduit, il y a relativement peu, dans ses dimensions. Nous n'y trouvons aucune espèce animale élevée. Et son rat indigène lui-même, qui est en train de disparaître devant le nôtre, n'y est pas antérieur à l'homme.

Rien d'ailleurs, après cela, n'empêche de se demander si elle n'a pas été une des étapes les plus anciennes des migrations humaines de la Polynésie, bien qu'il convienne de faire encore à cet égard les plus expresses réserves [1].

---

1. D'après certaines traditions néo-zélandaises on admettait jusqu'ici que les Polynésiens y avaient abordé seulement au quinzième siècle et y avaient trouvé en un point une population noire.

XXVI

DÉMOGRAPHIE

Accroissement de la population allemande.

Les journaux allemands s'occupent fort de démographie depuis quelques semaines. « La population s'accroît trop vite, s'est écrié un publiciste, M. Gustave Rumelin. L'Allemagne consacre toutes ses ressources, toute son épargne à élever des enfants. De là, sa faiblesse économique ! De là, la misère universelle ! »

Tous les journaux ont repris cette thèse. La *Gazette de l'Allemagne du Nord* lui a donné l'estampille officieuse par une critique très bienveillante. D'autres journaux l'entourent de commentaires plus ou moins sensés. L'un d'eux, la *Gazette nationale*, en tirerait volontiers des conclusions belliqueuses ; elle déclare que la population allemande, s'accroissant comme elle le fait, « a besoin d'un accroissement du sol correspondant ». Elle en conclut qu'on verra sans doute « se former de formidables explosions analogues à celles que l'histoire a déjà enregistrées. Si ce n'est pas la famine, c'est la guerre qui décidera du sort de 50 à 60 millions d'hommes. Heureusement, la *Gazette* berlinoise remarque « qu'il y a encore du terrain disponible en Asie, en Afrique et *en Europe* ». Avis aux voisins de l'Allemagne !

En sens inverse, souvent la faible natalité des Français

nous a préoccupés. Les naissances sont trop rares en France. C'est une cause de faiblesse pour notre patrie, et nous avons montré ailleurs que notre langue, qui était, il y a deux siècles, la plus répandue des langues civilisées, n'a cessé de perdre du terrain et menace d'être étouffée par ses voisines, surtout par l'Anglais, son rival le plus redoutable.

Mais si la France ne fournit pas assez de naissances, il paraît que l'Allemagne en a de trop. Ce n'est pas par défaut qu'elle pèche, c'est par excès. Et elle s'en plaint, car si son mal est moins dangereux que le nôtre, il est plus désagréable à supporter.

Voici, en somme, à quoi il se résume :

Si l'Allemagne avait une fécondité aussi faible que la nôtre, elle produirait chaque année 500,000 enfants de moins qu'elle n'en a. Ce sont donc *cinq cent mille* enfants de plus à élever chaque année. Or, on sait ce que coûte un enfant : une famille allemande, produisant en moyenne quatre à cinq naissances, est par ce seul fait plus pauvre qu'une famille française, où le nombre des naissances ne dépasse pas trois en moyenne.

Il y a donc là une dépense que nous nous épargnons. Nous allons essayer de l'évaluer aussi exactement que possible pour la nation tout entière.

Sur les 500,000 enfants que l'Allemagne élève de plus que nous, il est vrai que beaucoup meurent en bas âge ; les tables de mortalité nous apprennent que, sur ce nombre, il en survit 343,000 environ à l'âge de vingt ans. Or, c'est certainement rester au-dessous de la vérité que d'estimer à 4,000 francs ce qu'a coûté depuis sa naissance un homme de vingt ans. Dès lors, le problème se réduit à une simple multiplication : 343,000 × 4,000 = 1,376,000,000. Telle est la somme que coûte, *chaque année*, à l'Allemagne l'excédent de sa natalité sur la nôtre. Ce *milliard trois cents millions* constitue une épargne ; l'Allemagne pourrait l'entasser dans ses coffres ou les placer en entreprises industrielles nationales et étrangères, conformément à la mode française. Au lieu de cela, elle emploie cette somme à élever des hommes.

Reste à savoir laquelle de ces deux formes de l'épargne est préférable, et si l'élevage de ce grand excès de population mérite toutes les critiques que lui adressent quelques économistes.

———

On peut dire que l'Allemagne fait trois parts de l'excédent de sa population : 1° une grande partie s'en va en Amérique ; 2° le plus grand nombre reste en Allemagne ; 3° un certain nombre va s'établir dans les pays voisins.

Un tiers environ part pour l'Amérique et s'américanise plus ou moins vite ; ce sont cent mille hommes environ (cette année, le nombre en sera beaucoup plus élevé) qui sont à peu près perdus pour la mère-patrie. Ajoutez que chaque émigrant emporte une certaine somme que l'on a évaluée, je ne sais sur quelle donnée, à 100 francs en moyenne par émigrant, dont il appauvrit l'Allemagne. On peut donc regarder l'émigration américaine comme une véritable source de faiblesse pour l'Allemagne. Ce n'est guère la peine d'élever tant d'hommes, à grands frais, pour en faire cadeau à un autre univers.

Si encore l'Allemagne était un pays très industriel, très

exportateur, elle y gagnerait de nouer des relations commerciales avec les États-Unis, comme le fait l'Angleterre. Mais il ne semble pas qu'il en soit ainsi. Les paysans qu'elle envoie dans l'Ouest sont de bons défricheurs de terres qui bientôt ne se souviennent de l'Allemagne que juste assez pour engager de nouvelles générations à émigrer comme eux.

D'autres émigrants allemands vont s'établir dans le voisinage de l'empire et conservent avec lui des relations perpétuelles, souvent dangereuses pour les pays où ils ont été s'établir. Ce n'est pas ici le lieu de revenir sur un phénomène dont nous avons déjà souvent montré les tristes conséquences. Si le Schleswig-Holstein est devenu allemand, c'est par suite de cette infiltration traîtresse de l'élément allemand sur ce pays. C'est le même genre d'envahissement pacifique qui vaut à présent à la Bohême et à la Hongrie d'être le théâtre de ces luttes ardentes dont les journaux nous apportent chaque jour le récit.

Cet envahissement n'est d'ailleurs pas un fait nouveau. C'est par lui que la Saxe est devenue allemande, ce royaume était autrefois slave ; en 1327, on plaidait encore en langue slave à Leipzig. L'usage de cette langue fut alors interdit. Les cinquante mille Wendes qui vivent encore dans les campagnes de Bautzen, sont les vestiges de la population autrefois dominante du pays.

Cette partie de l'excédent de la population allemande n'est donc pas perdue pour cette race envahissante et ambitieuse. Elle lui permet d'avoir un pied chez tous ses voisins, et de pouvoir, au moment voulu, se mêler de leurs affaires et élever des prétentions plus ou moins exagérées.

Enfin, une grande partie de l'excédent de population annuellement fournie par l'Allemagne reste sur le sol de la patrie et accroît évidemment le travail national. S'ils ne parvenaient à trouver du travail, ils ne pourraient pas vivre; et par conséquent ils disparaîtraient promptement, soit par la mort (ce qui n'arrive pas, car la mortalité des adultes en Allemagne est loin d'être exagérée), soit en se joignant aux émigrants.

Sans doute, ils occupent une place au soleil et diminuent par là celle de leurs concitoyens, en rognant leur part. Mais le pays y gagne des travailleurs et n'a pas à s'en plaindre.

Il y gagnerait plus encore s'il pouvait détourner le courant migratoire qui pousse les paysans allemands aux États-Unis, vers une colonie saine et lui appartenant. Il est certain qu'une telle idée préoccupe les hommes d'État qui dirigent l'Allemagne. Quelquefois, un dépôt de charbon, ou encore un traité avec quelque chef indigène, montre que l'Allemagne n'abandonne pas le projet de poursuivre une politique coloniale. Pourtant, il faut reconnaître que jusqu'à ce jour cette intention est de celles qu'on n'espère réaliser que beaucoup plus tard.

L'émigration est pourtant le remède le plus naturel et le plus efficace à la pléthore dont se plaint l'Allemagne. La population anglaise présente presque autant de naissances que l'Allemagne ; mais jamais elle n'a songé à s'en plaindre. Ses colons dirigés vers des territoires nouveaux et généralement salubres étendent le commerce anglais, et, loin de nuire à la richesse de leurs concitoyens, contribuent à l'accroître. Ils donnent à Malthus un éclatant démenti.

Nous trouvons justement dans les *Annales de démographie* une étude sur l'étonnant développement de la Nouvelle-Galles du Sud. Cette colonie, qui comptait 348,000 habitants en 1860, en a environ 750,000 aujourd'hui. En moins de vingt ans la population a plus que doublé, et, dans les dernières années du moins, les naissances contribuaient à cet accroissement dans une proportion très notable :

Excédent des naissances sur les décès : en 1877, 14,009 ; en 1878, 14,600.
Excédent des immigrés sur les émigrés : en 1877, 18,450 ; en 1878, 16,960.

Il est vrai que des pays tels que l'Australie sont aujourd'hui rares sur la terre. La découverte de l'or a sans doute contribué puissamment à sa prospérité ; mais une mine d'or ne suffit pas pour créer un établissement durable ; il faut surtout des terres fertiles et salubres.

Si les Allemands se décident à en chercher pour utiliser fructueusement l'excès de leur population, ils auront de la peine à en trouver, car les Anglais semblent bien les avoir toutes prises.

XXVII

ANTHROPOLOGIE

De quelques caractères anatomiques intermédiaires à ceux de l'homme blanc et à ceux des singes anthropoïdes.

L'anatomie comparée de l'homme comporterait notamment l'étude de trois sortes de caractères : de ceux qui déterminent sa place parmi les primates et qui lui sont communs avec les anthropoïdes; de ceux qui le séparent de ces derniers, et enfin de ceux qui, constants chez les anthropoïdes, se présentent intégralement ou sous une forme atténuée chez les races humaines inférieures, et même, anormalement, chez les autres. Nous voulons nous occuper de quelques-uns de ces derniers, sans prétendre à autre chose qu'à faire connaître quelques recherches récentes.

I

Nous ne passerons pas en revue les caractères crâniens assez nombreux de certains nègres, notamment des Australiens, les plus inférieurs, qui sont justement qualifiés de simiens, la saillie des arcades sourcilières, l'étroitesse et l'aplatissement du front accompagné de fortes crêtes temporales, etc. ; mais nous nous arrêterons sur un caractère de la face que M. Schaafhausen a cru dernièrement avoir découvert [1], mais qui est extrêmement frappant : c'est celui que présente le bord inférieur de l'ouverture nasale sur le squelette.

M. le docteur Topinard l'a étudié particulièrement, en 1872, dans un mémoire sur les Tasmaniens. Chez la plupart des races, et surtout chez les Indo-Européens, les sémites et les ourals-altaïens, le bord inférieur des narines antérieures sur le squelette a le plus fréquemment « la forme d'un cœur de carte à jouer, la pointe en l'air, le milieu de la base étant représenté par l'épine nasale, le côté de cette base par les *échancrures nasales* ». Mais ce bord inférieur des narines n'est pas toujours simple et à arête vive. A un premier degré il s'émousse ; à un second, il devient épais et grossièrement arrondi ; à un troisième, il se décompose en deux lèvres qui interceptent un petit triangle donnant lieu, en s'adossant à celui du côté opposé (interne), à une surface losangique. Cette surface est souvent horizontale ; mais elle arrive à se briser vers la réunion du tiers postérieur avec les deux tiers antérieurs et, se bombant en dos d'âne, l'un de ses versants regarde en arrière vers les fosses nasales, et l'autre en avant.

Enfin, à un degré plus avancé, l'inclinaison de cette surface s'accroît en empiétant de plus en plus sur le versant postérieur, sur le plan sous-nasal. La lèvre antérieure tend à s'effacer, ses vestiges s'écartent, descendant obliquement à la surface du maxillaire et ne se rejoignant d'un côté à l'autre que plus ou moins au-dessous de l'épine nasale ou pas du tout. Cette disposition en double gouttière verticale est véritablement simienne.

Sur 76 Néo-Calédoniens, M. Topinard en a noté 15 cas accentués, et 25 cas un peu moins accentués.

---

1. Voir *Bullet. de la Soc. d'anthr. de Paris*, 1881, p. 184.

Dans ses derniers fascicules, la *Revue d'anthropologie* (avril, juillet, octobre) a publié un grand mémoire de Broca (le dernier qu'il ait écrit) sur la *Torsion de l'humérus et le tropomètre, instrument destiné à mesurer la torsion des os.* C'est une étude pour la première fois complète de la plus singulière disposition anatomique qui caractérise l'attitude bipède.

« La ligne articulaire du coude est transversale, comme celle du genou ; et tandis que la flexion du genou se fait en arrière, celle du coude se fait en avant.

« On a donc comparé le coude à un genou dont la face antérieure serait devenue postérieure par suite d'un mouvement de torsion d'un demi-cercle, ou de 180 degrés, autour de l'axe du bras.

« Chez les quadrupèdes comme chez les bipèdes, une large gouttière obliquement étendue de la face antérieure du corps de l'humérus à sa face postérieure, et connue depuis longtemps sous le nom de *gouttière de torsion*, indique en effet que le corps de cet os est au moins virtuellement tordu, le fémur ne présentant rien de semblable. Seulement, chez les quadrupèdes, cette torsion intrinsèque du corps de l'humérus n'est que d'un quart de cercle ou d'un angle droit ; le reste de la torsion, qui est d'un second angle droit, s'effectue au-dessus de l'humérus, par suite de la position de l'omoplate, dont la cavité glénoïde regarde en bas et en avant. Chez les bipèdes, au contraire, la cavité glénoïde de l'omoplate regardant en dehors, l'articulation de l'épaule ne prend pour ainsi dire aucune part à l'inversion du membre, qui s'effectue alors presque tout entière dans le corps de l'humérus [1]. »

Charles Martins, qui a fait connaitre ce grand fait d'a=

___

1. Zaborowski, *les Grands Singes*, p. 106.

natomie en 1857, avait dit que la « torsion de l'humérus est de 180 degrés chez l'homme et les anthropoïdes, et de 60 degrés seulement chez les singes non anthropoïdes comme chez les quadrupèdes. Ces appréciations, faites à simple vue, ne pouvaient être rigoureuses. Il devait d'ailleurs paraître bien probable qu'il y aurait entre les deux types ainsi caractérisés des états intermédiaires, et il était permis de se demander si chez l'homme même ce caractère ne présentait pas, suivant les individus et suivant les races, des différences plus ou moins grandes ».

Plusieurs auteurs, Meyer de Zurich (1861), Lucœ (1865), Welcker (1866), Gegenbauer (1868), ont en effet recherché quelques-unes de ces différences. Mais ils n'ont pas traité la question à fond, et c'est ce que Broca a entendu faire. Nous renverrons à son Mémoire pour la description de l'instrument qu'il a inventé à cet effet et des procédés de mensuration qu'il a employés (numéro du 15 juillet) pour nous borner à transcrire les résultats qu'il a obtenus. Rappelons, toutefois, d'abord, que d'après les recherches de Gegenbauer, la torsion de l'humérus n'est en moyenne que de 137°, qu'elle s'élève à la moyenne de 142° chez les enfants âgés de trois à neuf mois, pour atteindre chez l'adulte le chiffre moyen de 168°, et que par conséquent le corps de l'humérus subit, pendant la période de l'accroissement, une torsion véritable.

Broca n'a pas trouvé les mêmes chiffres. Selon lui, la torsion de l'humérus est de 133°,25 pour les nouveau-nés de 0 à 1 mois, de 148°,22 pour les enfants de 2 à 4 ans, et de 150°,66 pour ceux de 4 à 7 ans et 3 mois. A l'âge adulte ensuite, elle varie suivant les races, sans jamais atteindre la moyenne de 180, et elle présente au sein des mêmes races des variations individuelles d'une amplitude qui peut dépasser 50 degrés. Nous mettrons de côté son étude suivant les races et les individus pour l'examiner suivant les groupes les plus tranchés qui ont fourni des séries assez nombreuses.

La torsion de l'humérus est la plus forte chez les Européens, notamment chez les Français, où elle est en moyenne de 164°. Chez les nègres, elle est de 144° ; chez les Mélanésiens (d'après 15 humérus), de 149°,07, et chez les Australiens (d'après 4 humérus) de 134°,50. Son minimum chez les Français est de 139°, c'est-à-dire encore supérieure à ce qu'elle est en moyenne chez les Mélanésiens. Mais les humérus de ces derniers, que Broca a mesurés, sont peu nombreux, et, en somme, les races ne se disposent pas, d'après ce caractère, suivant une série bien régulière. Peut-on dire, cependant, que les nègres, sous ce rapport, tiennent le milieu entre les anthropoïdes et les races humaines supérieures ? Nous n'avons que des moyennes pour les anthropoïdes. Ces moyennes sont : de 141°,19 pour le gorille (16 humérus) ; de 120°,25 pour l'orang (7 humérus) ; de 128°,8 pour le chimpanzé (12 humérus), et de 112° pour le gibbon (10 humérus). Or, nous avons vu que la torsion de l'humérus, chez les nègres, n'est en moyenne que de 144 degrés, de trois degrés supérieure à ce qu'elle est chez le gorille. Ajoutons qu'en outre cette torsion descend à 127 degrés chez les nègres, et que sa moyenne chez les Mélanésiens et les Australiens est, d'après le nombre assez respectable de 18 humérus, parfaitement au-dessous de celle du gorille.

On ne peut donc même pas dire que ce caractère offre une transition insensible des anthropoïdes à l'homme. Sous ce rapport il y a, par le gorille et les races noires de l'Océanie (à part les Négritos), un véritable entre-croisement entre les deux familles.

En 1878, Broca avait signalé l'intérêt que pouvait

offrir l'étude des variations de forme de l'omoplate [1].

Les proportions relatives des parties de l'omoplate sont tellement différentes dans le type des bipèdes et dans celui des quadrupèdes, que la ligne qui, chez les premiers, représente la plus grande dimension, représente au contraire chez les derniers la dimension la plus petite. Ainsi, en prenant pour la longueur de l'omoplate sa partie réellement la plus longue chez l'homme, qui est comprise entre son extrémité supérieure en angle et son extrémité inférieure également en angle, on voit cette longueur diminuer proportionnellement et devenir moins grande que la largeur même, à mesure que l'on passe des bipèdes vrais aux quadrupèdes vrais. On s'écarte du type bipède à mesure qu'elle diminue. Pour mesurer sa grandeur proportionnelle, Broca a déterminé les points fixes extrêmes des deux diamètres de l'omoplate.

Avec ces deux diamètres, on calcule le rapport de la longueur égale à cent. Ce rapport est l'*indice scapulaire*.

A côté de cet indice, Broca en avait déterminé un second : l'indice sous-épineux, déterminé par le rapport des deux diamètres de la partie en triangle de l'omoplate située au-dessous de l'*épine*.

Enfin, il avait calculé ces deux indices sur d'assez nombreuses séries de Français, de nègres, d'enfants de femmes d'anthropoïdes.

Les moyennes qu'il a obtenues sont, pour l'indice scapulaire, de 64,97 chez les Françaises, de 65,91 chez les Français, de 67,38 chez les négresses, de 68,16 chez les nègres, de 68,52 chez le chimpanzé, de 69,27 chez l'orang, et de 70,38 chez le gorille... Nous nous trouvons ainsi en présence de faits semblables à ceux que nous a fournis

1. *Bullet. Soc. d'anthr.*, 1878, p. 66.

l'étude de la torsion de l'humérus. Les nègres, comme précédemment, semblent former la transition entre les anthropoïdes et l'homme blanc.

Mais il y a encore aux confins un véritable entre-croisement des deux familles, la famille humaine et celle des anthropoïdes. Car nous voyons l'indice scapulaire de nègres monter à 76,64 (à 76,61 chez un paria de Madras), et celui de gorilles descendre à 66,25.

L'étude de l'omoplate et de ses indices a fait depuis l'objet d'une thèse de doctorat [1]. L'auteur, M. Marius Livon, nous donne des moyennes un peu différentes. Mais elles ne peuvent modifier l'impression que nous venons d'exprimer. Et nous voyons d'ailleurs dans ces tables de mensurations que les Égyptiens ont des indices scapulaires supérieurs à ceux des nègres, et que si ces derniers n'ont pas d'indice scapulaire de 76, une Mexicaine en a de 78,03.

II

Les caractères tirés de l'étude des muscles, pour être plus négligés, n'offriraient pas moins de sujets de méditation à la philosophie anatomique.

Dès 1873 et 1874, M. Chudzinski, dans deux mémoires sur l'anatomie du nègre, a signalé de nombreuses dispositions [2] musculaires rappelant plus ou moins celles qui sont plus particulières aux anthropoïdes. Nous n'en citerons ici que quelques-unes comme exemples.

Le *grand dorsal* est un muscle qui prend ses deux attaches sur les côtes, d'une part, et sur la partie supérieure de l'humérus, d'autre part.

1. Une brochure in-8°, Paris, 1879.
2. V. *Revue d'anthropologie.*

Chez les anthropoïdes, du tendon terminal de ce muscle se détache un autre muscle long et étroit qui descend le long de l'humérus jusqu'à la partie interne et postérieure du coude. Chez le blanc, à la place de ce dernier muscle il n'existe que quelques fibres tendineuses qui, du bord inférieur du tendon du *grand dorsal*, vont se jeter un peu au-dessous dans le tendon d'origine de la longue portion du *triceps*. Or, chez un nègre M. Chudzinski a observé au contraire une expansion tendineuse assez large et très forte qui, partant du même point, donne une première tige qui se réunit immédiatement au-dessous du bord inférieur du *grand rond* et va se jeter également sur la face antérieure du *triceps*. Cette expansion tendineuse est évidemment l'homologue du muscle des anthropoïdes. Et le bras du nègre sous ce rapport offre une disposition anatomique qui, tout en étant intermédiaire à celle qui existe chez le blanc et les anthropoïdes, se rapproche davantage de celle du bras des anthropoïdes.

Sur un autre nègre M. Chudzinski a constaté que la main gauche était construite, pour ce qui est de ses fléchisseurs et notamment de celui du pouce [1], sur le même type que celle des anthropoïdes. Nous croyons savoir qu'il a poussé plus loin ces comparaisons délicates et qu'il a réuni une nouvelle collection de faits du genre de ceux-là.

Dans un travail plus récent [2], M. Eugène Duchêne, qui a eu la bonne fortune de disséquer un nègre mozambique, a fait connaître également des faits de ce genre mais portant sur les viscères. Il les qualifie d'*anomalies régressives* [3].

---

1. V. Zaborowski, les *Grands Singes*, p. 111.

2. V. *Bullet. Soc. d'anthrop.*, 1881, p. 329.

3. Ces anomalies n'en seraient plus si l'on constatait leur existence fréquente chez certaines races.

On sait, par les recherches de Broca, que la crosse de l'aorte offre une disposition qui se modifie graduellement en passant des quadrupèdes aux bipèdes.

« La grosse artère qui part du ventricule gauche du cœur et qui envoie le sang à tous les organes émet, immédiatement après sa naissance, les artères nourricières du cœur, puis se dirige d'abord vers la tête; mais bientôt elle se recourbe à gauche comme une crosse pour se diriger vers l'extrémité caudale du tronc. De sa convexité, appelée *crosse de l'aorte*, naissent toujours les troncs artériels de la tête, du cou et des deux membres. Les artères sont au nombre de quatre, et l'ordre d'émergement de ces quatre troncs est le suivant : 1° sous-clavière droite; 2° carotide droite ; 3° carotide gauche ; 4° sous-clavière gauche.

« La courbure de l'aorte est courte et rapide, et l'on sait que deux artères, dont les origines sont bien identiques et les directions peu divergentes, tendent toujours à former un tronc commun... » Il en résulte que la crosse aortique donne naissance tantôt à un seul tronc volumineux, tantôt à deux troncs inégaux, tantôt enfin à trois troncs. Chez l'homme, elle donne naissance à trois troncs. Chez les lémuriens, chez les cébiens et les pithéciens, comme chez les carnassiers, elle donne naissance à trois troncs : un tronc innommé trifine et une sous-clavière gauche isolée. Chez les anthropoïdes, elle présente une transition entre ces deux types; le gibbon se classant dans le dernier et le gorille et le chimpanzé dans le premier, celui de l'homme [1].

Eh bien, chez le nègre de M. Duchesne la crosse de l'aorte donne naissance à deux troncs au lieu de trois; c'est-à-dire qu'elle n'a pas la disposition qu'on rencontre chez l'homme, mais celle des gibbons et des singes.

1. Zaborowski, les *Grands Singes*, p. 120.

Chez ce même nègre le poumon droit a un lobe supplémentaire. Ce lobe quatrième ou « lobe impar », en rapport avec la situation du cœur dans la station quadrupède, disparaît chez les bipèdes. Parmi les anthropoïdes, le gibbon seul en possède un rudiment.

Le foie de ce nègre a l'aspect général d'un foie de bipède. Mais à sa face inférieure, dans le lobe droit, on découvre deux scissures transversales profondes qui indiquent une tendance vers le type du foie de quadrupède, dont le nombre des lobes peut atteindre le chiffre de six ou sept.

Nous nous arrêtons ici ; mais notre sujet est loin d'être épuisé, et nous n'avons peut-être pas réussi à en faire voir toute l'étendue.

XXVIII

AGRICULTURE

La production et la consommation du blé en France. — Les phosphates minéraux.

I

Parmi les questions qui, pendant les dernières années, ont été le plus vivement agitées, aussi bien par les économistes que par les agriculteurs, le premier rang appartient à celle de la production du blé et des conditions qui lui sont faites par le développement de l'agriculture de quelques pays, notamment à l'Amérique du Nord. En fait, pendant les trois dernières années, il a été introduit en France 70 millions d'hectolitres de blé étranger. Cela ne s'était jamais vu. Est-ce le commencement d'un phénomène nouveau, ou faut-il n'y voir que les effets d'une crise passagère? Ce problème excite vivement l'attention des agriculteurs, et ils recherchent avidement tous les moyens de s'éclairer.

Au nombre des études que cette question a fait surgir, il faut signaler un mémoire que les *Annales agronomiques* viennent de publier sous le titre : *La Question du blé.* Son auteur est M. Dubost, professeur d'économie rurale à l'Ecole nationale d'agriculture de Grignon. C'est la réunion la plus complète et l'examen le plus judicieux qui aient encore été faits de tous les documents fournis tant par les tableaux de la statistique que par le mouvement du commerce.

Comme tous les faits économiques, la production du blé obéit à des lois spéciales qu'il faut apprendre à dégager. Dans ce but, M. Dubost remonte aussi loin que peut guider

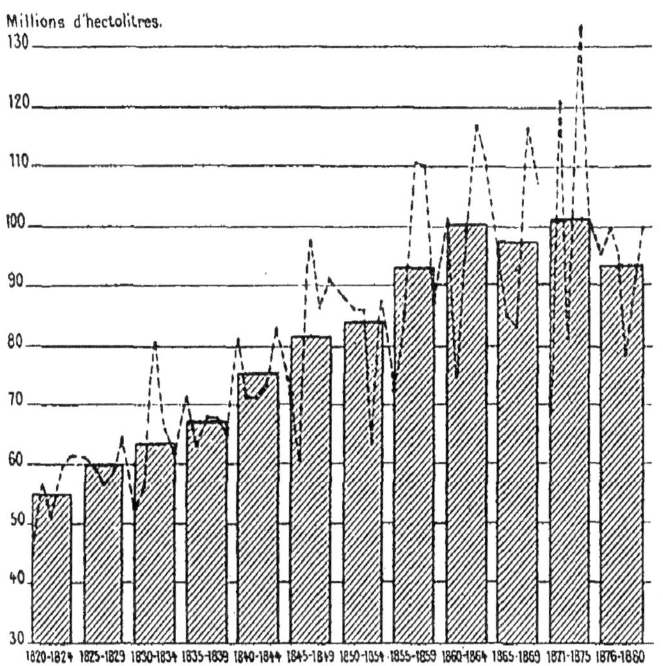

Récoltes annuelles du blé et moyennes quinquennales de ces récoltes, de 1820 à 1880.

la statistique agricole, jusqu'à l'année 1820. Sans admettre avec une confiance absolue tous les chiffres que fournit la statistique, on peut estimer que les nombreuses erreurs de détail qu'elle comporte disparaissent dans l'ensemble, et que les chiffres qu'elle donne pour la totalité du pays sont à peu près exacts. Il faut, d'ailleurs, savoir s'en contenter, car c'est la seule base d'appréciation qu'on possède.

S'appuyant donc sur les chiffres de la statistique, M. Dubost commence d'abord par rechercher le mouvement de la production ; il arrive à ce premier fait, que, dans le demi-siècle de 1820 à 1869, la production du blé s'est élevée de 54,778,000 hectolitres (moyenne de cinq années, 1820 à 1824) à 97,687,000 hectolitres (moyenne de cinq années, 1865 à 1869). Ce résultat est obtenu en divisant les cinquante années en périodes quinquennales ; pour chaque période, il y a un accroissement sensible de la production, à l'exception toutefois de la dernière, qui accuse un léger recul ; car de 1860 à 1864 la production moyenne avait été de 100,808,000 hectolitres. Mais si l'on prend des périodes de cinq ans, les influences de chaque année sont moins grandes et l'on obtient une courbe continuellement ascendante, qui amène ce résultat définitif que l'accroissement annuel de la production du blé en France, pendant ces cinquante années, a été de 1 million d'hectolitres.

Ce résultat est dû à deux causes : l'extension de la surface ensemencée en blé, et l'augmentation du rendement moyen. Ces deux influences ont agi parallèlement, mais la première a une action plus décisive. M. Dubost montre, par les faits, qu'il faut attribuer 55 p. 100 de l'accroissement de la production du blé à l'extension de sa culture, et 45 p. 100 seulement à l'augmentation du moyen rendement annuel. « Il est aussi digne d'éloges, ajoute-il avec raison, de défricher de nouvelles terres ou même de convertir des terres à seigle en terres à blé, que d'élever le rendement moyen des terres qui sont depuis longtemps cultivées en blé. De part et d'autre il y a des améliorations à entreprendre, des travaux à exécuter, et, ce qui est le point essentiel, le résultat est le même : l'accroissement de la richesse générale. Parmi ces deux manières d'opérer, le cultivateur choisit naturellement et avec toute raison, celle qui lui offre le plus d'avantages. Il n'y a pas à l'en blâmer, et nous devons faire bon accueil au progrès d'où qu'il vienne, et surtout, comme c'est ici le cas, quand il vient des deux côtés à la fois. »

Pendant que la production s'accroissait dans les proportions qui viennent d'être indiquées, quelle marche la consommation suivait-elle? Il faut d'abord remarquer que celle-ci est loin d'être aussi capricieuse que la première ; il lui faut, chaque année, à peu près la même quantité, et quand le pays ne peut pas la lui fournir, elle la demande fatalement à l'importation. En évaluant à 700 grammes la ration quotidienne de pain pour chaque habitant, et en réunissant ensemble les quantités de blés produites dans le pays et les excédents d'importation pendant les cinquante années qui nous occupent, M. Dubost est arrivé aux conclusions suivantes :

Dans la période décennale 1820 à 1829, les ressources en blé ne suffisaient pas pour alimenter normalement 14 millions de Français, et plus de 18 millions étaient privés de cet aliment ; de 1830 à 1839, la ration normale était assurée pour 15 millions et demi d'habitants, et il y en avait encore près de 18 millions qui étaient privés de blé ; de 1840 et 1849, la situation est devenue meilleure : 20 millions de Français avaient leur ration complète de pain, mais 15 millions et demi en étaient encore dépourvus ; de 1850 à 1859, la provision normale était assurée pour 22 millions d'habitants, mais il en restait encore 12 millions à pourvoir ; de 1860 à 1869, enfin, la masse des ressources était suffisante pour 26 millions d'habitants, 12 millions restant encore sans y prendre part. A mesure que l'approvisionnement du blé est devenu plus considérable, la consommation des grains de qualité secondaire et des légumes secs, châtaignes ou pommes de terre, est devenue moindre. Ce serait aller trop loin que de rechercher comment le dé-

LA PRODUCTION ET LA CONSOMMATION DU BLÉ EN FRANCE. 317

ficit se répartissait sur les divers points du territoire, et
dans quelles proportions il atteignait les diverses sortes de
travailleurs ; il suffira de dire que c'est l'ouvrier des champs
qui a été appelé le dernier au partage de la consommation
du pain de froment.

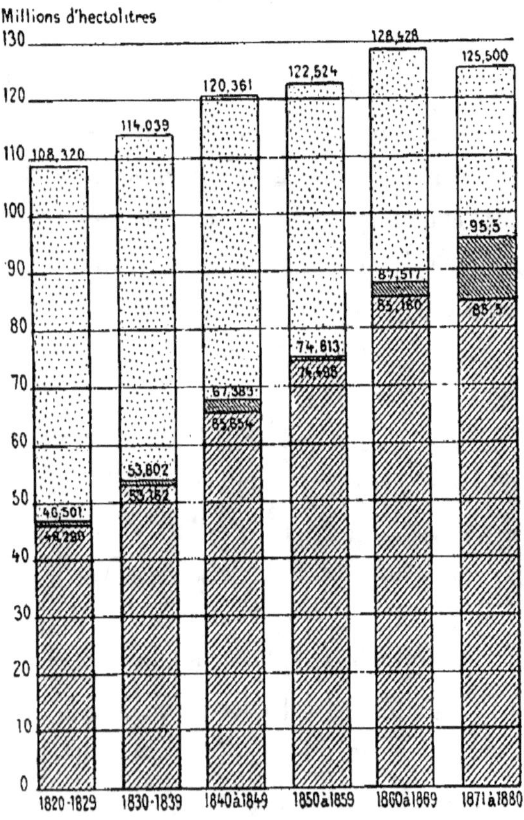

Consommation moyenne du blé, par périodes décennales,
de 1820 à 1880.

Examinons maintenant comment les choses se sont passées pendant la dernière période décennale de 1870 à 1880.
Il résulte des documents publiés par le ministère de l'agriculture et du commerce que, pendant ces dix années, la
production a été, en chiffres ronds, de 975 millions d'hectolitres de blé ; c'est une moyenne de 97 millions et demi

d'hectolitres par an. Or, la moyenne des dix années antérieures avait été de 99 millions d'hectolitres.

La comparaison de ces deux nombres démontre que non
seulement l'accroissement de la production n'a pas suivi la
marche ascendante précédemment acquise, mais que l'accroissement a cessé et qu'il y a eu recul. Il s'agit d'en rechercher les causes.

Tout d'abord, il y a eu perte de territoire. La guerre de
1870-71 nous a fait perdre environ 200,000 hectares annuellement cultivés en blé ; l'accroissement des surfaces
consacrées à cette plante ne lui a fait regagner que
150,000 hectares. Il y a donc là un déficit sérieux avec lequel il faut compter. Mais si l'on en tient compte pour évaluer le mouvement d'extension de la culture du blé, on
trouve que ce mouvement a été un peu moins rapide depuis
dix ans qu'il ne l'était auparavant.

Mais cette cause n'est pas suffisante pour expliquer le
phénomène constaté. Si l'on divise les dix dernières années en deux périodes quinquennales, on trouve que la
production moyenne annuelle a été, de 1871 à 1875, de
101 millions d'hectolitres de blé, tandis que, de 1876 à
1880, elle est descendue au-dessous de 94 millions d'hectolitres. Si, pour rendre ces périodes comparables aux
précédentes, on suppose que le territoire de la France était
demeuré intact, on trouve que la production moyenne annuelle aurait été de 104 millions d'hectolitres environ de
1871 à 1875, et de 96 millions et demi d'hectolitres pendant les cinq dernières années. C'est donc uniquement à
l'influence de celle-ci qu'il faut attribuer le mouvement
d'arrêt constaté pour la dernière période décennale, dans
son ensemble.

La conclusion que tire M. Dubost est donc tout indiquée
par les faits. C'est à l'abaissement du rendement moyen

annuel sous l'influence de circonstances climatériques très
défavorables, qu'il faut attribuer la diminution de la production du blé pendant ces cinq dernières années. La moyenne
de cette période est descendue au chiffre de 13 hectolitres
63 par hectare, c'est-à-dire au-dessous du rendement
moyen des six périodes quinquennales précédentes. C'est
ainsi que les résultats de trente ans d'efforts et de progrès
ont été compromis par de désastreux phénomènes climatériques.

Quel a été le mouvement de la consommation pendant
ces dix années ? Il est facile à calculer. Si l'on défalque du
produit annuel les quantités de blé nécessaires aux semences, que M. Dubost estime à 12 millions d'hectolitres, on
trouve que, pendant les cinq premières années, il y a eu,
en moyenne, 89,200,000 hectolitres disponibles pour la
consommation, et pendant les cinq dernières 82 millions
d'hectolitres. L'exploitation a ajouté un supplément de
26 millions d'hectolitres pendant la première période, et
de 74 millions d'hectolitres pendant la seconde. Il en est
résulté que, de 1871 à 1875, les ressources annuelles ont
été de 94,400,000 hectolitres, et que, de 1876 à 1880,
elles ont atteint le chiffre de 96,600,000 hectolitres.

La consommation a donc suivi sa marche ascendante,
avec une amélioration très notable du régime alimentaire
pendant les premières années qui ont suivi la guerre de
1870, mais avec un ralentissement sensible pendant les
dernières années. Tandis que la ration journalière de pain
disponible pour chaque habitant s'est élevée de 470 à
536 grammes de 1871 à 1875, elle ne s'est accrue que de
2 grammes pendant les cinq dernières années, et cela
malgré les 74 millions d'hectolitres que le commerce est
allé chercher à l'étranger durant cette période. Sans cette
ressource, la France aurait subi une disette qui aurait rap-

pelé le souvenir des plus cruelles famines dont l'histoire nous a légué le souvenir.

Quelle est la conclusion à tirer de cet ensemble de faits? C'est d'abord que la production française est loin de suffire aux besoins de la consommation. Il faut à celle-ci, d'après les relevés des trois dernières années, 103 à 104 millions d'hectolitres de blé par an. Si l'on y ajoute les semences nécessaires à la culture, on arrive à 115 millions d'hectolitres. « Toute récolte, dit M. Dubost, qui n'arrive pas aujourd'hui à ce niveau et qui, dans trois ou quatre ans, n'arrivera pas à 120 millions d'hectolitres, laissera un déficit dans la consommation, déficit auquel il faudra pourvoir par une importation de grains étrangers. » Il serait donc hors de toute justice de désespérer de l'avenir de la culture du blé en France. Le débouché est loin de se fermer devant elle, et il est certain que l'agriculture nationale ne fera plus jamais assez de blé pour notre consommation intérieure.

Ces conclusions sont tout à fait rassurantes, et il était bon de les faire connaître. La perspective de l'avenir est loin d'être faite pour effrayer les agriculteurs français. Ils ne doivent pas craindre d'étendre leurs ensemencements et de chercher à élever de plus en plus le niveau de leur rendement ; leurs peines ne seront pas perdues. Plus les récoltes seront abondantes (et il ne faut pas oublier d'ajouter : plus leur qualité en sera bonne), plus les agriculteurs en trouveront le placement facile, dans le pays même, sans avoir à chercher au loin, en dehors des limites du territoire, d'autres consommateurs. « Quant aux importations, ajoute M. Dubost, dont on voudrait que l'agriculture se défiât comme d'une cause de ruine prochaine, leur effet le plus sûr est de favoriser l'essor de la consommation, de lui permettre de développer la faculté d'expansion dont elle jouit à un si haut degré, en élargissant ainsi et d'une manière incessante le débouché avantageux de l'agriculture à l'intérieur.

II

Dans sa dernière séance publique, la Société nationale d'agriculture a décerné sa grande médaille d'or à M. de Molon pour ses travaux relatifs aux gisements de phosphates de chaux. Il y a peu d'années, l'Académie des sciences avait décerné à M. de Molon le prix Morogues, réservé aux travaux ayant le plus contribué aux progrès de l'agriculture en France. C'est que, en effet, il était de la plus haute importance de mettre à la disposition de l'agriculture le phosphate que l'on trouve dans toutes les plantes et qui n'est qu'incomplètement restitué au sol par les fumiers. Avant que l'on eût appris à se servir des phosphates minéraux, on se servait surtout du noir animal et de la poudre d'os pour rendre du phosphate a la terre arable; mais cette source était précaire, et menaçait de devenir absolument insuffisante, à mesure que s'accroissait le nombre des agriculteurs cherchant à obtenir des récoltes de plus en plus abondantes.

Le rapport fait à la Société nationale d'agriculture par M. E. Tisserand renferme des détails très intéressants sur l'extension prise depuis un quart de siècle par l'industrie des phosphates en France. Vers 1850, de grands dépôts d'apatite avaient été signalés en Estramadure ; les essais tentés avec ces substances répandues sur les champs après avoir été réduites en poudre fine et traitées par l'acide sulfurique, avaient donné d'excellents résultats. A la même date, en Angleterre, des expériences, faites avec les phosphates fossiles du Sussex, eurent les mêmes résultats.

Mais ces résultats passèrent à peu près inaperçus en France, et l'on ne commença à se préoccuper des phosphates que lorsque M. de Molon, après avoir parcouru le pays en tous sens, annonça, en 1856, qu'il en existait des gisements considérables dans quarante départements environ, et, en outre, que les phosphates minéraux, pour être assimilés par les plantes, n'ont pas besoin d'être traités par un acide, mais qu'ils soient réduits en poudre impalpable. Admises d'abord avec beaucoup de difficulté, ces conclusions ne furent définitivement acceptées que lorsque des expériences répétées sur une grande étendue du territoire eurent démontré l'efficacité de la poudre de phosphate et son incomparable valeur pour fertiliser notamment les terres de landes en Bretagne, en Sologne, dans la Brenne, en Gascogne, etc.

Depuis que ces faits ont été bien établis, presque chaque année a vu s'augmenter l'importance de nos richesses connues en phosphate de chaux ; un très grand nombre de ces gisements ont été recherchés et découverts par M. de Molon lui-même. L'extraction et l'exploitation industrielle des phosphates sont devenues des industries florissantes ; on compte aujourd'hui 70 à 80 usines pour la pulvérisation des nodules ; un grand nombre d'anciens moulins à vent qui, jadis, servaient à moudre le blé, sont aujourd'hui utilisés par cette industrie.

Les phosphates de chaux fossiles se répartissent en France sur trois étages géologiques : les phosphorites se trouvent dans les terrains tertiaires ; les nodules, dans les terrains secondaires et les apatites, dans les terrains anciens ou cristallisés. Les gisements d'apatites n'ont qu'une faible importance ; mais ceux de phosphorites et surtout de nodules sont souvent très étendus. Ces derniers se rencontrent en masses considérables dans les étages crétacés et jurassiques ; il faut citer surtout les nodules des sables du Maine, de la gaize, du gault, du lias.

Les principaux gîsements reconnus aujourd'hui sont : dans le Nord, sur la ligne qui réunit Lille à Cambrai ; dans le Pas-de-Calais, dans le triangle formé par Boulogne, Saint-Omer et Calais ; dans la Seine-Inférieure, auprès de Neufchâtel ; dans l'Eure, l'Orne et le Calvados, en remontant d'Argentan à Honfleur par Lisieux, sur le bord de la mer et dans une zone qui longe le chemin de fer de Caen à Bayeux ; dans la Sarthe et Eure-et-Loir, par un quadrilatère dont les limites sont Nogent-le-Rotrou, Mamers et Connerré ; dans l'Est, un gisement continu d'une largeur moyenne de 40 kilomètres, s'étendant depuis les Ardennes jusqu'à l'Yonne à travers les départements de la Meuse, de la Marne et de la Haute-Marne ; dans l'Est encore, un autre gisement, de Talmay à Dôle, dans les départements du Jura, de la Côte-d'Or et du Doubs ; dans le Sud-Est, trois gisements, l'un dans le département de l'Isère, de Grenoble à Saint-Jean de Royans ; l'autre, dans la Drôme ; le troisième dans les Alpes-Maritimes, de Cannes à Grasse ; dans le Centre, à Lury (Cher) ; dans le Sud-Ouest, plusieurs très importants gîsements, notamment aux environs de Périgueux et dans les départements du Lot, de Lot-et-Garonne, qui donnent ce qu'on appelle les phosphates du Quercy.

M. Tisserand nous apprend qu'en ne tenant compte que des trois grands gisements découverts par M. de Molon, la Meuse, les Ardennes et le Calvados, on y trouve une masse de chaux pour ainsi dire inépuisable. En effet, d'après les calculs de MM. Mengy et Nivoit, le sol du département de la Meuse renferme encore aujourd'hui, en état d'être exploitées, 80 millions de tonnes de phosphate de chaux ; le département des Ardennes en possède au moins 20 mil-

lions de tonnes ; enfin, les calculs de MM. de Molon et Guil-
lier portent à 150 millions de tonnes la quantité de nodules
renfermé par les gisements exploitables du Calvados. Ces
trois départements renfermeraient donc 250 millions de
tonnes de phosphate de chaux à la disposition de l'agriculture et de l'industrie.

D'un autre côté, MM. Dumas et Malaguti ont établi que la
quantité de phosphates de chaux fossiles nécessaire pour
assurer le déficit des fumiers en acide phosphorique s'é-
lève à environ 2 millions de tonnes par an. Les seuls gisements dont il s'agit suffiraient donc pour la consommation
agricole pendant cent vingt-cinq ans, et au minimum pendant un siècle, en supposant que la production agricole
prenne, comme il faut l'espérer, une activité plus grande
que celle qu'elle possède aujourd'hui. « Qu'on ajoute à ces
trois dépôts, fait remarquer M. Tisserand, ceux que M. de
Molon a découverts dans trente autres de nos départements,
et on verra que l'exploitation, pendant plusieurs milliers
d'années, sera suffisante pour épuiser nos approvisionnements, et qu'en ce qui concerne le phosphate de chaux
nous n'en manquerons jamais. »

Dans l'état actuel des choses, les documents ne sont pas
suffisants pour apprécier à leur juste valeur les résultats de l'exploitation des phosphates minéraux. Toutefois, les évaluations les plus réduites estiment à environ
200 millions de kilogrammes ou 200,000 tonnes la quantité
livrée annuellement par l'industrie française à l'agriculture. Au prix moyen de 50 francs par tonne, c'est une
valeur de dix millions de francs. C'est un résultat dont il
faut se réjouir ; car, toujours d'après les évaluations de
M. Tisserand, ces 200,000 tonnes de phosphates donnent
une augmentation de produits qui peut être estimée, en
quantité, à 3 millions de quintaux métriques de grains, et,

en valeur, à un minimum de 55 millions de francs. C'est beaucoup encore, si l'on considère qu'il y a trente ans l'agriculture était privée de cette matière fertilisante. Mais c'est bien peu si l'on se rapporte aux évaluations données plus haut relativement aux quantités d'acide phosphorique nécessaires pour maintenir la production agricole. Ces 200,000 tonnes ne présentent en effet que la dixième partie de ce que MM. Dumas et Malaguti ont jugé nécessaire pour compenser le déficit des fumiers en acide phosphorique.

Toutefois, il faut tenir compte des restitutions naturelles qui s'opèrent par les apports des eaux souterraines, par les irrigations, et enfin par les eaux météoriques. M. Barral a constaté, en effet, il y a vingt ans, par des expériences directes, que les eaux pluviales entraînent chaque année, sur le sol, une quantité d'acide phosphorique équivalant à 400 grammes par hectare, ce qui correspond à un total de 21 millions de kilogrammes pour l'ensemble du territoire français. Il n'en est pas moins certain qu'un immense avenir reste dévolu à l'emploi des phosphates minéraux dont les gisements sont une des plus puissantes ressources pour le maintien et l'accroissement de la production agricole. La France est, à cet égard, un des pays les mieux dotés de l'Europe ; les gisements de la Russie sont les seuls qui soient plus puissants que les siens.

XXIX

PHYSIOLOGIE APPLIQUÉE

Études sur la vaccination des maladies charbonneuses.

L'étude des méthodes à suivre pour combattre les maladies charbonneuses a marché depuis un an à pas de géants. La science a mis désormais à la disposition des agriculteurs les moyens de placer leurs troupeaux à l'abri des terribles atteintes de ces maladies.

On sait[1] que, dès l'année dernière, M. Toussaint, professeur à l'Ecole vétérinaire de Toulouse, a fait connaître un procédé par lequel le sang des animaux charbonneux, inoculé à d'autres bêtes, pouvait devenir un virus-vaccin. Ce procédé consistait à défibriner par le battage le sang charbonneux, à le filtrer et à le porter à la température de 55° pour détruire les bactéridies qu'il renferme. Des moutons inoculés avec ce sang, et auxquels fut inoculé plus tard du sang charbonneux très actif, se montrèrent complètement réfractaires à la maladie.

Un peu plus tard (le 26 octobre 1880), M. Pasteur fait connaître, avec la collaboration de MM. Chamberland et Roux, le principe d'une méthode générale pour atténuer le virus du choléra des poules et le transformer en vaccin. Le principe de cette méthode est dans des cultures successives

1. Voir les *Revues scientifiques* publiées par le journal *la République française*, 1ʳᵉ, 2ᵉ et 3ᵉ années (Paris, librairie de G. Masson).

Manière d'opérer la vaccination d'un mouton.

du virus faites dans du bouillon de muscles de poules, en
prenant chaque fois la semence d'une culture dans la culture précédente. La virulence ne change pas d'une manière
sensible lorsque les cultures se succèdent à des intervalles
rapprochés. En outre, lorsque les cultures sont faites dans
des tubes fermés dès que le virus a commencé à se développer, la virulence se maintient indéfiniment, c'est-à-dire
après des intervalles qui vont jusqu'à dix mois. Mais si les
cultures sont faites en présence de l'oxygène de l'air, et si
on laisse des intervalles de plusieurs mois entre deux cultures successives, on obtient des virulences progressivement
décroissantes, et finalement un vrai virus vaccinal, qui ne
tue pas les animaux auxquels on l'inocule, leur donne la
maladie bénigne et les préserve de la maladie mortelle.
M. Pasteur en conclut que c'est l'oxygène de l'air qui affai-
blit et finit par éteindre la virulence lorsque les cultures ont
été suffisamment répétées.

La méthode des cultures pouvait-elle donner le même résultat avec la bactéridie du sang de rate des moutons? Cette
bactéridie diffère beaucoup du microbe du choléra des
poules par sa structure, son volume, son mode de génération. Le microbe du choléra des poules ne paraît pas avoir
de germes proprement dits : c'est un petit bâtonnet dont la
multiplication se fait par subdivisions successives. Au contraire, la bactéridie charbonneuse, qui se reproduit également par scissiparité, a un deuxième mode de génération : ce
sont des œufs, consistant en petits points brillants, dans lesquels se résorbent les bâtonnets et qui à leur tour redonnent
des bâtonnets, lesquels, après s'être multipliés par scissiparité, donnent des germes, et ainsi de suite. Les germes fixant
la virulence du parasite, il fallait, pour arriver à atténuer
celle-ci, maintenir le parasite charbonneux à l'état de bâtonnet au contact de l'air, sans qu'il pût prendre de germes.

M. Pasteur a constaté d'abord que, à la température de 42 à 43 degrés, la bactéridie peut être parfaitement cultivée, mais sans donner de germes. Dès lors, faisant des cultures successives en les mettant à la fois sous l'action de cette température et l'influence de l'oxygène de l'air, il a pu obtenir en peu de temps des diminutions progressives de virulence se terminant par la mort de la bactéridie.

Le virus qui parmi ces cultures donne aux moutons la fièvre sans les tuer, est le virus-vaccin, qui les rend désormais réfractaires à l'influence du virus le plus actif.

Cette méthode des cultures est-elle la seule qui permette de transformer les virus en vaccins? L'avenir répondra à cette question; toutefois il est intéressant de rappeler des expériences faites à la Sorbonne par M. Paul Bert, il y a quelques années. Du sang charbonneux de cobayes fut inoculé à des chiens. Ceux-ci en moururent. Mais d'autres chiens auxquels leur sang fut inoculé résistèrent à l'injection. Le microbe, en se développant dans le sang du chien, y avait trouvé des conditions défavorables à la conservation de ses caractères actifs, et il s'était transformé en vaccin pour les animaux pour lesquels il était d'abord mortel. Ces recherches furent interrompues ; mais ces premiers résultats ne permettent-ils pas d'espérer que, de l'ensemble des travaux sur les maladies charbonneuses, il ressortira la loi générale annoncée il y a quelque temps déjà par M. Bert, à savoir que *tout virus dont le développement est gêné ou entravé par quelque procédé que ce soit, peut devenir un vaccin;* le passage à travers un organisme d'une autre nature serait un de ces procédés.

Revenons à la suite des recherches de M. Pasteur. Lorsque le savant chimiste eut annoncé le résultat des premières vaccinations du charbon effectuées sur quelques moutons, et dont le succès avait été complet, l'attention des agriculteurs fut vivement éveillée.

La Société d'agriculture de Melun prit l'initiative de mettre à la disposition de M. Pasteur un nombre d'animaux suffisant pour faire une expérience sur une grande échelle. Une convention intervint pour établir le programme de cette expérience. Soixante moutons étaient mis à la disposition de M. Pasteur, à la ferme de Pouilly-le-Fort, appartenant à M. Rossignol. Les opérations, déterminées d'avance, commencèrent le 5 mai.

Sur le désir de la Société d'agriculture, deux moutons furent remplacés par des chèvres. Les 58 moutons qui servirent aux essais étaient d'âge, de race et de sexe différents. Sur les dix animaux de l'espèce bovine, il y avait huit vaches, un bœuf et un taureau.

Les premières opérations consistèrent à inoculer, au moyen d'une seringue de Pravaz, vingt-quatre moutons, une chèvre et six vaches, en distribuant à chaque animal cinq gouttes d'une culture d'un virus charbonneux atténué. Douze jours après, c'est-à-dire le 17 mai, ces mêmes animaux furent réinoculés par un second virus également atténué mais plus virulent que le précédent. Enfin, quatorze jours plus tard, le 31 mai, on procéda à l'inoculation avec un virus très virulent. En même temps que les animaux dont il vient d'être question, on inocula vingt-quatre moutons, une chèvre et quatre vaches qui n'avaient subi aucun traitement préalable.

Deux jours après cette dernière opération, les résultats en étaient très frappants. Les vingt-quatre moutons, la chèvre et les six vaches auxquels avait été inoculé le virus atténué présentaient toutes les apparences de la santé. Au contraire, les vingt-quatre moutons et la chèvre qui n'avaient pas été préalablement vaccinés étaient morts ou mouraient le jour même. Quant aux vaches qui n'avaient pas été vaccinées, elles ne moururent pas, mais elles éprouvèrent une élévation de température de 3°, des tumeurs qui, chez quelques-unes, devinrent énormes, tandis que les vaches vaccinées ne présentèrent aucun de ces caractères. Une brebis vaccinée mourut le 3 juin ; mais l'autopsie montra que cet accident devait être attribué à la mort, depuis une douzaine de jours, d'un fœtus dont la brebis était pleine et près d'arriver à terme.

Le programme des expériences comprenait que les moutons charbonneux seraient enfouis un à un, dans des fosses distinctes situées dans un enclos palissadé. Au mois de mai 1882, on fera parquer dans cet enclos 25 moutons « neufs », c'est-à-dire n'ayant jamais servi à des expériences, et à quelques mètres de distance seront parqués 25 autres moutons « neufs », là où on n'aura jamais enfoui d'animaux charbonneux. M. Pasteur veut prouver par là que les premiers contracteront spontanément le charbon par les germes charbonneux que les vers de terre auront ramenés à la surface du sol, tandis que les seconds ne mourront pas du charbon.

Les expériences de Pouilly-le-Fort eurent un immense retentissement. De tous côtés, l'attention des propriétaires de troupeaux fut éveillée. Mais pour quelques-uns une question restait à résoudre.

Le virus qui avait été employé à Pouilly-le-Fort pour faire l'épreuve de l'efficacité de la vaccination préventive était un virus de culture obtenu dans le laboratoire. Les animaux vaccinés résisteraient-ils aussi bien à l'action du sang charbonneux lui-même, dont l'activité malfaisante est depuis si longtemps trop connue ? Pour répondre à cette objection A. Pasteur fit à Chartres, avec MM. Chamberland et Roux, une nouvelle série d'expériences.

Elles ont été effectuées le 16 juillet. Il y avait deux lots :

l'un de 19 bêtes provenant du troupeau de l'École vétérinaire d'Alfort préalablement vaccinées ; l'autre de 16 moutons beaucerons qui n'avaient reçu aucune vaccination.
L'inoculation fut faite, à très hautes doses, à tous ces animaux, avec un mélange de sang puisé dans le sang et dans
divers vaisseaux, et de pulpe de la rate d'un mouton mort
charbonneux, dans une ferme, quatre heures auparavant. En
trois jours, sur les 16 moutons beaucerons non vaccinés,
15 avaient succombé et un seul survivait. Quant aux 19 moutons préalablement vaccinés, l'inoculation du sang charbonneux n'avait eu aucune action sur eux; aucun malaise,
aucun trouble, ne s'étaient manifestés.

La confiance était désormais complète ; aussi de toutes
parts demanda-t-on du virus-vaccin pour l'inoculation des
moutons. Il résulte de détails récemment publiés par
M. Bouley, qui s'est fait l'ardent propagateur des nouvelles
méthodes, qu'au 1er octobre dernier on comptait 160 troupeaux sur lesquels avaient été pratiquées des inoculations
préventives. Dans ces troupeaux on a vacciné environ les
trois cinquièmes des animaux, 33,577 moutons contre
21,938 qui ne l'ont pas été pour servir de témoins.

Avant la vaccination, les pertes s'élevaient pour l'ensemble à 2,986 animaux ; pendant la vaccination et jusqu'à ce
que ses effets fussent complets, elles ont encore été de
260 têtes pour les 33,576 animaux vaccinés. Pendant la
même période, elles ont été de 366 sur les moutons non
vaccinés. Une fois les effets de la vaccination achevés sur le
premier groupe, la mortalité s'est trouvée réduite à 5, tandis
qu'elle continuait dans le groupe non vacciné. M. Bouley
ajoute que l'efficacité de la nouvelle vaccination ressort évidente de ces chiffres, puisque dans le groupe des animaux
placés sous sa protection la mortalité s'est éteinte rapidement et d'une manière qu'on peut dire complète.

La méthode qui a donné de si remarquables résultats avec le charbon bactéridien ou sang de rate, ou encore fièvre charbonneuse (ces trois noms désignent la même maladie), . aura-t-elle des résultats analogues avec la maladie de même nature que Chabert avait appelée du nom de charbon symptomatique? MM. Arloing et Cornevin, professeurs à l'École vétérinaire de Lyon, se sont réunis à M. Thomas, médecin-vétérinaire, afin de poursuivre cette question.

Le premier résultat de l'étude expérimentale à laquelle ils se sont livrés est que le charbon bactéridien et le charbon symptomatique constituent deux maladies distinctes, l'une et l'autre dues à des microbes, mais à des microbes d'espèces différentes.

D'après l'examen auquel ils se sont livrés, le microbe du charbon symptomatique sè montre sous la forme d'un bâtonnet plus court et surtout plus large que la bactéridie du sang de rate, arrondi à ses deux extrémités et presque toujours pourvu près de l'une d'elles, rarement au milieu, d'un noyau réfringent. Parfois ce bâtonnet est très allongé et porte un noyau à chacune de ses extrémités. D'autres fois, mais plus rarement, le microbe est décelé seulement par un simple noyau. Dans toutes les circonstances, d'ailleurs, il diffère de la bactéridie charbonneuse par son extrême mobilité. Afin de démontrer que ce microbe constitue bien la nature essentielle du charbon symptomatique, on a fait filtrer sur du plâtre les pulpes révélant l'élément de la contagion ; le liquide filtré s'est montré dépourvu de toute propriété virulente, tandis que la substance retenue sur le filtre et renfermant les microbes possédait la virulence au plus haut point.

D'autres différences entre les deux maladies ont encore été signalées par MM. Arloing, Cornevin et Thomas. D'abord l'inoculation à la lancette à faible dose par des piqûres du sang d'animaux charbonneux reste toujours sans effets pour le charbon symptomatique. Il en est de même pour les inoculations faites dans le tissu cellulaire si l'on emploie les mêmes doses que pour le sang de rate. Mais, si l'on emploie des doses plus fortes, on obtient des lésions très caractéristiques. La différence est encore plus sensible quand on pratique l'inoculation par injection intravasculaire. L'injection du sang bactéridien dans les veines tue infailliblement les animaux qui la reçoivent; au contraire, l'injection dans les veines des pulpes préparées avec la tumeur du charbon symptomatique est innocente pour le veau, le mouton ou la chèvre, à la dose de 2 à 6 centimètres cubes. L'effet est une fièvre éphémère mais qui est suffisante pour doter l'organisme d'une complète immunité contre le virus, même quand il entre à hautes doses dans les tissus favorables à son développement, par exemple dans le tissu musculaire. Lorsque l'injection intraveineuse, faite à dose trop considérable, occasionne chez le bœuf une maladie mortelle, celle-ci présente les mêmes caractères extérieurs que la maladie naturelle, notamment par la formation d'œdèmes très volumineux.

Cette observation devait amener à une nouvelle méthode de vaccination : introduire dans le sang le virus en quantité voulue par une injection intraveineuse. Cette injection, qui est faite avec la matière virulente recueillie dans les tumeurs caractéristiques du charbon symptomatique, doit être pratiquée de telle manière que le virus ne soit pas mis en rapport avec le tissu conjonctif, car l'inoculation qui s'ensuivrait pourrait être suivie d'accidents mortels.

Des inoculations sur une assez grande échelle, d'après cette méthode, ont été faites dans le courant de l'année 1881. MM. Arloing, Cornevin et Thomas ont surtout choisi, pour les faire, la partie du département de la Haute-Marne

connue autrefois sous le nom de Bassigny, région dans laquelle le charbon symptomatique est endémique. Au mois
de février, 245 jeunes animaux de l'espèce bovine, mâles et
femelles, ont été inoculés suivant cette méthode dans plusieurs communes, et notamment dans une ferme où, sur
30 têtes de bétail, la maladie venait de faire cinq victimes.
En outre, des inoculations furent pratiquées également sur
des vaches près de Lyon, ainsi qu'en Champagne ; dans ces
derniers cas, la vaccination des vaches, en pleine période
de maladie, a arrêté celle-ci en rendant les animaux survi-
vants réfractaires à l'influence de la contagion.

Quelques expériences furent faites à la fin du mois de mai
pour démontrer la valeur du procédé de vaccination intraveineuse. A des jeunes veaux ainsi vaccinés depuis onze et
quatorze mois on inocula dans la cuisse du liquide virulent
provenant de tumeurs du charbon symptomatique ; ils
n'éprouvèrent aucun malaise et ils se montrèrent absolument réfractaires à la maladie.

Mais une expérience sur une échelle beaucoup plus
grande a été faite récemment devant un nombreux public à
Chaumont.

Le 26 septembre 1881, on réunit vingt-cinq jeunes animaux de l'espèce bovine pour y être soumis à une épreuve
décisive. Sur ce total, treize appartenaient aux groupes du
Bassigny vaccinés, au mois de février, par l'inoculation intraveineuse ; douze étaient, au contraire, vierges de toute
vaccination. Dans la même journée on inocula indistincte-
ment à tous ces animaux du virus du charbon symptomatique.

Les 13 animaux qui avaient été vaccinés se sont montrés
absolument réfractaires à contracter la maladie. Quant aux
autres, ils ont succombé, et une seule bête a subi l'épreuve
sans y périr.

La valeur de la méthode a donc ainsi une réelle consécration. Il en résulte que l'on est en présence de deux procédés tout à fait distincts : inoculation sous-cutanée d'un
virus atténué contre le charbon bactéridien ; inoculation intraveineuse du liquide virulent contre le charbon symptomatique, que M. Chauveau a proposé de désigner par la
qualification de « charbon bactérien ». Cette diversité de
méthode ne vient-elle pas à l'appui des inductions de
M. Paul Bert que nous citions plus haut?

Dans l'expérience de Chaumont qui vient d'être rapportée,
il est arrivé qu'un animal non vacciné n'a pas subi les effets
de l'inoculation qui devait être mortelle pour lui. Dans la
plupart des autres expériences relatées également plus
haut, on trouve des cas semblables. Quelle peut être l'explication de ce phénomène?

MM. Arloing, Cornevin et Thomas, après avoir acquis la
conviction que la bête qu'ils n'avaient pu tuer comme les
autres provenait d'une localité où avait sévi le charbon
symptomatique, et qu'elle provenait d'une étable où deux
animaux en étaient morts, ont émis l'opinion qu'elle avait pu
être antérieurement vaccinée spontanément dans le milieu
infecté où elle avait séjourné. Ils se sont livrés à quelques
expériences qui les ont amenés à admettre, temporairement
au moins, la possibilité de cette explication. Celle-ci a d'ailleurs pour elle que, dans les pays où le charbon symptomatique devient épizootique, ce sont les jeunes animaux qui
succombent en plus grand nombre; ceux qui résistent à la
première attaque, dans leur bas âge, seraient ainsi vaccinés
naturellement et deviendraient indemnes aux attaques sub-
séquentes. M. Bouley n'est pas loin d'admettre qu'il peut y
avoir là une action d'hérédité ; cette opinion prendrait sa
base sur des faits observés dans la Brie, d'où il résulterait
que des agneaux issus de brebis vaccinées se montreraient

réfractaires au sang de rate. Cette opinion a d'ailleurs été antérieurement soutenue par M. Chauveau ; mais elle a trouvé un contradicteur dans M. Pasteur. D'expériences di-rectes auxquelles il s'est livré sur des poussins provenant de poules vaccinées contre le choléra des poules, il résulte que ces poussins ne se sont pas montrés plus réfractaires que ceux venant de poules qui n'avaient pas été vaccinées.

Il y a d'ailleurs encore beaucoup d'obscurité sur la genèse d'un grand nombre de microbes, et sur les changements qu'ils peuvent éprouver par des migrations à travers des organismes différents. Ainsi, tandis que M. Pasteur professe que le microbe du choléra des poules et celui de la septicé-mie constituent des maladies distinctes, M. Toussaint a fait des expériences d'où il résulterait que le virus de septicé-mie aiguë, en passant par l'organisme du lapin, y éprouve-rait de telles modifications, qu'il pourrait faire pour la poule l'office d'un vaccin contre son choléra.

Voici la méthode qu'il a suivie. Des lapins inoculés avec du sang charbonneux sont morts de la septicémie en quel-ques heures. Le microbe que renfermait ce sang charbon-neux était exactement semblable à celui du choléra des poules. Inoculé à des pigeons, il les a tués d'abord en quatre ou cinq jours, puis en trois jours, enfin en un à deux jours. Inoculé du pigeon aux poules, le microbe donnait les mêmes résultats. Mais M. Toussaint, inoculant directement aux poules le sang des lapins morts de septicémie, obtint les résultats d'un virus atténué : lésions légères de la peau ainsi que du tissu conjonctif sous-jacent : quelquefois un peu d'altération dans les fibres musculaires, mais dans tous les cas guérison des poules qui se montrèrent ensuite réfrac-taires à l'inoculation du choléra. Il obtint les mêmes résul-tats avec les cultures du sang de lapin septicémique. M. Toussaint en conclut qu'avec cette variété de septicémie du lapin on pourrait faire un virus pratique qui permettrait d'arrêter les épizooties si graves que l'on observe parfois sur les oiseaux de basse-cour. Ce serait une deuxième méthode de vaccination ajoutée à celle dejà signalée par M. Pasteur. Il résulte encore des expériences du savant professeur de Toulouse que lorsque la septicémie a tué la poule après être passée par le pigeon, ses propriétés, très virulentes pour ces deux espèces, se conservent même après l'inoculation au lapin.

Les recherches de M. Toussaint et les tentatives antérieures de M. Paul Bert ouvrent un champ très vaste à l'investigation. Quelle influence atténuante l'organisme d'une espèce peut-il exercer, dans les maladies parasitaires, sur un virus très actif, et dans quelle proportion cette atténuation peut-elle le transformer en vaccin pour une autre espèce ? Cette question est d'un puissant intérêt, de même que le problème de la cause de l'atténuation des cultures successives des virus ; car il faut se garder de se laisser aller trop vite aux conclusions extrêmes, d'admettre, par exemple, des transmutations incessantes d'espèces contre lesquelles protestent les faits acquis, dans tous les ordres, à la science. Mais, après la marche rapide que les études sur les virus ont suivie depuis quelques années, il est permis d'espérer qu'un avenir prochain tient en réserve ces résolutions et beaucoup d'autres découvertes importantes.

XXX

HYGIÈNE

La question du « tout à l'égout »

I

La question de l'évacuation et de l'utilisation des matières
de vidange a donné lieu dans ces derniers temps à d'importants travaux que nous nous proposons d'examiner. On sait
que cette question comporte deux solutions qui divisent actuellement les ingénieurs, les chimistes et les hygiénistes.
Les uns conseillent de recueillir les déjections des villes, de
les transporter dans les banlieues et de les traiter dans des
usines spéciales en vue d'en extraire les principes fertilisants.
Les autres préconisent le système dit du *tout à l'égout* consistant dans l'évacuation immédiate des matières qui, après
avoir traversé un siphon formant fermeture hydraulique
avec l'eau comme véhicule, se rendent par un branchement
à l'égout, où elles sont noyées dans une énorme quantité
d'eau. Ces matières circulent sans aucune stagnation jusqu'aux machines élévatoires, qui les montent et les répandent
avec les eaux d'égout sur les champs épurateurs où elles sont
filtrées et épurées par le sol, en même temps qu'elles sont
utilisées par l'agriculture.

Examinons d'abord ce dernier système, qui est généralement usité en Angleterre et tend à passer en Allemagne. Parmi les grandes villes qui l'ont adopté nous citerons Londres, Edimbourg, Bruxelles, Rome, Berlin, Dantzig, Breslau, Odessa. On ne saurait mettre en doute ses avantages, dont voici les principaux : suppression des fosses fixes ou mobiles dont les exhalaisons méphitiques sont souvent des causes d'insalubrité ; suppression des tuyaux d'évent qui, en mettant les fosses en communication avec l'atmosphère, émettent constamment des gaz infects qui, poussés par le vent, vont incommoder les habitants des quartiers plus élevés ; suppression des vidanges de nuit et de jour qui, en dépit des perfectionnements qu'on leur a apportés, continuent à être des causes de gêne et d'infection.

Le système du « tout à l'égout » est encore avantageux, en ce sens qu'il exige un usage abondant de l'eau qui est le seul moyen d'assurer la salubrité des cabinets privés ou à usage commun.

Il est bien entendu que ce système ne fonctionne bien qu'autant que les égouts sont étanches et possèdent des sections et des pentes suffisantes permettant de maintenir le réseau en bon état d'entretien. « La putréfaction des matières d'égout en stagnation dans les galeries, dit M. de Freycinet, ne commence à se manifester, même dans les conditions les plus favorables, que dans le cours de la deuxième journée. Si ces matières sont en mouvement, le moment de leur putréfaction est toujours retardé. » D'après M. de Freycinet, la pente de deux dix-millièmes est suffisante pour assurer la salubrité.

Il ne faudrait pas croire que l'addition des vidanges aux égouts change beaucoup la nature de leurs eaux et soit la cause d'émanations désagréables et insalubres. L'analyse chimique démontre que les vidanges ne renferment que le quart de la production journalière d'azote et que les trois

autres quarts sont contenus en majeure partie dans les eaux
d'égout. On sait, en effet, que les matières liquides provenant
des urinoirs contiennent huit fois plus d'azote que les solides. Le chimiste anglais Frankland n'indique pas une différence très tranchée entre la composition des eaux des villes
anglaises qui envoient tout à l'égout et des villes qui ont encore des fosses fixes. Il trouve pour les premières, au mètre
cube 0 kilogr. 77 d'azote total et 0 kil. 22 d'azote organique,
et pour les secondes 0 kil. 064 d'azote total et 0 kil. 20 d'a-
zote organique. C'est ce qui explique pourquoi les cheminées
d'aération que l'on rencontre sur toutes les grandes voies
de Londres et de Berlin et qui ventilent directement les
égouts n'exhalent aucune odeur, malgré la présence des
vidanges de toute la ville. Voici ce que dit M. de Freycinet sur le
même sujet : « Les liquides d'égout, même chargés de matières fécales, n'ont pas par eux-mêmes d'odeurs désagréables quand ils sont bien étendus de la quantité d'eau que
nous avons indiquée comme le contingent obligé des villes
modernes, soit au minimum 100 litres par habitant et par
jour. Les matières d'égout fraîches n'ont pas par elles-mêmes
d'odeur susceptible d'incommoder les ouvriers et les habitants. »

Les matières fraîches sorties immédiatement des maisons,
sans arrêt, sans fermentation, n'ont donc aucun rapport
avec les vidanges infectes extraites au bout de plusieurs mois
ou de plusieurs années de nos fosses d'aisances. Il est vrai
que le déversement clandestin de vidange par masse dans les
égouts peut être dangereux pour les égoutiers ; mais, dans ce
cas, il s'agit encore de vidange fraîche, mais de matière en
fermentation.

MM. Boutmy et Descoust, chargés d'une expertise judiciaire
à la suite de l'accident du boulevard Rochechouart, ont institué des expériences tendant à prouver le danger des déver-

sements de vidange dans les égouts. Ayant placé divers animaux : cobaye, chien, dans une cage hermétiquement close au fond de laquelle se trouvaient des matières de vidange extraites de fosses, c'est-à-dire fermentées, ils ont vu ces animaux mourir en trois minutes, empoisonnés par l'acide sulfhydrique.

M. Durand-Claye, ingénieur de la ville de Paris, rend compte en ces termes d'expériences analogues qu'il a faites sur des matières fraîches, tout en maintenant la disposition contraire à la réalité d'une atmosphère fermée et limitée [1] :

« Dans une cage cubant 172 litres, nous avons mis un chien et au fond les matières suivantes :

» 1° Matières fraîches diluées au 1/100°. Au bout d'une heure quarante-cinq, sans renouvellement d'air frais, l'animal était encore parfaitement portant. Il commença seulement au bout de ce long temps à paraître un peu fatigué ;

» 2° Matières fraîches diluées à un demi, c'est-à-dire à volume égal d'eau et de matières, cas déjà bien éloigné des circonstances les plus défavorables possibles de la pratique. Au bout d'une heure vingt-quatre, le chien commence à être abattu ; on le tire de la cage ;

» 3° Matières fraîches pures, sans dilution. Le chien reste une heure quinze sans être gêné.

» Avec des matières de vidange du dépotoir, c'est-à-dire fermentées, les chiens tombaient sur le flanc au bout d'un temps toujours assez court, comme dans les expériences de MM. Boutmy et Descoust. La simple addition de l'eau, même sur les matières fermentées, suffit pour empêcher le dégagement de l'acide sulfhydrique éminemment soluble. L'expérience de la cage faite avec des matières du dépotoir

____

1. Observations des ingénieurs du service municipal au sujet des projets de rapports présentés par MM. A. Girard et Brouardel. M. A. Durand-Claye, rapporteur.

diluées a permis de conserver le chien, sans accident, pendant plus d'une heure. »

On a dit que les égouts charriant des déjections typhoïdiques pouvaient propager la fièvre typhoïde dans les maisons avec lesquelles ils communiquent librement. La question a été étudiée en Angleterre. D'après le rapport officiel adressé au conseil privé sur l'épidémie de fièvre typhoïde qui a sévi à Forest-Hill en 1869, « la prédominance de la fièvre typhoïde a été en rapport.très évident avec des dispositions défectueuses d'égout : là où les maisons étaient reliées avec les égouts publics, le nombre des cas de fièvre typhoïde n'a pas dépassé le minimum ; là au contraire où les maisons n'avaient que des fosses d'aisances ou étaient reliées à des égouts qui ne faisaient partie d'aucun système convenable de drainage ou qui étaient d'une construction et d'une forme radicalement défectueuses, en un mot qui n'étaient que des fosses d'aisances en cul-de-sac, alors la fièvre typhoïde a atteint son maximum. » M. H. Guéneau de Mussy dit, dans la préface de sa traduction de Murchison : « La fosse d'aisance a le grand inconvénient de devoir être vidée, inconvénient d'autant plus grand que le remuement des matières accumulées depuis longtemps est particulièrement favorable à l'explosion de la fièvre typhoïde. Les égouts constituent le système le plus voisin de la perfection, mais à une condition, c'est qu'ils soient eux-mêmes parfaits dans leur construction et dans leur fonctionnement. » Le médecin anglais Murchison cite de nombreux cas où les fosses fixes, leurs tuyaux d'évent et en général tous les récipients ou canaux où les matières croupissent immobiles, peuvent devenir des foyers d'infection ; dans tous également on voit disparaître le mal dès que la circulation est rétablie, quels que soient d'ailleurs les liquides, qu'ils soient chargés ou non de vidanges.

Bien loin d'engendrer des épidémies, la projection directe des matières à l'égout, d'après certaines statistiques, offrirait de grands avantages au point de vue de l'hygiène publique.

Dans toutes les villes qui ont adopté l'écoulement à l'égout, la mortalité, et spécialement celle qui est due à la fièvre typhoïde, aurait baissé d'une manière notable. D'après une statistique faite par M. Durand-Claye à l'aide des documents officiels du registre général d'Angleterre, les décès par la fièvre typhoïde qui à Londres s'élevaient, en 1869, à 33 pour 100,000 habitants, ont diminué depuis que la ville pratique le tout à l'égout, et sont descendus, en 1879, à 23 pour 100,000.

A Paris, au contraire, la mortalité par la fièvre typhoïde s'élève à 56 pour 100,000. Les cas mortels de fièvre typhoïde seraient donc plus de deux fois plus nombreux à Paris, la ville conservatrice des vidanges, qu'à Londres qui pratique le tout à l'égout. Il ne faut pas s'étonner dès lors que la mortalité générale soit de 25/15 pour 1,000 à Paris, et de 23 à Londres.

A Bruxelles, l'adoption du nouveau système, d'après les chiffres fournis par M. le docteur Janssens, aurait fait également baisser le chiffre des décès par fièvre typhoïde.

A Francfort-sur-le-Mein, la statistique faite par le docteur Warrentrapp montre la mortalité par fièvre typhoïde diminuant à mesure qu'augmente le nombre des water-closets avec écoulement à l'égout. A Hambourg, la mortalité par fièvre typhoïde est de 26,8 sur 100,000 habitants dans les quartiers où les fosses ont été supprimées, de 32 dans les quartiers où la transformation est partielle et de 46 dans ceux où les fosses ont été conservées. La mortalité générale des Hambourgeois a descendu de 39 à 25,7 pour 1,000 habitants.

A Dantzig, d'après le docteur Levin [1], la mortalité avant
1869 atteignait une moyenne de 35,69 pour 1,000 habitants.
En 1870-71, lorsque la distribution d'eau fonctionnait déjà,
mais lorsque les égouts étaient en construction, il y avait une
légère amélioration, et le taux de la mortalité était de 36,25.
De 1872 à 1879, après la projection des matières fécales à
l'égout, l'achèvement du réseau et la mise en train des irrigations, la moyenne est tombée à 28,59, en progrès de
21 0/0 sur l'ancienne mortalité. Dans l'Alstadt, le progrès
est encore plus sensible, passant de 45,92 à 33,49 avec
27 0/0 d'amélioration. Dans certaines fractions de quartiers,
comme le Kneipab, où l'eau a bien été introduite, mais où
les égouts n'ont pas encore été modifiés pour recevoir les
vidanges, l'amélioration n'a été que de 9 0/0 seulement.

Enfin, à Berlin, où la transformation est en cours d'exécution et ne s'applique encore qu'aux trois cinquièmes de la
ville, on a vu pareillement baisser les chiffres de la mortalité générale et des décès par fièvre typhoïde.

Une grave objection s'est dressée dans ces derniers temps
contre le système de la projection à l'égout. On sait que,
d'après les magnifiques recherches de M. Pasteur sur
l'étiologie du charbon, les spores des bactéridies charbonneuses qui, physiologiquement, n'ont pas la faculté de
se mouvoir, sont ramenées par les vers de terre des fosses
où les animaux charbonneux ont été enfouis à la surface du
sol où elles peuvent être aspirées par des moutons qui contractent ainsi la maladie. Si les autres germes infectieux se
comportent comme la maladie charbonneuse, ils imprègne-
ront les produits comestibles recueillis sur les champs épurateurs, seront ingérés avec ces produits et engendreront de
nouvelles épidémies.

1. Mémoire présenté à la réunion des médecins et naturalistes allemands
en 1880.

En ce qui concerne le charbon, M. Pasteur spécifie bien que c'est par l'aspiration directe que les moutons contractent la maladie. Il n'est pas prouvé que l'ingestion de produits imprégnés de spores de bactéridies puisse donner le charbon. Pendant des années, des cultivateurs ont mangé des légumes poussés sur des cadavres charbonneux sans contracter le charbon.

D'autre part, il n'est pas prouvé non plus que les eaux d'égout chargées de germes puissent transmettre une maladie épidémique quelconque. Voici ce que le chimiste anglais Frankland dit à ce sujet dans une lettre adressée à M. Mille, inspecteur général des ponts et chaussées : « Il a été maintes fois démontré dans notre pays que les eaux d'égout, même infectées par le choléra et la fièvre typhoïde, n'ont jamais, tant qu'elles sont employées en irrigations, transmis de maladie soit à ceux qui vivent sur les terres arrosées, soit à ceux qui en consomment les produits. »

Au congrès international de médecine qui s'est réuni cette année à Londres, M. le docteur Alfred Carpenter, de Croydon, a fait connaître les résultats des expériences d'irrigation poursuivies depuis vingt ans à Beddington. Quoique les *excreta* de plus de 2,000 cas de fièvre typhoïde aient été répandus sur les champs, pas un seul cas de cette maladie ne s'est montré, ni parmi les employés de la ferme de Beddington (65 à 70 personnes), ni parmi les personnes qui y venaient chaque jour.

Mais si l'engrais humain pouvait engendrer des épidémies, notre culture devrait renoncer au fumier de ferme, qui contient les germes fournis par les matières excrémentitielles des hommes et des animaux. Les cultivateurs de Flandre, ceux de la Provence, les Chinois, les Japonais, devraient également abandonner l'usage séculaire de l'engrais humain.

Supposons d'ailleurs que certaines maladies puissent être

propagées de cette façon, ce ne serait peut-être pas une raison pour condamner d'une manière absolue le système du
tout à l'égout. En somme, avec ce système, tous les germes
sont retenus sur un espace connu et facile à surveiller.
M. Schlœsing, après avoir reconnu, ainsi que l'avait déjà
démontré Frankland, que les eaux d'égout filtrées à travers
deux ou trois mètres de sol perméable offrent la plus grande
pureté au point de vue organique, a prouvé que cette purification est due à l'action d'un microbe spécial qui se trouve
dans l'humus et dans les eaux d'égout et qui, oxydant les
matières organiques, au moins toutes celles qui sont dissou-
tes, transforme en azotates minéraux les éléments fermen-
tescibles. A tout mettre au pire, il serait encore facile de
conjurer tout danger en interdisant sur les champs épurateurs la culture des légumes qui se mangent crus.

II

Mais, si le système du tout à l'égout présente les avantages
immenses que ses partisans lui attribuent, il offre un grave
inconvénient résultant de ce qu'il est contraire à la loi de
restitution, qui veut que l'on rende à la terre les principes
qu'elle a perdus. En effet, « la projection à l'égout, dit
M. Schlœsing, est le plus souvent la projection dans les
nappes d'eau souterraines ou dans les rivières, et finalement
à la mer, d'une masse énorme de principes fertilisants ravis
à la terre végétale. »

Au contraire, l'ancien système, qui est encore employé
en France actuellement, obéit à la loi de restitution, mais il
a contre lui l'imperfection de ses moyens d'exécution et
donne lieu à des émanations insalubres et désagréables. Les
mauvaises odeurs dont se plaignent les Parisiens pendant

la belle saison sont dues en grande partie aux tuyaux d'é-
vent, aux vidanges de nuit et surtout aux dépotoirs et usines
qui traitent les matières excrémentitielles. On sait que M. le
préfet de police, en présence des plaintes formulées par la
banlieue de Paris, a proposé la fermeture d'urgence de six
usines à vidanges installées dans des conditions éminemment défectueuses. Peut-être pourrait-on supprimer les
exhalaisons qui se dégagent de ces usines en prescrivant la
fermeture hermétique de tous les appareils, la combustion
des gaz et buées, etc.

D'une façon générale, le système actuellement en usage
chez nous est l'ennemi de l'eau. En effet, le propriétaire,
par crainte d'avoir à vider trop souvent la fosse de sa maison, refuse à ses locataires l'eau dont ils ont besoin pour
assurer la propreté des cabinets d'aisance qui, dans les
maisons ouvrières, sont des foyers permanents d'infection.

Mais ce n'est pas tout : les frais nécessités par l'extraction de l'ammoniaque dans les usines s'élèvent en raison de
la dilution des vidanges. Aussi les Compagnies préfèrent-
elles aux matières diluées des quartiers riches les vidanges
concentrées des quartiers pauvres encore privés d'eau.

Pendant longtemps les chimistes ont vainement cherché
à remédier à ces graves inconvénients. Dans ces derniers
temps, M. Schlœsing a fait connaître à l'Académie des
sciences un procédé d'extraction des principes fertilisants
exempt du surcroît de frais occasionné par l'état de dilution
des matières. Abandonnant le procédé de distillation, l'ennemi de l'eau, le savant chimiste traite les matières par l'a-
cide phosphorique et la magnésie, et précipite l'ammoniaque
à l'état de phosphate ammoniaco-magnésien pouvant être
utilisé directement par l'agriculture.

Le prix de revient de l'acide sulfurique est aujourd'hui

tellement réduit, qu'il permet de fabriquer l'acide phosphorique libre au moyen de phosphates minéraux. D'un autre
côté, l'eau de mer, qui contient du chlorure et du sulfate
magnésien, peut être une source directe et illimitée de la
magnésie nécessaire pour l'extraction de l'ammoniaque.
Grâce au nouveau procédé découvert par M. Schlœsing,
le traitement industriel ne va donc plus être l'ennemi de
l'eau.

Comment remédier maintenant aux inconvénients présentés par l'isolement des matières dans des fosses fixes et leur
transport à la tonne? Dans un rapport adressé à M. le ministre de l'agriculture et du commerce au nom d'une commission nommée en 1880 à l'effet de rechercher les causes
de l'infection signalée dans le département de la Seine,
MM. Brouardel et Aimé Girard proposent comme remède
deux nouveaux systèmes d'évacuation.

Dans le premier système, chaque maison serait pourvue
d'un réservoir métallique d'une contenance de 4 à 6 mètres
cubes où seraient reçues toutes les matières solides et liquides. La vidange en serait effectuée par la pression de l'air
ou par le vide, et au moyen d'un tuyau s'ouvrant sur le trot-
toir comme celui des prises de gaz. Comme dispositions accessoires, on munirait le réservoir d'un tuyau métallique de
très petit calibre pour l'échappement des gaz. Ce tuyau,
prolongé jusqu'au toit, ne permettrait pas aux remous d'air
de pénétrer à l'intérieur du réservoir. Il devrait être accolé
dans tout son parcours au tuyau de chute de façon à être
soumis tous deux aux mêmes variations de température.
D'autre part, on pourrait, à l'aide d'une grille ou d'un appareil analogue aux tinettes-filtres actuellement employées,
empêcher les matières insolubles telles que les os, les morceaux de verre, etc., de tomber dans le réservoir métallique.

Le second système proposé par la commission est un système d'évacuation par canalisation présentant la réunion des conditions suivantes : les déjections seraient reçues à la sortie des cabinets dans des tuyaux absolument étanches, à parois métalliques, sans aucune communication avec l'air ou la terre. Ces conduits reliés ensemble emporteraient loin de la ville les matières de vidange en un lieu où se trouveraient réunies les usines installées pour faire subir à ces matières les transformations nécessaires. Un robinet placé entre le réservoir métallique de la maison et la conduite de la rue, permettrait de faire écouler chaque jour les matières dans le réseau général. La circulation serait assurée par des pompes aspirantes et foulantes, par le vide ou par tout autre procédé.

Ce système d'évacuation par canalisation a été adopté par certaines villes étrangères, parmi lesquelles nous citerons Amsterdam, où M. Liernur a installé un système de vidange par conduites métalliques et machines aspirantes. Le conseil municipal de Paris, qui s'est prononcé l'an dernier pour le système de la projection à l'égout, vient néanmoins d'autoriser un industriel à faire l'essai dans les égouts d'une canalisation spéciale des vidanges par aspiration.

En résumé, l'ancien système, que certains hygiénistes avaient condamné pour toujours comme présentant des inconvénients irrémédiables au point de vue de la santé, serait susceptible d'améliorations importantes, telles que l'évacuation immédiate par canalisation et l'application du nouveau traitement industriel imaginé par M. Schlœsing. Ainsi perfectionné, ce système ne serait plus l'ennemi de l'eau. Tout en ayant les avantages du *tout à l'égout*, puisque les matières seraient évacuées immédiatement avec l'eau comme véhicule, il n'en présenterait pas les inconvénients, puisque au_

cun principe fertilisant ne serait perdu. L'avenir nous dira
si au point de vue pratique le vieux système qui satisfait
déjà aux besoins de l'agriculture peut, grâce aux perfectionnements dont nous avons parlé, se concilier avec les
exigences de l'hygiène moderne.

XXXI

BIOLOGIE

Hypothèses récentes sur l'origine cosmique de la vie.

L'antique problème de l'origine de la vie a pris en ces dernières années une forme tout à fait inattendue. Les longs et vains efforts pour tirer des substances vivantes de quelque combinaison de matière non vivante, les expériences de M. Pasteur, l'interprétation négative qu'a reçue la prétendue génération spontanée d'éléments anatomiques au sein des liquides de l'organisme, tout semble contraire à l'hypothèse de l'hétérogénie ; et si aucun raisonnement déductif ne peut prouver qu'elle est *a priori* impossible, l'induction scientifique nous force à chercher une autre origine des plantes et des animaux. Et, pourtant, c'est une idée reçue que, vu l'état d'abord incandescent de notre planète, la vie n'a pu y apparaître primitivement ; que la vie, par conséquent, a dû commencer à un moment de la durée de la terre, et que les premiers êtres ressemblaient aux organismes les plus rudimentaires du monde actuel. Bref, ce qu'on appelle la matière vivante ou organique, la vie, doit être de toute nécessité issue de la matière brute ou inorganique.

Une opposition aussi grossière et enfantine de deux états si dissemblables, et même irréductibles, de la matière, n'a jamais été du goût des savants et des philosophes. Bien avant Leibnitz, et depuis, tous les bons esprits ont eu le sentiment profond de la continuité dans la nature ; tous ont admis, par une sorte d'instinct infaillible, que, dans l'évolution éternelle de l'univers, il n'y a que des transformations ; que rien ne commence ni ne finit à proprement parler, et qu'un coup d'œil plus pénétrant nous permettrait de saisir les nuances insensibles par lesquelles les choses se différencient et semblent devenir autres.

Tel est précisément le point de vue d'un physiologiste allemand bien connu en France, d'un ancien élève de Claude Bernard, G. Preyer. Ce savant apporte dans l'examen de ces problèmes [1] une critique ingénieuse et fine. Mais comme, en ces Revues, nous avons coutume de rapprocher les faits et les doctrines des savants contemporains sur les sujets de même nature, nous rappellerons, à l'occasion des théories de Preyer, et aussi d'après lui, quelques-unes des plus récentes hypothèses sur l'origine de la vie sur cette planète.

Si l'on écarte l'hypothèse de la génération spontanée, et si pourtant les plantes et les animaux n'ont pas toujours vécu sur la terre, il reste que des germes organiques de plantes et d'animaux ont dû venir du dehors sur cette planète et s'y développer lorsque le refroidissement et d'autres conditions favorables à l'éclosion de ces germes ont apparu. C'est le professeur Hermann Eberhard Richter, de Dresde, qui a le premier publiquement émis cette idée, il y a dix-sept ans. Dès 1865, il soutenait que la vie avait toujours existé dans l'univers et qu'elle s'y était propagée sous forme d'organismes vivants, de cellules ou d'individus polycellulaires. *Omne vivum ab æternitate et cellula!* s'écriait-il dans un accès d'enthousiasme scientifique. Partout, dans l'univers entier, les germes sont en suspension dans l'espace. C'est ainsi qu'on a constaté dans les météorites, entre autres corps, des traces

---

1. *Naturwissen schaftliche Thatsachen und Probleme.* Populære Vortræge von W. Preyer. Berlin, varlag von Gebrüder Paetel, 1881.

de substances organiques (carbone). Ces substances, avant d'avoir été détruites par l'embrasement de l'aérolithe dans notre atmosphère, appartenaient-elles à un protoplasma informe ou à des organismes figurés analogues au champignon et aux germes microscopiques de toute sorte suspendus dans l'air? Richter incline pour la dernière supposition. Il soutenait même que ces organismes flottant dans les hauteurs de notre atmosphère peuvent être attirés au passage dans la sphère d'attraction de quelques comètes ou de quelques aérolithes, et être ainsi transportés sur quelque autre planète des innombrables systèmes de l'univers. Il ajoutait, cinq ans plus tard, que, dans le vol rapide de la terre à travers l'espace, une partie de son atmosphère, semblable à la traînée de fumée et de vapeur que laisse derrière elle une locomotive en marche, est violemment séparée d'elle par la resistance de l'éther cosmique et que dans cette partie de l'atmosphère terrestre se trouvent en suspension des poussières organiques, des spores, des germes, des œufs, des larves, etc., qui vont tomber sur quelque autre corps céleste, et, quand les conditions favorables à leur développement s'y rencontrent, deviennent les ancêtres de faunes et de fleurs nouvelles. Enfin, en 1871, Richter rappelait qu'on sait depuis longtemps, mais surtout depuis la chute alors récente d'un aérolithe en Suède (1870), que les météorites contiennent des fragments d'humus. Or, l'humus ne peut provenir que de la décomposition de substances organiques, et cette décomposition n'a lieu que par l'action des ferments. Il est donc prouvé que des germes organiques voyagent à travers l'espace et peuvent y conserver pendant longtemps une sorte de vie latente. Voilà vraisemblablement quelle serait l'origine de la vie sur la terre et sur bien d'autres corps célestes. Aux rêveries scholastiques de la génération spontanée, Richter a substitué l'hypothèse des germes organiques cosmiques, des *cosmozoaires*, comme les appelle Preyer.

Publiée dans des journaux de médecine, cette hypothèse y était demeurée assez longtemps sans attirer l'attention, lorsqu'elle fut de nouveau présentée en même temps, quoique d'une manière indépendante, en 1871, par sir William Thomson et par Helmholtz. Ce n'est pas un médiocre honneur pour Richter que des savants aussi illustres aient non seulement accordé quelque attention à son hypothèse, mais l'aient déclarée « scientifique ». C'est également l'insuccès des expériences de génération spontanée qui a amené Helmholtz à se demander si la vie avait jamais commencé et si les germes organiques n'avaient pas été portés d'un corps céleste à l'autre. Il a expressément admis comme *possible* que des germes organiques se trouvent dans des météorites et que, tombés sur des planètes refroidies, ces êtres s'y développent. Chez les grands aérolithes, il en a fait la remarque, ce sont seulement les couches superficielles qui s'embrasent en pénétrant dans notre atmosphère ; les germes situés dans les fissures intérieures peuvent échapper à la combustion.

Voici ce qu'a écrit de son côté sir William Thomson sur les cosmozoaires : « Quand une île volcanique sortie de la mer se trouve couverte de végétations après un petit nombre d'années, on admet sans difficulté que des semences y ont été transportées par les vents ou par les flots. Est-il impossible et, si cela est possible, est-il contre la vraisemblance d'expliquer d'une manière analogue le commencement de la vie sur la terre ? » Chaque année, continue le naturaliste anglais, des milliers de fragments d'astres tombent sur la terre. Ce sont des fragments de mondes en ruines. Notre terre se désagrègerait de même si elle entrait en collision avec quelque autre corps céleste de sa taille ; une grande partie de la planète serait sans doute vaporisée ; mais une autre partie, couverte de sa végétation actuelle, serait emportée par fragments dans l'espace. Si l'on admet que dans l'éternité bien d'autres planètes que la nôtre ont servi de théâtre à l'évolution organique, il devient très probable que les innombrables météorites qui parcourent l'univers portent avec elles des germes de vie. Supposons la terre privée de vie : il suffirait de la chute d'un aérolithe de cette sorte pour qu'elle fût bientôt couverte de plantes et d'animaux. Qu'une pareille hypothèse paraisse étrange comme un rêve, Thomson l'accorde ; il soutient seulement qu'elle n'est pas contraire à la science, *it is not unscientific*. En tout cas, ce qu'il ne saurait admettre, c'est que, sous certaines conditions météorologiques très différentes de celles que nous connaissons, la matière inorganique ait jamais pu se transformer spontanément en protoplasma et en cellules organiques.

A son tour, Preyer présente la critique de ces hypothèses. Accordons, dit-il, comme un fait démontré la présence de germes organiques, des cosmozoaires, dans les aérolithes qui parcourent l'univers. Il faut qu'on accorde, en outre, que ces germes conservent fort longtemps leur aptitude à vivre. Ils ne sauraient vivre, en effet, dans ces froids espaces cosmiques où ne se rencontre aucune des conditions générales de la vie des plantes et des animaux. Sans doute il ne manque pas d'organismes terrestres — germes, œufs, etc., — qui, durant des années et des siècles, conservent leur aptitude à vivre sans manifester le moindre phénomène vital. Preyer a nommé anabiotiques ces êtres qui, tels que les rotifères et même certains vertébrés, peuvent demeurer fort longtemps dans un état de mort apparente tout en conservant la faculté de revivre quand les conditions de la vie leur sont rendues. Tous les cosmozoaires doivent donc être anabiotiques ; ils doivent pouvoir demeurer longtemps sans air, sans eau, sans nourriture et au froid, dans un état intermédiaire entre la mort et la vie. Certains infusoires et nombre d'insectes gardent cet état à une température bien inférieure à celle de la congélation de l'eau. Nul doute non plus que toute respiration ne soit impossible dans les espaces interstellaires; mais des animaux anabiotiques d'une organisation nullement rudimentaire ont pu être maintenus dans le vide, des semaines entières, sans périr. Enfin, l'état intermédiaire dont nous parlons peut persister presque indéfiniment, chez les mêmes êtres, dans un milieu entièrement sec et privé d'eau. Le froid et l'absence d'air et d'eau ne sauraient donc être invoqués contre la possibilité, pour les cosmozoaires, de conserver un certain état d'organisation.

Mais l'hypothèse exige, en outre, qu'on admette l'existence, sur d'autres corps célestes, de germes organiques semblables à ceux que la terre nous présente. Cela est possible, car toutes les météorites analysées jusqu'ici n'offrent pas d'éléments chimiques inconnus à notre planète, et l'analyse spectrale des plus lointaines constellations paraît avoir établi l'unité de substance de l'univers.

L'hypothèse cosmozoïque, n'impliquant rien d'absurde, ne saurait donc être rejetée d'emblée. Telle est du moins l'opinion de Preyer, qui découvre même dans cet ordre de considérations une idée neuve, fort piquante et très inattendue, sur l'origine des espèces. Dans sa révolution autour du soleil, la terre attire peut-être, en effet, dans sa sphère d'attraction des organismes très dissemblables qui se développent sur différents points de son étendue. S'il en était ainsi, on conçoit qu'il ne serait plus nécessaire de demander à la sélection naturelle ni à la concurrence vitale le secret de la formation d'organismes aujourd'hui si divers quoique issus à l'origine d'une substance primordiale homogène.

Mais, alors même qu'il serait prouvé que les germes de nos plantes et de nos animaux sont venus sur la terre de quelque autre système solaire, qui ne voit que la difficulté du problème de l'origine de la vie, sinon sur la terre, du moins dans l'univers, loin d'être résolue, ne serait que reculée ? L'hypothèse de la génération spontanée, de l'hétérogénie, bannie de la terre, sera-t-elle plus acceptable dans quelque autre constellation de la voie lactée ? Non, sans doute. Faut-il donc admettre que, de toute éternité, avant la formation de notre système solaire, dans les froids abîmes de l'espace, ont existé, à l'état de dessiccation parfaite, des germes organiques, des spores, des œufs, des amibes même ! Le dilenne ne laisse pas d'être embarrassant, on le voit.

Preyer ne s'y arrête pas : il renverse les termes du problème séculaire de l'origine de la vie, et, au lieu de rechercher d'où est sortie la matière vivante, il demande d'où vient la matière inorganique, car rien n'est moins prouvé, selon lui, que l'inorganique ait d'abord seul existé et précédé l'organique. Il estime bien plutôt, comme Théodore Fichner a cherché à le montrer dans ses *Idées sur la production et le développement des organismes*, que la vie a toujours existé et que ce qu'on nomme l'inorganique est une sorte de scories résultant de l'usure des corps vivants.

Sur quoi repose, d'ailleurs, la distinction classique qu'on établit d'ordinaire entre l'organique et l'inorganique ? Si l'on excepte ce fait d'observation que tous les êtres vivants proviennent d'êtres vivants (*Omne vivum e vivo*), pas un seul des prétendus signes caractéristiques des corps vivants et non vivants ne supporte l'examen. Qu'on en juge : Dira-t-on, par exemple, que les corps vivants s'accroissent ? C'est aussi le cas pour les crjstaux. Opposerat-on le « mouvement spontané », interne, des organismes, au mouvement d'un mécanisme d'une montre? on oublie que, dès que viennent à disparaître les conditions du milieu — l'air, l'eau, la chaleur, la nourriture, — qui communiquaient en quelque sorte l'impulsion à l'organisme et entretenaient le mouvement de ses parties, l'activité interne des plantes et des animaux s'arrête : ils meurent. Le mouvement vital peut d'ailleurs être interrompu durant plus ou moins longtemps, comme chez les organismes anabiotiques, sans qu'il en résulte plus de désordre que dans une montre qui s'est arrêtée et qu'on remonte à volonté. Mais, dit-on, les machines ne se reproduisent pas. Nombre d'organismes, depuis les mulets jusqu'aux ouvrières neutres des fourmilières, ne jouissent pas davantage de cette faculté de reproduction. On a cru trouver un autre caractère propre et distinctif des êtres vivants dans leur faculté d'assimilation. Mais le processus de l'assimilation, à des degrés divers, s'observe partout dans la nature. Le torrent qui se précipite de la montagne s'assimile les parties du rivage qu'il dissout dans ses eaux. La terre altérée s'assimile la pluie qu'elle boit avidement. L'air de l'atmosphère s'assimile les gaz, les vapeurs et les fumées de toute sorte. Croit-on trouver un meilleur critérium dans la mort, cette fin de toute vie individuelle? Mais les machines meurent aussi, quand elles sont usées, car tout ce qui a commencé doit finir. Pour ce qui est de la durée de l'existence, certains arbres vivent plusieurs siècles, tandis que peu d'êtres sont plus éphémères que la neige et les nuages. La vie des plantes et des animaux est liée, il est vrai, à des conditions de milieu très déterminées (température, composition de l'air, nourriture, eau, etc.). Mais l'existence des machines est soumise à des conditions toutes semblables. Comme nous, la locomotive a besoin d'oxygène et d'eau ; sa nourriture contient du carbone, comme la nôtre, et il lui faut de la chaleur.

Quant à la faculté de sentir, en tant qu'elle ne se révèle à nous chez les autres êtres que par des mouvements, c'est-à-dire par des changements de forme qui, médiatement ou immédiatement, ont pour cause des changements d'état dans le milieu ambiant, on doit avouer que les corps inorganiques ne se comportent pas autrement à cet égard que les corps vivants, et qu'on tomberait dans une illusion singulière si l'on faisait des mots « excitabilité », « sensation », « mouvement volontaire », un critérium de la vie. Je n'insiste pas, non plus que Preyer, sur cette question, qui a été traitée naguère ici avec quelque développement. Ce physiologiste allemand dit la même chose de la respiration et de la nutrition. Il retrouve chez les substances inorganiques tous les processus vitaux du protoplasma et, partant, de tous les organismes, tels que la circulation, les échanges et les transformations de la matière, le développement de la chaleur, etc. La mer, par exemple, respire le même air que nous respirons, dit Preyer. Les courants marins lui rappellent ceux qu'on observe dans le protoplasme.

Ainsi que le protoplasma, la mer se reproduit indéfiniment elle-même et modifie incessamment ses formes ; elle a des mouvements périodiques, rhythmiques, à la façon des organismes, excités par l'attraction de la lune et du soleil, le flux et le reflux de ses eaux semblent être les battements du cœur de la terre. Il n'y a pas jusqu'à la complication de structure qui ne soit propre à tous les corps. La constance de certains courants et les différences constantes de pression et de température différencient les parties de l'Océan, et si l'on donne le nom d'organisme au protoplasma amorphe et diffluent, il n'y a point de raison de le refuser à la mer. Le feu aussi pourrait être appelé vivant

en ce sens ; il respire l'air que nous respirons. Le lui en-
lève-t-on, il meurt par asphyxie. Il dévore sa proie avec
avidité. Sa croissance est lente et obscure, comme celle du
germe ; puis il se développe et s'étend de proche en proche
avec une rapidité effrayante, faisant partout jaillir des
étincelles qui deviennent à leur tour de nouveaux foyers.
Mais bientôt le feu a dévoré tout ce qu'il pouvait s'assimi-
ler ; son éclat s'éteint par suite du manque de nourriture ;
il jette encore quelques flammes, comme un dernier soupir,
puis il se refroidit et meurt. Des charbons, de la cendre,
voilà ce qui reste, le cadavre, de cette vie du feu.

On pourrait instituer des comparaisons du même genre
pour toutes les propriétés générales du protoplasma. Pas
une seule fonction organique dont on ne retrouve l'analogie dans la matière appelée inorganique. Les différences
sont purement quantitatives ; le degré et l'intensité des
phénomènes diffèrent seuls. Ce qui distingue uniquement
les corps vivants des autres corps naturels, c'est le mode
d'origine. Ainsi, tandis que les corps inorganiques naissent des façons les plus variées ; que l'eau, par exemple,
peut résulter d'une combinaison d'oxygène et d'hydrogène, ou d'une condensation de vapeur, ou de la fonte de
la glace, etc., bref, de choses qui lui sont en apparence
fort dissemblables, tous les corps vivants proviennent au
contraire de corps, de parents semblables. Ressemblance
qui ne va pas jusqu'à l'identité, à coup sûr, car les parents
diffèrent toujours en quelque point de leurs descendants,
et la somme accumulée de ces petites différences paraît
clairement aujourd'hui lorsqu'on rapproche l'homme de
l'ovule dont il sort.

En somme, pour revenir à l'origine de la vie, Preyer ne
dit pas que le protoplasma a existé dans sa forme actuelle
dès le commencement des choses, si elles ont eu un com-

mencement, ni qu'il est venu de quelque autre partie de l'univers sur notre planète refroidie ; il soutient encore moins qu'il est sorti de quelques combinaisons de la matière non vivante, ainsi que le veulent les hétérogénistes. Ce qu'il croit, c'est que le mouvement éternel de l'univers est la vie même ; partant, que la vie n'a jamais commencé, et qu'avant le protoplasma actuel, les corps dits inorganiques qui recouvrent aujourd'hui l'écorce du globe, les métaux, etc., ont vécu d'abord d'une vie plus intense : ces corps lui apparaissent comme les ossements gigantesques des organismes primordiaux. Les métaux en fusion étaient comme le sang de ces êtres monstrueux. La combinaison chimique qu'on nomme protoplasma ou plasson est apparue à son jour bien après ces périodes de vie prodigieuse de notre planète, quand le refroidissement graduel l'a réalisée. Les principaux éléments constitutifs du protoplasma sont, on le sait, le carbone, l'oxygène, l'azote et l'hydrogène. Or, de tous les éléments chimiques, ce sont ceux qui, à l'état libre, supportent les plus grandes différences de température sans changer leur état d'agrégation. Mais ce qui constitue la vie du protoplasma, ce n'est pas la matière dont il est formé, c'est le mouvement des parties de cette matière, et ce mouvement est éternel. La matière « inorganique » n'est que de la matière morte, usée, tombée à l'état de détritus : elle a vécu. Aussi, entreprendre d'en faire sortir, par quelque combinaison, des infusoires vivants, c'est à peu près comme si, avec les déchets d'une machine à vapeur, eau, cendre, fumée, on voulait construire une locomotive. Tout le monde sait que des portions considérables de l'écorce du globe sont formées des restes de protistes zoogones et phytogones, de coquilles calcaires et polythalames et de carapaces siliceuses de radiolaires, etc., bref, de détritus organiques : il faut, étendant l'idée qu'on doit se faire de la vie, en dire autant de tous les corps désignés jusqu'ici par le nom d'inorganiques.

La vie et la chaleur semblent à Preyer deux idées indissolublement liées : elles obéissent aux mêmes lois générales et surtout d'une même source. Ainsi, dans notre monde, c'est le soleil qui vit de la vie la plus intense. Quelque intime qu'elle soit auprès de son père céleste, notre terre cependant s'éclaire de sa lumière et s'échauffe de sa chaleur : la même vie circule toujours dans les deux corps. Ce ne serait pas un vain mot que d'affirmer que, nous autres hommes, nous avons été à l'origine fils du feu. Le langage en ses métaphores semble en avoir conservé quelque souvenir. Depuis la découverte de l'oxygène, on sait combien la vie des organismes supérieurs ressemble à une combustion ; notre sang est chaud, et le cœur cesse de battre, le cerveau de penser, quand ils deviennent froids. Enfin, une partie de la chaleur du soleil se transforme sûrement à chaque instant dans notre âme en travail mental.

XXXII

Sur de prétendus fossiles tombés du ciel.

Dès qu'il fut bien démontré que les météorites représentent des échantillons d'astres autres que notre terre, et dès qu'on eut reconnu entre ces fragments de roches cosmiques et les espèces lithologiques telluriques d'étroites analogies, on fut porté à se demander si le niveau auquel s'était si rapidement élevé la géologie comparée ne dépasserait pas un jour les données organiques.

En effet, la partie biographique de la géologie terrestre, c'est-à-dire la paléontologie, reste pour nous unique en son genre et dépourvue encore de terme de comparaison. Mais comme, en réalité, rien n'est unique dans la nature, sinon la nature elle-même, la seule question possible est de savoir si des termes de comparaison qui existent certainement quoique nous les ignorions, viendront ou ne viendront pas à notre connaissance.

L'examen de cette question serait parfaitement oiseux. Mais, supposant qu'une solution affirmative lui soit réservée, il est permis de se rendre compte de la portée qu'aurait cette réponse.

En géologie comparée, comme en toute étude comparative, les termes confrontés ensemble s'éclairent d'une lumière réciproque. Pour un moment, considérons seulement celle que projettent sur les problèmes de la géologie du globe les notions acquises de géologie extra-terrestre.

Nos lecteurs savent que leur caractère constant et commun est de résoudre ou du moins d'élucider des questions de géologie terrestre dont la solution dépasse absolument la portée des données fournies par l'histoire de la terre ; si bien qu'en possession de ces seules données, on a pu les poser et les agiter sans leur faire faire un pas.

A moins donc que, dans le passage de l'inorganique à l'organisé, la géologie comparée perde un de ces caractères essentiels, ce que rien ne fait prévoir, il suit de là que si ce passage doit avoir lieu, si cette nouvelle géologie doit s'étendre sur le terrain de la paléontologie, cette extension aura un double résultat : outre que nous lui devrons des notions positives sur les formes que la vie revêt hors de notre planète, elle nous permettra d'aborder avec succès des problèmes biologiques particuliers aux êtres qui vivent sur la terre et que l'étude de ceux-ci ne nous donne aucun moyen de résoudre.

Dans son savant *Rapport sur le progrès des sciences zoologiques en France*, M. Milne Edwards, amené par son sujet en présence du problème des origines de la vie sur le globe, en vient à faire la supposition suivante : Serait-ce, écrit-il, serait-ce en passant dans quelque couche particulière de la matière impondérable dont les espaces célestes paraissent être chargés, que notre planète aurait rencontré l'agent susceptible d'imprimer ce mouvement particulier aux substances organisables, ou faut-il attribuer ce phénomène à une action créatrice d'un autre ordre?

Avant M. Milne Edwards, un autre membre de l'Académie des sciences, M. Ch. Naudin, donnant son opinion sur le débat qui passionnait alors les naturalistes, avait opposé à l'hypothèse d'une organisation spontanée de la matière celle d'une origine cosmique des espèces primordiales, soit végétales, soit animales.

Il importe de dire que ces conjectures ont été formulées bien moins dans l'espoir de faire faire par leur moyen aucun pas véritable à la question qu'elles concernent, que dans le but de montrer par la réduction à une hypothèse invérifiable que cette question dépassait les pouvoirs de la science et ne pouvait être utilement agitée.

C'est ce que dit formellement M. Milne Edwards. Aussi la seule chose que par ces citations on veuille mettre en évidence, c'est l'accord de deux esprits éminents, auxquels nous pourrions joindre M. William Thomson et d'autres, à cantonner dans un domaine qui est aujourd'hui celui de la géologie comparée les éléments de solution d'un problème terrestre que la terre ne donne aucun moyen de traiter.

Mais les y reléguer n'est plus nécessairement les mettre hors de notre portée. Dussions-nous, en effet, les posséder un jour, ce ne serait qu'un pas inespéré ajouté à tant d'autres pas imprévus, à celui, par exemple, qui a été fait contre toute vraisemblance lorsque, sans qu'aucun phénomène nouveau ait été observé et sans que les pouvoirs de l'homme aient été accrus en aucune façon, la science s'est vue, grâce aux météorites qu'elle avait toujours eus sous la main, en mesure d'étudier la substance du ciel de la même manière et par les mêmes procédés qu'elle étudie l'écorce terrestre.

Si la paléontologie n'est pas fermée à la géologie comparée, il se peut même que celle-ci n'y trouve pas encore le terme de ces agrandissements. Ce n'est que récemment, on le sait, que la géologie terrestre a donné la main à l'anthropologie. La terre, qui ne se suffit à elle-même d'aucune façon, ni sous le rapport dynamique ni sous le rapport matériel, ni au mode inorganique ni au mode organique, la terre se suffit-elle dans une sphère plus élevée encore que celle-là, et ne reçoit-elle à cette hauteur aucun tribut, nulle assistance? Le sentiment universel du genre humain affirme énergiquement le contraire. Il se peut donc que par la suite la géologie comparée, s'exhaussant jusqu'au rang conquis par la géologie descriptive, jette sur des problèmes anthropologiques plus élevés que les problèmes du même genre abordés avec tant de puissance et d'éclat par cette dernière, des lumières plus éclatantes encore et plus inespérées.

Mais si ceux qui veulent, devançant les faits, pratiquer des trouées sur l'horizon de la science, n'ont pas toujours le sort malheureux de quiconque prétend au contraire lui imposer des limites, cependant le succès ne récompense pas assez fréquemment leur hardiesse pour nous engager à suivre leur exemple. Notre excuse pour être venus jusqu'ici est que, d'une part, l'analogie, une analogie étroite, nous y a conduits presque invinciblement et que, d'autre part, il est vraiment impossible d'admettre que dans une science aussi jeune que celle qui nous occupe le progrès réalisé hier soit tout près d'être le dernier progrès réalisable. Or, la géologie comparée ne pourra s'avancer bien au delà du point déjà atteint par elle sans pénétrer dans la région que nous venons d'entrevoir.

Il ne faut donc pas s'étonner de l'intérêt avec lequel on a à diverses reprises interrogé la substance des météorites, dans l'espoir d'y rencontrer quelques vestiges de formes organisées. Parmi les pierres tombées du ciel, celles qui les premières fixèrent l'attention à cet égard sont connues sous le nom de *météorites charbonneux*. La présence dans leur masse de composés noirs, d'où l'analyse extrait de l'hydrogène, de l'oxygène et du carbone, les rapproche de certaines terres végétales ou même de la tourbe véritable. Il était donc légitime d'y rechercher des fossiles, et l'on peut croire que dans cette voie toutes les tentatives possibles ont été faites. Plusieurs observateurs en France, en Allemagne et en Amérique ont dirigé leurs efforts de ce côté ; jusqu'ici tous les résultats ont été négatifs, et il semble naturel de rapprocher pour l'origine les météorites charbonneux des matières bitumineuses rejetées sur la terre par diverses catégories de volcans.

On regardait cette question comme tranchée, et il semblait évident que tout espoir de découvrir des fossiles d'origine cosmique devait être remis au moins à l'époque inconnue où quelque nouveau type de météorite parviendrait jusqu'à nous.

Aussi fut-ce avec surprise qu'on apprit la prétention d'un auteur allemand d'avoir trouvé des vestiges organiques dans les pierres météoritiques entièrement silicatées des types décrits sous les noms de aiglite, montréjite, lucéite, etc. Et l'étonnement augmenta encore quand on vit qu'il ne s'agissait pas d'une simple assertion lancée comme tant d'autres, dans un moment d'irréflexion, mais d'une étude *ex professo* aussi pesante qu'un Allemand seul peut en faire. L'ouvrage que nous avons en vue, publié il y a quelques mois à Tubinge, est un gros volume in-4°, illustré de plus de soixante photographies d'après nature ; il est intitulé « *Die Meteorit (Chondrite) und ihre Organismen* », c'est-à-dire : *les Météorites et leurs organismes*. Nous allons revenir sur la qualification de chondrite. Son auteur est M. le docteur Otto Hahn.

Rappelons que Gustave Rose a désigné depuis longtemps sous le nom de *chondrites* tout une catégorie de météorites dont la substance comprend de petites boules silicatées (en grec, *chondros* signifie boule). Ces météorites, qui sont des plus communs, consistent en un mélange de silicates magnésiens (périoste et enstatite), de grenailles, de fer nickelé et de granules de fer sulfuré (pyrrhotine) : rien de moins organique, comme on voit.

Quand, appliquant la méthode de Sorby, on les examine au microscope en lames suffisamment minces pour être transparentes, on reconnaît que toute leur substance est cristalline. De plus, on constate que les boules ou *chondres* sont souvent formées d'aiguilles d'enstatite rayonnant autour d'un point. Ce point n'est d'ailleurs que fort rarement situé au centre du globule, et le plus souvent il est à sa surface même.

Ces anciens agrégats cristallins ont été étudiés avec beaucoup de soin, et Gustave Rose en a publié de très belles photographies. M. Hahn prétend qu'on s'est complètement mépris sur leur nature et surtout sur leur origine.

Son livre débute ainsi : « Les chondrites sont constituées par un monde animal; elles ne sont ni stratifiées ni conglomérées, mais forment un feutre d'animaux, un tissu dont toutes les mailles étaient jadis des êtres vivants, des animaux des types les plus inférieurs, des commencements d'une création. »

Dès son apparition, le volume de M. Hahn souleva des protestations énergiques. Dès le mois de janvier 1881, M. Stanislas Meunier disait, dans la *Nature :* « La conclusion de cet Allemand est que les météorites sont remplis de débris fossiles, spongiaires, crinoïdes et polypiers, les uns appartenant à des genres terrestres, les autres révélant de nouvelles formes aux zoologistes, telles que l'éponge qu'il appelle poétiquement *Uriana.* Or, les rayonnements que M. Hahn a lourdement pris pour des vestiges organiques ne sont que des groupements de cristaux d'enstatite. Parmi toutes les preuves qu'on pourrait citer pour le démontrer, je me bornerai à rappeler qu'en reproduisant artificiellement les météorites par voie ignée on imite rigoureusement les irradiations dont il s'agit. Pour ma part, en opérant au rouge dans l'hydrogène, j'ai fabriqué de toutes pièces des échantillons que M. Hahn n'hésiterait pas à classer parmi les zoophytes. Vous verrez qu'en Allemagne M. Hahn fera école. Il n'en est pas de même à Paris, et M. Dumas a fait ressortir de telle façon les erreurs dont il s'agit devant l'Académie des sciences, qu'il a provoqué les rires unanimes du grave auditoire. On sera frappé de l'analogie des illusions de M. Hahn avec des méprises de J.-B. Robinet, croyant retrouver dans les cailloux accidentellement figurés des preuves de la *nature s'essayant à faire l'homme*. La grande différence est que l'auteur du siècle dernier voyait avec ses yeux, et que le Germain de nos jours fait usage du microscope ».

M. Hahn a, en effet, fait école, et, parmi ses élèves, M. Weinland s'est signalé par son activité. Aujourd'hui, les formes décrites comme celles d'animaux extra-terrestres dépassent une centaine, et les transitions qu'elles offrent entre elles ont conduit M. Hahn et ses élèves à une théorie au moins singulière, suivant laquelle les coraux ne seraient qu'un développement évolutif des spongiaires, et les crinoïdes une évolution ultérieure des coraux.

Mais, en même temps, les contradictions opposées au nouveau système. M. Rzehak a consacré à la réfutation des doctrines « hahniennes », comme on dit en Allemagne, un très long et très important travail qui a paru dans la *Nouvelle Presse libre de Vienne*. M. Brezina (de Vienne) a fourni des arguments et, plus récemment encore, un naturaliste illustre de Genève, M. Carl Vogt, a écrit sur le même sujet un remarquable mémoire, accompagné de nombreuses planches et dont les *Comptes rendus* de notre Académie des sciences ont publié tout récemment les conclusions.

Par une comparaison détaillée des spongiaires vivants et
fossiles avec les prétendus spongiaires des météorites,
M. Vogt démontre qu'il n'y a aucune ressemblance dans la
structure microscopique. Il prouve, également par des
comparaisons, que ni les coraux ni les crinoïdes, que M. Hahn
croit avoir découverts dans les météorites, n'ont rien de
commun dans leur structure microscopique avec les coraux et les crinoïdes vivants ou fossiles :

« Les observations de contrôle, continue-t-il, démontrent
avec évidence que toutes les chondres sont composées de
pièces transparentes, cristallines, groupées de différentes
manières, mais le plus souvent en colonnettes ou en aigrettes ramifiées et rayonnées depuis un centre. Les inters-
tices, les cassures et les séparations de ces pièces groupées
sont remplis par une matière inconstante opaque, résistant
en grande partie à l'action des acides, simulant des cloisons ayant corps et autres particularités attribuées à une
structure organique. Les aigrettes composant les chondres
sont identiques. Quant à leur forme et aux groupements
des pièces cristallines qui les composent avec les aigrettes
d'enstatite artificielle obtenues par M. Stanislas Meunier
dans ses expériences, ce sont les mêmes colonnettes, le
même agencement, le même rayonnement en partant de
pièces plus grosses pour former des branches toujours plus
déliées, les mêmes cloisons apparentes transversales. La
plupart des branches sont droites ; mais quelques-unes sont
manifestement courbées, ce qui, suivant M. Hahn, est un
caractère absolu d'une conformation organique. M. Stanislas Meunier peut se vanter d'avoir produit des organismes par le concours de substances minérales dans un tube
chauffé au rouge sombre. Les cloisons transversales, rigoureusement définies à la chambre claire sont aussi équidis-
tantes qu'elles peuvent l'être dans un filament d'algue ou

dans un bras de crinoïde. Toutes les pièces constituant les aigrettes rayonnantes sont solides, transparentes, sans aucune trace de structure intérieure, comme les piécettes qui sortent des aigrettes produites par la dissociation des chondres. Les givres à ma disposition étaient des préparations couvertes d'une lame de verre mince. Mais leur distribution sur différents niveaux démontre déjà que les colonnettes doivent rayonner dans tous les sens et former des flocons en boule. M. Meunier m'informe qu'en effet les givres sortent sous cette forme du tube où ils se sont constitués, mais que ces flocons sont tellement délicats, que la pression du couvre-objet suffit pour les aplatir complètement. J'ai reçu dernièrement un petit tube rempli de givre tel qu'il sort de l'expérience, et j'ai pu me convaincre qu'il renferme de petits flocons globulaires composés d'aigrettes rayonnant dans tous les sens. Je pense que la démonstration est aussi complète que possible. Les chondres de Krujahinya, considérées comme des animaux par M. Hahn, mais débarrassés autant que possible de la matière incrustante, se montrent composées exactement des mêmes éléments que le givre d'enstatite artificielle. »

M. Carl Vogt termine son beau mémoire par cette remarque : « Qu'on me permette, dit-il, une comparaison triviale mais cependant assez juste. Qu'on prenne un balai formé de branches ramifiées de bouleau, tel qu'on en fait dans beaucoup de pays, et qu'on le traite d'une manière analogue à celle dont M. Hahn traite les chondres en faisant des tranches minces. En coupant ce balai suivant différents plans longitudinaux, transverses, obliques, près de l'extrémité des branches, à la périphérie ou près de l'emmanchement, on pourra obtenir des images, grossières, il est vrai, mais imitant assez bien les *Uriana*, les coraux, les crinoïdes, dont on veut nous gratifier aujourd'hui...

Toute cette prétendue création animale contenue dans les chondres des météorites doit donc être reléguée dans le domaine des erreurs dont pullule l'histoire de la science. »

En résumé, les météorites purement pierreux étudiés jusqu'ici ne contiennent pas plus que les météorites charbonneux, de traces de vestiges organiques. Les apparences qu'ils présentent, malgré leur grossière analogie de forme, avec quelques animaux rayonnés, sont d'origine purement minérale. La découverte d'un être ayant vécu au dehors de notre planète est encore à faire.

On nous permettra, en terminant, de faire une dernière remarque. La présence des rayonnements d'enstatite si bouffonnement pris pour des polypiers par M. Hahn, jette sur l'origine et le mode de formation des météorites qui les renferment un jour des plus vifs.

Jusqu'ici, en effet, aucune expérience de reproduction par voie de fusion ne leur a donné naissance, et même la fusion des météorites naturels, même suivie du refroidissement le plus lent, recuit, ou dévitrification, les a toujours détruits. C'est, pour les pierres, le correspondant exact de cette structure si complexe à laquelle les fers doivent de donner par les acides les figures de Widmannstætten, et qui elle-même est détruite par la fusion.

Au contraire, ces détails si caractéristiques des roches cosmiques, pierreuses ou métalliques, se constituent dans les appareils où les minéraux dont il s'agit sont reproduits par condensation brusque de vapeur, en vertu de réactions comparables à celles qui sont actuellement en jeu dans la photosphère du soleil.

TABLE DES MATIÈRES

Corbeil. — Typ. et stér. Crété.

9 782329 748320